DEIN COACH ZUM ERFOLG!

Dein ActiveBook auf My**STARK**:

Du kannst auf alle digitalen Inhalte (Prüfung 2022, interaktive Aufgaben, Videos) online zugreifen. Registriere dich dazu unter **www.stark-verlag.de/mystark** mit deinem **persönlichen Zugangscode**:

[redacted]

C05571-002402

Die Inhalte dieser Auflage stehen bis Schuljahresende zur Verfügung.

MySTARK

Das ActiveBook *bietet dir:*

- Viele interaktive Übungsaufgaben zu prüfungsrelevanten Themenbereichen
- Sofortige Ergebnisauswertung
- Detailliertes Feedback
- Lernvideos zu zentralen Themen

DEIN COACH ZUM ERFOLG!

So kannst du interaktiv lernen:

Interaktive Aufgaben

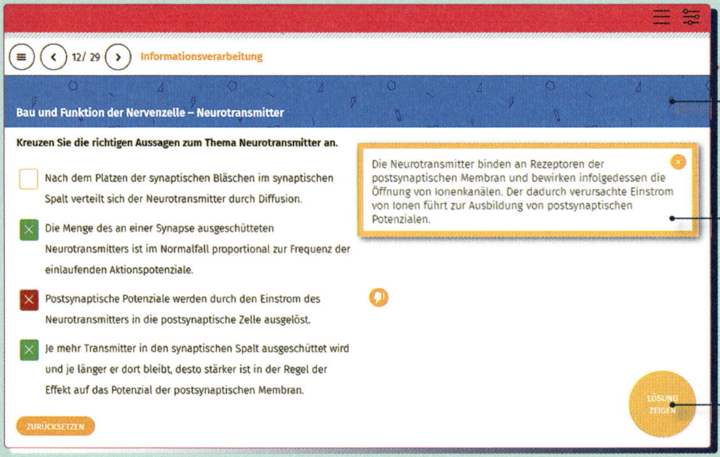

Prüfungsrelevante Themenbereiche

Hilfreiches Feedback bei falschen Antworten

Sofortige Ergebnisauswertung

Lernvideos

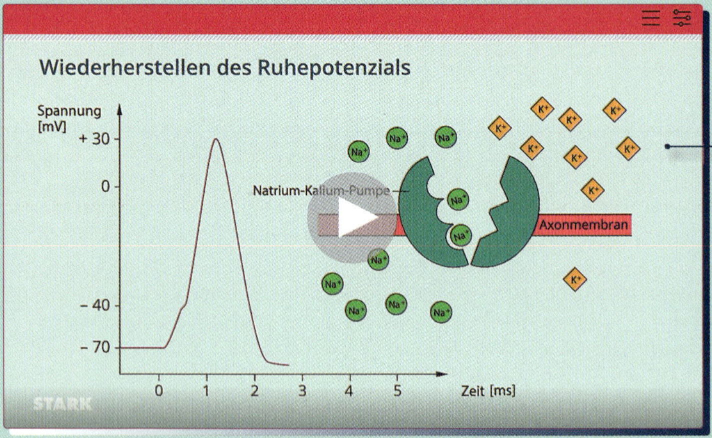

Lernvideos zu wichtigen Themen

Systemvoraussetzungen:
- Mindestens 1024×768 Pixel Bildschirmauflösung
- Chrome, Firefox oder ähnlicher Webbrowser
- Adobe Reader oder kompatibler anderer PDF-Reader
- Internetzugang

STARK

2023

Abitur

Original-Prüfungsaufgaben
mit Lösungen

Gymnasium · Gesamtschule NRW

Biologie LK

STARK

16. ergänzte Auflage
www.stark-verlag.de

Inhalt

Sobald die Original-Prüfungsaufgaben 2022 freigegeben sind, können sie als PDF auf der Plattform MyStark heruntergeladen werden (Zugangscode vgl. Farbseiten zu Beginn des Buches).

Autor der Übungsaufgaben und der Lösungen der Original-Abituraufgaben:

Rolf Brixius

Vorwort

Liebe Schülerinnen und Schüler,

das vorliegende Buch bietet Ihnen die Möglichkeit, sich optimal auf die **zentral gestellte, schriftliche Abiturprüfung 2023 in Nordrhein-Westfalen** im **Leistungskurs Biologie** vorzubereiten.

Im Abschnitt „**Hinweise und Tipps zum Zentralabitur**" bieten wir Ihnen dazu zunächst einen Überblick über:

- den **Ablauf** und die **Anforderungen** des Zentralabiturs in NRW. Dies wird Ihnen helfen, die formalen Rahmenbedingungen für das Zentralabitur kennenzulernen. Erläuterungen zu den Prüfungsanforderungen, zum Umgang mit den sogenannten Operatoren und zu den festgesetzten thematischen Schwerpunkten lassen Sie die Prüfungssituation besser einschätzen.
- die erfolgreiche Bearbeitung der Arbeitsaufträge und Materialien in den Prüfungsaufgaben. Die „**Tipps zum Umgang mit Prüfungsaufgaben**" zeigen Ihnen konkret, wie Sie erfolgreich an die Aufgaben der schriftlichen Abiturprüfung herangehen können.

Dieses Buch enthält neben **zwei Übungsaufgaben**, die im Stil der Leistungskurs-Abiturklausuren angelegt sind, alle **Original-Leistungskurs-Prüfungsaufgaben** des Zentralabiturs ab 2016. Die Aufgaben der **Abiturprüfung 2022** stehen Ihnen auf der Plattform MyStark zum Download zur Verfügung, sobald sie freigegeben sind. Zu allen Aufgaben bieten wir Ihnen **ausführliche, kommentierte Lösungsvorschläge mit Tipps und Hinweisen zur Lösungsstrategie**.

Lernen Sie gerne am **PC** oder **Tablet**? Nutzen Sie das **ActiveBook** auf der Plattform MyStark, um mithilfe von interaktiven Aufgaben Ihr biologisches Fachwissen effektiv zu trainieren. Zentrale biologische Themen finden Sie außerdem in **Lernvideos** anschaulich erklärt (vgl. Farbseiten zu Beginn des Buches).

Sollten nach Erscheinen dieses Bandes noch wichtige Änderungen in der Abiturprüfung 2023 vom Schulministerium Nordrhein-Westfalen bekannt gegeben werden, sind aktuelle Informationen dazu online auf der Plattform MyStark abrufbar.

Der Autor und der Verlag wünschen Ihnen für die Prüfungsvorbereitung und Ihre schriftliche Abiturprüfung viel Erfolg!

Stichwortverzeichnis 2016–2021

Hinweise und Tipps zum Zentralabitur

1 Die Anforderungen des Zentralabiturs im Fach Biologie

1.1 Die Rahmenbedingungen des Zentralabiturs

In Nordrhein-Westfalen findet die Abiturprüfung in Form des Zentralabiturs statt. Alle Schülerinnen und Schüler mit Leistungskurs Biologie schreiben ihre Abiturklausur jeweils an demselben Tag. Landesweit erhalten die Schülerinnen und Schüler dieselben Prüfungsaufgaben. Als Prüfling werden Ihnen zwei Aufgaben vorgelegt, die Sie beide bearbeiten müssen. Diese beiden Aufgaben hat Ihre Lehrkraft aus drei Aufgaben ausgewählt, die vom Schulministerium vorgegeben wurden (wobei eine der drei Aufgaben verbindlich festgelegt wird). Die Bearbeitungszeit für die Leistungskursklausur beträgt 270 Minuten (bis zur Prüfung 2020: 255 Minuten Bearbeitungszeit). Hilfsmittel, die Sie während der Abiturprüfung verwenden können, sind – wenn erforderlich – ein wissenschaftlicher Taschenrechner (grafikfähiger Taschenrechner/ CAS-Taschenrechner) und stets ein deutsches Wörterbuch (z. B. „Duden“).

1.2 Die verbindlichen Unterrichtsinhalte im Fach Biologie für das Abitur 2023

Als Grundlage für die Aufgaben der Abiturprüfung dient der „Kernlehrplan für die Sekundarstufe II – Gymnasium/Gesamtschule in Nordrhein-Westfalen – Biologie“ von 2014. Eine Konkretisierung erfolgt durch die schulministeriellen Vorgaben „Zentralabitur 2023 – Biologie“.
Im Kernlehrplan sind die **inhaltlichen Schwerpunkte** und die damit verknüpften **konkretisierten Kompetenzerwartungen** für den Oberstufenunterricht und die Abiturprüfung verbindlich festgelegt. Die ministeriellen Vorgaben für die Abiturprüfung 2023 präzisieren die verbindlichen Unterrichtsinhalte in Form von **Fokussierungen**, damit einheitliche Voraussetzungen für die Prüfung gewährleistet sind.
Die folgende Auflistung der **unterrichtlichen Voraussetzungen für das Abitur 2023** enthält die inhaltlichen Schwerpunkte für die Unterrichtshalbjahre aus der Qualifikationsphase (Jahrgangsstufen 11 und 12), ergänzt durch die Spezifizierungen für die Abiturprüfung 2023. Die Tabelle ist mehrfach gegliedert: Unter der Überschrift der Themenhalbjahre (Inhaltsfelder) stehen die inhaltlichen Schwerpunkte, die im Kernlehrplan Biologie als obligatorisch (verbindlich) vorgesehen sind. Zu diesen sind in der dritten Gliederungsebene nur die Fokussierungen für die Abiturprüfung 2023 aufgeführt. Die hier gewählte Reihenfolge der verbindlichen Unterrichtsinhalte stellt lediglich eine Auflistung der vier Themenhalbjahre dar. Die unterrichtliche Abfolge kann von Schule zu Schule unterschiedlich sein, je nachdem, für welche Sequenz sich die jeweilige Biologie-Fachkonferenz entschieden hat.

Verbindliche Unterrichtsinhalte	Beispiele*
Genetik	
– Meiose und Rekombination	Ü 2; 19/1
– Analyse von Familienstammbäumen	Ü 2; 20/2
– Proteinbiosynthese	16/3; 18/2
– Genregulation	16/3; 22/2
• Entwicklung eines Modells zur Wechselwirkung von Proto-Onkogenen und Tumor-Suppressorgenen: p53 und Ras	
• epigenetische Modelle: DNA-Methylierung und RNA-Interferenz	
– Gentechnologie	18/1, 2
– Bioethik	
Neurobiologie	
– Aufbau und Funktion von Neuronen	16/2; 18/3
– Neuronale Informationsverarbeitung und Grundlagen der Wahrnehmung	16/2; 18/3; 19/2; 22/1
– Leistungen der Netzhaut	20/2; 21/3
– Plastizität und Lernen	17/1
– Methoden der Neurobiologie	16/3; 18/3
Ökologie	
– Umweltfaktoren und ökologische Potenz	17/2, 3; 18/1
– Dynamik von Populationen	16/3; 20/1
– Stoffkreislauf und Energiefluss	22/3
• Kohlenstoffkreislauf	
– Fotosynthese	Ü 1; 18/2
– Mensch und Ökosysteme	18/1; 22/3
• Neobiota	19/1
Evolution	
– Entwicklung der Evolutionstheorie	18/3
– Grundlagen evolutiver Veränderung	18/3; 21/2
– Art und Artbildung	16/1; 19/1
– Evolution und Verhalten	19/1; 21/1, 2
– Evolution des Menschen	
– Stammbäume	20/1, 3; 22/1

*Ü = Übungsaufgabe; 16/17/18/19/20/21/22 = Jahrgang 2016/2017/2018/2019/2020/2021/2022; angegeben ist jeweils die Nummer der Aufgabe.

Die in der Tabelle genannten **Fachbegriffe** sollten Sie **als Oberbegriffe** zu bestimmten Themenkomplexen verstehen. So sind z. B. bei der genannten „Analyse von Familienstammbäumen" die Mendel'schen Regeln, autosomale oder gonosomale, dominante oder rezessive Vererbung sowie deren zytologische Grundlagen, d. h. der Vorgang der Meiose (einschl. Kopplung und Entkopplung von Genen) von Belang.

Das bedeutet, dass auch Inhalte der Jahrgangsstufen 10 sowie der gesamten Sekundarstufe I den Abituraufgaben zugrunde gelegt werden, insofern sie für das Verständnis der Themen des Oberstufenunterrichtes von Bedeutung sind. Dies gilt z. B. für die oben bereits genannten Mendel'schen Regeln, den Aufbau und die Struktur von Proteinen oder die Feinstruktur der Zelle. Ebenso sollten Ihnen organische Moleküle vom Grundaufbau her bekannt sein, sodass sie von Ihnen über die funktionellen Gruppen einer Stoffgruppe (z. B. Aminosäure, Kohlenhydrate) zugeordnet werden können.

Ideal zur Überprüfung des biologischen Fachwissens und zum Aufdecken von Wissenslücken sind die im **ActiveBook** enthaltenen **interaktiven Aufgaben.** Hier finden Sie außerdem anschauliche **Lernvideos** zu zentralen Themen (vgl. Farbseiten zu Beginn des Buches).

1.3 Die Prüfungsaufgaben – Struktur und Anforderungen

Aus den zuvor aufgelisteten Inhalten setzen sich die einzelnen Prüfungsaufgaben zusammen. Die Aufgabenstellungen bestehen aus mehreren Teilaufgaben, deren Schwierigkeitsgrad sich von Frage zu Frage steigert. Jede Aufgabe besteht dabei aus vier bis fünf Teilaufgaben.
Bei der schriftlichen Abiturprüfung müssen Sie damit rechnen, dass die Ihnen zur Bearbeitung vorgelegten Aufgaben **themenbereichs- und kurshalbjahrübergreifend** sind. Eine Aufgabe aus dem Themenbereich der Evolution benötigt für die erfolgreiche Bearbeitung dann z. B. zusätzlich Kenntnisse aus den Bereichen Ökologie oder Genetik. Sie müssen darauf vorbereitet sein, dass auch innerhalb einer Aufgabe verschiedene Themenbereiche angesprochen werden können. Hier kann es sich als fatal erweisen, wenn Sie „auf Lücke" lernen. In diesem Fall können Sie u. U. eine oder mehrere der Prüfungsaufgaben – aufgrund des fehlenden Hintergrundwissens aus einem weiteren Kurshalbjahr – nicht bearbeiten oder lösen!

Anforderungsbereiche
Sämtliche Prüfungsaufgaben stützen sich auf die, für alle Bundesländer vorgeschriebenen „Einheitlichen Prüfungsanforderungen in der Abiturprüfung Biologie" (EPA). Danach enthalten alle Prüfungsaufgaben Teilaufgaben aus drei verschiedenen Anforderungsbereichen:

- **AFB I (Reproduktion):** Sie müssen Ihr gelerntes Wissen wiedergeben können, also z. B. die Zeichnung einer Nervenzelle beschriften.
- **AFB II (Reorganisation):** Hierbei geht es um die selbstständige Anwendung Ihrer Kenntnisse und Neuordnung Ihres Wissens. Es kann z. B. von Ihnen verlangt werden, einen Vergleich in Form einer Tabelle anzufertigen oder das im Unterricht Gelernte auf einen ähnlichen Zusammenhang und Ihnen unbekanntes Material sinnvoll anzuwenden.
- **AFB III (Transfer/Problemlösendes Denken):** Schließlich müssen Sie auch in größeren Zusammenhängen argumentieren können. Hier sollen Sie z. B. vor dem Hintergrund komplexer Sachverhalte Probleme lösen, Hypothesen aufstellen, einen Lösungsweg aufzeigen und Entscheidungen bewerten und begründen können.

Der **Schwerpunkt aller Prüfungsaufgaben** liegt dabei immer auf dem **AFB II**, in diesem Bereich können Sie auch die meisten Bewertungspunkte erreichen.

Operatoren

Damit sichergestellt ist, dass alle Schülerinnen und Schüler unter vergleichbaren Voraussetzungen lernen und geprüft werden, wurden sogenannte **Operatoren** für die Aufgaben ausgewählt. Es sind Arbeitsanweisungen, die eine definierte Bedeutung haben und die Sie auf das in der Aufgabe angebotene fachspezifische Material (Texte, Abbildungen, Schemata, grafische Darstellungen, Tabellen etc.) anwenden müssen. Die Handlungsanweisungen signalisieren Ihnen, was *genau* Sie mit den angebotenen Materialien machen sollen.

Während z. B. beim „Nennen" biologische Sachverhalte, Phänomene und Merkmale einfach wiedergegeben oder aufgezählt werden dürfen (AFB I, ggf. AFB II), erfordert das „Bewerten" selbstständige Deutungen und Begründungen in Form strukturierter, zusammenhängender Texte unter Verwendung der komplexen Materialien (AFB II–III).

Mit dem Arbeitsauftrag „Erläutern Sie" wird von Ihnen die verständliche, anschauliche Darstellung eines Sachverhalts unter Verwendung weiterer Informationen z. B. aus dem Material erwartet, sodass der Leser den Sachverhalt nachvollziehen kann (AFB I–III). Dabei gibt es auch Überschneidungen, sodass einige der Operatoren zu zwei Anforderungsbereichen gehören können – je nachdem, wie der Inhalt des konkreten Arbeitsauftrags formuliert wurde.

In der folgenden Tabelle finden Sie die alphabetisch geordnete Liste der Operatoren für das Fach Biologie mit Erklärungen und der Zuordnung zu den Anforderungsbereichen. Die Operatoren sowie deren Beschreibung in der folgenden Tabelle sollten Sie sehr genau studieren, damit Sie exakt wissen, was von Ihnen verlangt wird. In der Aufgabensammlung finden Sie außerdem viele Beispiele zum Einsatz dieser Operatoren, an denen Sie den Umgang mit solchen Handlungsanweisungen üben können.

Operator	**Beschreibung der erwarteten Leistung**	**AFB**	**Beispiele***
Ableiten	Auf der Grundlage wesentlicher Merkmale sachgerechte Schlüsse ziehen	II–III, ggf. I	18 II.4 20 I.1 22 II.1
Analysieren/ Untersuchen	Wichtige Bestandteile oder Eigenschaften auf eine bestimmte Fragestellung hin herausarbeiten; Untersuchen beinhaltet ggf. zusätzlich praktische Anteile	II, ggf. III	17 II.1 20 III.1 21 I.4
Anwenden	Einen bekannten Sachverhalt, ein Modell oder eine bekannte Methode auf etwas Neues beziehen	II	–

Auswerten	Daten, Einzelergebnisse oder andere Elemente in einen Zusammenhang stellen und ggf. zu einer Gesamtaussage zusammenführen	II–III, ggf. I	16 II.3 21 I.2, 3 22 I.1
Begründen	Sachverhalte auf Regeln und Gesetzmäßigkeiten bzw. kausale Beziehungen von Ursachen und Wirkung zurückführen	II–III, ggf. I	17 II.3 18 II.1 21 III.1
Benennen	Strukturen, Sachverhalte oder Zusammenhänge fachsprachlich richtig bezeichnen	I–II	16 III.5
Berechnen/ Bestimmen	Werte oder Größen mittels Gleichungen berechnen	I–II	–
Beschreiben	Strukturen, Sachverhalte oder Zusammenhänge strukturiert und fachsprachlich richtig in eigenen Worten wiedergeben	I–II	16 II.1 19 III.3
Beurteilen	Zu einem Sachverhalt ein selbstständiges Urteil unter Verwendung von Fachwissen und Fachmethoden formulieren und begründen	II–III	17 I.3 18 I.3 22 III.4
Bewerten	Einen Gegenstand an erkennbaren Wertkategorien oder an Beurteilungskriterien messen	II–III	–
Darstellen	Sachverhalte, Zusammenhänge, Methoden etc. strukturiert und ggf. fachsprachlich wiedergeben	I–III	16 II.1 18 III.1 19 II.1
Diskutieren, Erörtern	Argumente und Beispiele zu einer Aussage oder These einander gegenüberstellen und abwägen	II–III	16 III.5
Dokumentieren	Daten und Beobachtungen aus Experimenten/ Untersuchungen unter Verwendung fachspezifischer Darstellungsformen festhalten	I–II	–
Durchführen	Eine vorgegebene oder eigene Experimentieranleitung umsetzen bzw. zielgerichtete Messungen und Änderungen vornehmen	II–III	–
Entwickeln	Zu einem Sachverhalt oder einer Problemstellung eine Fragestellung, ein Modell oder ein Experiment entwerfen oder modifizieren	III	16 II.4 18 II.4 22 III.4
Erklären	Einen Sachverhalt mithilfe eigener Kenntnisse in einen Zusammenhang einordnen sowie ihn nachvollziehbar und verständlich machen	II–III	16 I.4 21 III.4 22 III.1

Erläutern	Einen Sachverhalt veranschaulichend darstellen und durch zusätzliche Informationen verständlich machen	I–III	17 I.1 21 III.2
Ermitteln	Einen Zusammenhang oder eine Lösung finden und das Ergebnis formulieren	II–III, ggf. I	19 I.1 20 II.2
Hypothesen entwickeln/ aufstellen	Begründete Vermutung auf der Grundlage von Beobachtungen, Untersuchungen, Experimenten oder Aussagen formulieren	III	17 I.1 21 I.4 22 II.3
Interpretieren/ Deuten	Fachspezifische Zusammenhänge in Hinblick auf eine gegebene Fragestellung begründet darstellen	II–III	19 I.3 20 III.2
Nennen, Angeben	Elemente, Sachverhalte, Begriffe, Daten ohne Erläuterungen aufzählen	I–II	19 III.3
Protokollieren	Beobachtungen oder die Durchführung von Experimenten detailgenau zeichnerisch einwandfrei bzw. fachsprachlich richtig wiedergeben	I	–
Skizzieren	Sachverhalte, Strukturen oder Ergebnisse auf das Wesentliche reduziert übersichtlich grafisch darstellen	I–II	16 III.5 22 III.3
Stellung nehmen	Zu einem Gegenstand, der an sich nicht eindeutig ist, nach kritischer Prüfung und sorgfältiger Abwägung ein begründetes Urteil abgeben	II–III	16 I.4 17 III.3 19 I.2 22 II.2
Überprüfen/ Prüfen	Sachverhalte oder Aussagen an Fakten oder innerer Logik messen und eventuelle Widersprüche aufdecken	II–III	18 III.1
Vergleichen	Gemeinsamkeiten, Ähnlichkeiten und Unterschiede ermitteln	I–II	16 III.1
Zeichnen	Eine möglichst genaue grafische Darstellung beobachtbarer oder gegebener Strukturen anfertigen	I–II	16 III.1
Zusammenfassen	Das Wesentliche in konzentrierter Form herausstellen	I–II	17 III.2 18 II.4 21 II.2

*Ü = Übungsaufgabe; 16/17/18/19/20/21/22 = Jahrgang 2016/2017/2018/2019/2020/2021/2022; angegeben ist jeweils die Nummer der Aufgabe und der Teilaufgabe.

1.4 Bewertung

Ihre Fachlehrerin bzw. Ihr Fachlehrer korrigiert und bewertet die Reinschrift der Abiturarbeiten auf der Grundlage eines **vorgegebenen Bewertungsschemas**, in dem eine Beurteilung der von Ihnen zu erbringende Teilleistungen aufgeschlüsselt ist. Diese Aufschlüsselung nennt konkrete Eigenschaften und Merkmale, die eine Bearbeitung der jeweiligen Aufgabenteile enthalten soll. Bei der Bewertung der von Ihnen erstellten Lösung wird deren Brauchbarkeit des Weiteren an den o. g. drei Anforderungsbereichen gemessen. Sie werden bei der Anzahl der maximal zu vergebenden Punkte mit berücksichtigt. Von diesem Bewertungsschema kann die Fachlehrerin bzw. der Fachlehrer *in der Regel* nicht abweichen!

Dies bedeutet allerdings nicht, dass Sie exakt die Formulierungen der Vorgaben wiedergeben müssen. Sie dienen als Orientierung und insofern hat Ihre Lehrerin bzw. Ihr Lehrer einen gewissen „Spielraum“ bei der Benotung. Insgesamt werden bei der Bewertung Ihrer Darstellung sowohl die fachliche Richtigkeit und Vollständigkeit berücksichtigt als auch die Schlüssigkeit Ihrer Argumentation, die Qualität Ihrer Darstellung (klarer Aufbau und richtige Verwendung der Fachsprache) sowie gegebenenfalls die Kreativität und Eigenständigkeit bei Ihren Lösungen. Werden hier von Ihnen bei der Bearbeitung der einzelnen Teilaufgaben weitere, aufgabenbezogene Kriterien erfüllt, die eigentlich nicht vorgesehen sind, können Sie dafür Zusatzpunkte erhalten. Das können Lösungen sein, die im Bewertungsbogen nicht erfasst wurden, fachlich aber richtig sind und von Ihnen schlüssig dargestellt wurden. Hierzu zählen beispielsweise konstruktive Versuchskritik und das Aufstellen begründeter Hypothesen oder, wenn Sie einen biologischen Sachverhalt durch eine eigene Meinung fundiert beurteilen.

Für die Korrektur Ihrer Ausführungen sind detaillierte Randbemerkungen Ihrer Lehrerin bzw. Ihres Lehrers vorgesehen. Die inhaltlichen Leistungen und die Darstellungsleistungen werden bei der Bewertung Ihrer Arbeit gesondert ausgewiesen. Sie gehen mit fachspezifischer Gewichtung in die Gesamtbewertung mit ein. Denken Sie daran, dass *gehäufte* Verstöße gegen die sprachliche Richtigkeit (vor allem Verstöße gegen Rechtschreibung, Grammatik und Satzzeichensetzung, aber auch die äußere Form) zu einer Absenkung der Bewertung Ihrer Abiturarbeit um bis zu 2 Punkte (wobei 3 Punkte eine komplette Note ausmachen!) führen kann.

Ihre Arbeit kann mit ausreichend (5 Punkte) bewertet werden, wenn Sie annähernd die Hälfte der im Bewertungsschema beschriebenen Anforderungen erreicht haben. Dies bedeutet, dass rein reproduktive Leistungen des AFB I für ein Bestehen des Abiturs nicht ausreichen! Entsprechend erreichen Sie ein sehr gutes Prüfungsergebnis nur dann, wenn Sie auch Leistungen aus dem AFB III erbringen. Bedenken Sie bitte auch, dass ein mit „gut“ beurteiltes Prüfungsergebnis von Ihnen verlangt, zumindest ansatzweise Aufgaben des AFB III zu bearbeiten.

Ihre Arbeit wird, nachdem Ihre Lehrerin bzw. Ihr Lehrer sie korrigiert und benotet hat, von einem zweiten Fachkollegen einer Zweitkorrektur unterzogen. Diese kann von einer Kollegin oder einem Kollegen an Ihrer Schule erfolgen, es ist aber auch möglich, dass die Zweitkorrektur an einer anderen Schule vorgenommen wird.

Je nach individueller Veranlagung werden einige von Ihnen diese Vorbemerkungen überspringen und sich direkt auf die Aufgaben stürzen. Vielleicht, weil Sie schon wissen, wie man **sachgerecht** und **ökonomisch** arbeitet oder aus genau dem gegenteiligen Grund: Vielleicht gehen Sie grundsätzlich zu **überhastet** vor und wollen möglichst rasch ans Ziel kommen. Wenn Sie zur zweiten Gruppe gehören sollten, sind – gerade durch Ihr Vorgehen – **Leistungsvermögen** und erbrachte **Leistung** daher oft **nicht deckungsgleich**. Dabei ist es eigentlich ziemlich einfach, ein gutes Ergebnis mit vernünftigem Aufwand zu erreichen.
Im Folgenden daher einige **Tipps**, die allgemein für jede Form von schriftlicher Arbeit gelten und damit über dieses Buch hinaus während der Berufsausbildung oder des Studiums **hilfreich** sein können.
Wir können Ihnen hier nur eine kurze Auflistung der wichtigsten Punkte geben, die Sie beim Bearbeiten der Aufgaben beachten sollten. Ebenso kann an dieser Stelle nur exemplarisch auf einige Aspekte der Analyse von Materialien eingegangen werden. Die Trainingsbücher „Abitur-Training – Biologie 1 und 2“ (Stark Verlag, Best.-Nr. 54707V und 54708V) ermöglichen es Ihnen, den Unterrichtsstoff zu wiederholen und sich optimal auf die Inhalte der schriftlichen und mündlichen Abiturprüfung vorzubereiten. Zur Auffrischung des relevanten Prüfungsstoffs kurz vor der Prüfung ist das „AbiturSkript Biologie“ (Best.-Nr. 5570S1) ideal geeignet.

2.1 Ökonomisches Bearbeiten der Aufgaben

Ökonomisches Arbeiten soll in diesem Zusammenhang heißen: eine Klausur in möglichst **kurzer Zeit** möglichst **gründlich** zu bearbeiten.
Bei der Bearbeitung der Aufgaben hilft es, wenn Sie sich vor der Klausur zu Hause einen Plan erstellen, wie Sie an die einzelnen Aufgaben herangehen sollen. Etwaige Nervosität in der Abiturprüfung wird dadurch übrigens vermindert, da Sie nach gewohnter Routine vorgehen können. Dieser **Plan** kann z. B. wie folgt aussehen:

- **Lesen** Sie sich die Aufgabenstellung sorgfältig durch, lassen Sie sich **Zeit**. Achten Sie dabei besonders auf die Operatoren. Versuchen Sie sich klarzumachen, worum es in der Aufgabe geht. Hierbei hilft Ihnen oft das Thema der Aufgabe.
- **Kennzeichnen** Sie die **Operatoren** (Arbeitsaufträge) in jeder Aufgabenstellung und haken Sie diese ab, sobald Sie sie **abgearbeitet** haben. So laufen Sie nicht Gefahr, Aufgabenteile zu vergessen.
- **Markieren** Sie beim Durcharbeiten des Aufgabentextes mit einem Stift – am besten mit einem **Textmarker** – wichtige Textstellen und Schlüsselbegriffe. (Werden unterschiedliche Sachverhalte in den Teilaufgaben angesprochen, kann es hilfreich sein, mit mehreren Farben zu arbeiten!)
- Lassen Sie sich **nicht** von der Aufgabenstellung **erschrecken**, solange Sie sich das Material nicht angeschaut haben. Oft klingt eine Fragestellung komplizierter, als sie nach Durchsicht der Materialien wirklich ist.
- Arbeiten Sie nun das **Material** durch und versuchen Sie bereits jetzt die Abbildungen, Graphen, Tabellen etc. den einzelnen Aufgabenstellungen zuzuordnen. Ein wichtiger Tipp: Oft gibt es regelrechte **Schlüsselwörter**, mit denen eine ganze

Aufgabe gelöst werden kann. Wer z. B. in einem Populationsgraphen eine Räuber-Beute-Beziehung entdeckt, der hat bestimmt schon die Hälfte der Aufgabe gelöst! Achten Sie also auf solche **Zusammenhänge**.
- Gehen Sie bei Ihrer Arbeit **systematisch** vor. Bleiben Sie so lange bei einem Aufgabenteil bzw. den dazugehörigen Materialen, bis Sie diesen Teil erschöpfend bearbeitet haben.
- Wenn das Material trotz intensivster Anstrengungen nicht „zu Ihren Überlegungen passen will“, **verwerfen** Sie Ihre (sicherlich falsche) Hypothese möglichst rasch – alles andere kostet nur unnötig Zeit.
- Erstellen Sie zu Ihren Überlegungen eine **Skizze** (z. B. eine *Mindmap*), aus der für Sie Ihr **Lösungsweg** hervorgeht. Das Ganze sollte nicht mehr als ein roter Faden sein – alles andere kostet nur unnötig Zeit. Ordnen Sie in dieser Skizze unbedingt die einzelnen Materialien Ihrem Argumentationsweg zu.
- Kennzeichnen Sie jeden **Operator** in der Aufgabenstellung mit einem Textmarker und haken Sie ihn ab, sobald er von Ihnen abgearbeitet wurde. So vermeiden Sie, dass Sie Aufgabenteile vergessen zu bearbeiten.

2.2 Arbeiten mit Grafiken und Tabellen

Ein wesentlicher Bestandteil biologischer Aufgabenstellungen ist die Analyse von Material in Form von Tabellen sowie Grafiken. Die umfassende Untersuchung der dargestellten Sachverhalte ist oft der Schlüssel zu einer erfolgreichen Lösung der Aufgabe.

Daten aus biologischen Experimenten werden häufig in Form von **Tabellen** zusammengefasst. Eine andere Art der Darstellung von Zahlenmaterial sind die zu den Grafiken zählenden **Diagramme**. Zur Auswertung einer Tabelle oder eines Diagramms gibt es einige Grundregeln, die sich auf fast alle Tabellen und Diagramme unterschiedlichen Aufbaus und Inhaltes anwenden lassen:
- Welche Größen sind in der Tabelle/dem Diagramm dargestellt? Achten Sie auf die Überschriften und den Begleittext.
- Was für ein Diagrammtyp liegt vor (z. B. Säulendiagramm, Optimumkurve)?
- Welche Größen sind gegeneinander aufgetragen? Welche ist die variable, welche die abhängige Größe?
- Was sind die Bezugsgrößen: Zahlenarten (absolute Zahlen, Prozentzahlen), Zahlenwerte (gerundet, geschätzt, vorläufig)?
- Welche Auffälligkeiten/Tendenzen sind zu erkennen?
- Was wurde mit welcher Methode untersucht?
- Welche Kategorien werden miteinander in Beziehung gesetzt (z. B. bei Tabellen in Kopfzeile, Spalten und Vorspalten)?
- Welche Besonderheiten weist das Material auf? Bestimmen Sie wesentliche Auffälligkeiten!
- Welche Hauptaussagen lassen sich formulieren (Trends/Tendenzen)?
- Welche Teilaussagen lassen sich machen (Minima, Maxima, Optimum, Zunahme, Abnahme, Stagnation, Zahlensprünge, Anomalien, Gleichmäßigkeiten und regelhafte Verläufe, unterschiedliche Phasen, Wechselbeziehungen zwischen verschiedenen Variablen/Merkmalen …)?

- Welcher Arbeitsauftrag ist mit dem Diagramm/der Tabelle verbunden? (Unabhängig davon sollten Sie Ihre Lösung unbedingt damit beginnen, eine kurze Beschreibung der Darstellung auf der Basis der o. g. Fragestellungen zu geben.)
- Welche Antwort gibt die Tabelle/das Diagramm auf die Fragestellung? Zu welchen Teilbereichen lassen sich keine Aussagen treffen?
- Welche Aussagen werden durch die Daten nahe gelegt?
- Welche neuen Fragen werden durch die Informationen der Tabelle/des Diagramms aufgeworfen?
- Was sind mögliche Ursachen für die Sachverhalte, welche Sie der Tabelle/dem Diagramm entnommen haben?

Abbildungen in der Biologie zeigen meist entweder Strukturen (z. B. einen Blattquerschnitt) oder Prozesse (z. B. die Proteinbiosynthese oder die Fotosynthese). Der erste Schritt Ihrer Lösung sollte auch hier immer darin bestehen, die bildlich dargestellte Information in Worte zu fassen. Die weitere Analyse ist dann sehr stark von der Art der Abbildung und der damit verbundenen Fragestellung abhängig. Aber auch hier gibt es wieder einige Grundregeln, die zu beachten sind:

- Wie ist die Abbildung zustande gekommen? Ist es z. B. die Skizze eines mikroskopischen Bildes oder die schematische Darstellung eines Experimentes? (Beachten Sie dabei auch den vorangestellten Text, die Bildunterschrift und die angegebene Quelle.)
- Welchem Themengebiet ist die Abbildung zuzuordnen (z. B. Evolutionsbiologie oder Molekulargenetik)?
- Was wissen Sie über die dargestellten Strukturen oder Abläufe? Welche Fachbegriffe können Sie hier zuordnen?
- Was sind die wichtigen Merkmale der dargestellten Objekte oder Sachverhalte? Vergleichen Sie Teilabbildungen miteinander. Formulieren Sie Kern- und Teilaussagen.
- Welche Arbeitsanweisung ist mit der Abbildung verknüpft? Sollen Sie z. B. die Abbildung zur Begründung oder Erläuterung eines Sachverhaltes verwenden oder wird von Ihnen eine Hypothese über den Ablauf eines dargestellten Experimentes erwartet?
- Welche für die Beantwortung der Fragestellung relevanten Informationen lassen sich aus den Darstellungen entnehmen und welche Fragen stellen sich?
- Welche Ursachen und Mechanismen könnten hinter den dargestellten Prozessen stecken? Wie sind auftretende Besonderheiten zu erklären?

2.3 Darstellen der Ergebnisse

Bei der Erstellung Ihrer Lösungen sollten Sie sich, neben der fachlichen Richtigkeit, um **sprachliche Richtigkeit und eine angemessene äußere Form** bemühen. Alle Antworten sollten Sie (sofern es nicht ausdrücklich anders verlangt ist, z. B. die Angabe als Tabelle oder Skizze) durchgehend **in vollständigen Sätzen** unter Verwendung der passenden **Fachbegriffe** formulieren.

Auch wenn zur Beantwortung der Aufgabe kein Fließtext gefordert wird, sollte die unkommentierte Aufzählung einzelner Schlagworte (Ausnahme: Operator „Nennen“) sowie unbeschriftete Skizzen und Tabellen vermieden werden. Bei allen Lösungen sollten Sie außerdem beachten,

- dass Sie sich bei der Bearbeitung der Aufgabe an den Operator der Aufgabenstellung halten, damit Sie die **Lösung im Sinne der Aufgabenstellung** erstellen. Sie sollten z. B. beim Operator „Nennen/Angeben“ keine weiteren Erklärungen angeben, dies wäre auch nicht im Sinne einer zweckmäßigen Zeiteinteilung bei der Prüfung.
- dass die Darstellung **logischen und erkennbaren Ordnungsprinzipien** folgt. Für längere Teilantworten bietet sich die „klassische“, aus dem Deutschunterricht bekannte Einteilung in eine kurze Einleitung (hier reichen meist 1–2 Sätze), einen in sinnvolle Absätze gegliederten Hauptteil und einen Schlusssatz an.
- dass die Ausführungen **eindeutig formuliert** sind und soweit sinnvoll auch mit anderen Teilen Ihrer Klausur verknüpft werden.
- dass Sie immer dann, wenn Sie **Abkürzungen** verwenden – sofern es sich nicht um Standardabkürzungen wie DNA, ATP, o. Ä. handelt – diese immer ausschreiben (z. B. PKU = Phenylketonurie). Ungebräuchliche Abkürzungen werden allgemein als Rechtschreibfehler angesehen und gewertet.

Zum Schluss sollten Sie – sofern es möglich ist – noch einmal 10 bis 20 Minuten einplanen, um Ihre Lösungen noch einmal zu lesen und eventuelle Fehler (Grammatik, Zeichensetzung, Rechtschreibung) zu berichtigen. Denken Sie daran, dass Ihnen für eine mangelhafte äußere Form bis zu zwei Notenpunkte abgezogen werden können! Achten Sie auch darauf, dass Ihre Verweise auf Abbildungen korrekt sind. Eine **lesbare Schrift** und eine **übersichtliche Gestaltung** sind deshalb besonders wichtig. Zuletzt sollten Sie die Seiten vollständig durchnummerieren.

3 Hinweise zur Benutzung dieses Buches

Dieses Buch enthält zwei **Übungsklausuren** im Stil des Zentralabiturs in **Nordrhein-Westfalen** und **alle Leistungskursaufgaben der Abiturjahrgänge ab 2016** mit Arbeitsaufträgen, Materialien und ausgearbeiteten Lösungen. Vor jedem Lösungsvorschlag finden Sie die in der Aufgabe thematisierten **Schwerpunkte** bzw. die für die Lösung geforderten **Vorkenntnisse.**
Nach diesen allgemeinen Hinweisen zur Lösung der Aufgabe folgen die **Lösungsvorschläge**. Jeder Lösungsvorschlag ist zusätzlich mit **methodischen Hinweisen** versehen. Diese Hinweise erläutern – sofern nötig – kurz die Herangehensweise an die Teilaufgabe und geben Ihnen konkrete Tipps, was bei der jeweiligen Aufgabe zu beachten ist. Alle Tipps und Hinweise erkennen Sie an den Rauten am Seitenrand.

Sollten nach Erscheinen dieses Bandes noch wichtige Änderungen in der Abiturprüfung 2023 vom Schulministerium Nordrhein-Westfalen bekannt gegeben werden, finden Sie aktuelle Informationen dazu online auf der Plattform MyStark.

Leistungskurs Biologie (NRW)
Übungsaufgabe 1: Ökologie

Ablauf und Leistung der Fotosynthese

1 Die Fotosynthese besteht aus einer Fotoreaktion und einer Synthesereaktion. Weisen Sie die Foto- und die Synthesereaktion den unterschiedlichen Kompartimenten der Chloroplasten zu und beschreiben Sie das methodische Vorgehen von TREBST, TSUJIMOTO und ARNON (Material A, Material B). Formulieren Sie anschließend Hypothesen dazu, in welchen Reagenzgläsern die Bildung von Glukose nachgewiesen werden konnte und in welchen nicht. Begründen Sie jeweils Ihre Aussagen anhand von Material B.

2 Erläutern Sie anhand einer einfachen Skizze den Zusammenhang zwischen Fotoreaktion und Synthesereaktion. Ordnen Sie dabei die Ausgangssubstanzen und die Endprodukte der Fotosynthese sowie die Substanzen ATP und $NADPH+H^+$ den einzelnen Reaktionsschritten zu. Stellen Sie außerdem in einem kurzen Text die Fotoreaktion unter Zuhilfenahme des Z-Schemas dar (Material C).

3 Erläutern und deuten Sie die in Material E beschriebenen Versuchsergebnisse zur Wirkungsweise von Simazin und berücksichtigen Sie dabei auch Material D. Lokalisieren Sie anhand der Versuchsergebnisse (Material E) den Angriffsort des Simazins so genau wie möglich und begründen Sie Ihre Antwort.

4 Beschreiben Sie die Grafik in Material F und vergleichen Sie die Kurvenverläufe. Analysieren und deuten Sie anschließend den Einfluss der Temperatur auf die Fotosyntheseleistung bei immergrünen Laubbäumen. Ziehen Sie auch evolutive Mechanismen mit heran.

Material A: Die Ausgangsbedingungen der Versuche von TREBST, TSUJIMOTO und ARNON

Im Jahre 1958 machten die Biologen Achim TREBST, Harry TSUJIMOTO und Daniel ARNON mit isolierten Chloroplasten die folgenden Versuche:
Durch einen osmotischen Schock wurden die Chloroplasten aufgebrochen. Im Anschluss daran wurde das entstandene Homogenat aus dem Inneren der Chloroplasten zentrifugiert. Nach der Zentrifugation bildeten sich in den Reagenzgläsern zwei wässrige Fraktionen. Im unteren Teil der Röhrchen lagerten sich die Thylakoid-Membranen ab. Im Überstand befand sich eine Fraktion aus wässrigem Stroma. Mit den beiden Fraktionen experimentierten die drei Wissenschaftler weiter und prüften dabei in unterschiedlichen Versuchsansätzen, ob Glukose gebildet wurde.

Material B: Die Versuche von TREBST, TSUJIMOTO und ARNON mit unterschiedlichen Versuchsansätzen

	Versuchs-ansatz 1	Versuchs-ansatz 2	Versuchs-ansatz 3	Versuchs-ansatz 4	Versuchs-ansatz 5	Versuchs-ansatz 6
Fraktion aus Thylakoid-Membranen	+	+	–	+	–	–
Stroma-Fraktion	+	+	+	–	+	+
Belüftung mit CO_2	+	–	+	+	+	+
Beleuchtung für 30 Minuten	+	+	+	+	+	–
Verdunklung für 30 Minuten	–	–	–	–	–	+
Zugabe von ATP	–	–	–	–	+	+
Zugabe von NADPH + H^+	–	–	–	–	+	+

Material C: Reaktionen der Fotosynthese (Z-Schema)

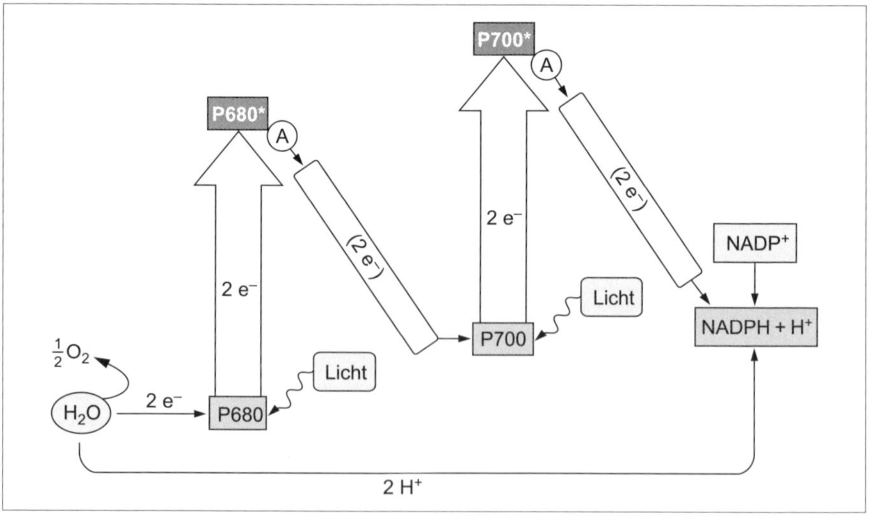

Material D: Das Unkrautbekämpfungsmittel Simazin

Landwirte, die ihre Felder für einige Jahre brachliegen lassen, müssen vor der erneuten Nutzung des Feldes für den Anbau von Gemüse, Kartoffeln oder Getreide die große Zahl von Wildkräutern, die sich inzwischen angesiedelt haben, beseitigen. Hierzu werden u. a. Herbizide mit dem Wirkstoff Simazin benutzt, dessen Wirkungsweise gut untersucht ist.
Simazin, 6-Chlor-N,N'-diethyl-1,3,5-triazin-2,4-diamin ($C_7H_{12}ClN_5$), ist ein von der Firma Ciba-Geigy entwickeltes, selektiv wirkendes Herbizid. Das weißlich bis beige Pulver ist ein Elektronenakzeptor.

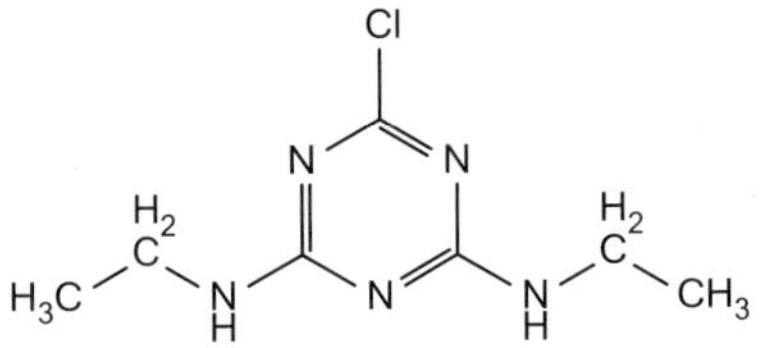

Material E: Untersuchungsergebnisse zum Wirkungsmechanismus von Simazin

Experimente mit einzelligen Algen zeigen, dass sie nach der Zugabe von Simazin im Licht abgetötet werden. Im Dunklen wachsen die Algen trotz der Zugabe von Simazin, bei Zusatz von Zucker, ungehemmt weiter.
Wird isolierten Chloroplasten bei Belichtung Simazin zugegeben, ist keine ATP- und $NADPH + H^+$-Produktion festzustellen.
In weiteren Versuchen mit isolierten Thylakoiden konnte man feststellen, dass die Wirkung von Simazin bei gleichzeitiger Anwesenheit von DCPIP (Dichlorphenolindophenol) aufgehoben wird. DCPIP ist ein Elektronendonator, der aufgrund seiner chemischen Eigenschaft Elektronen nur im Bereich des P700 (Fotosystem I) einschleusen kann.

Material F: Temperatur und Fotosyntheseleistung immergrüner Laubbäume

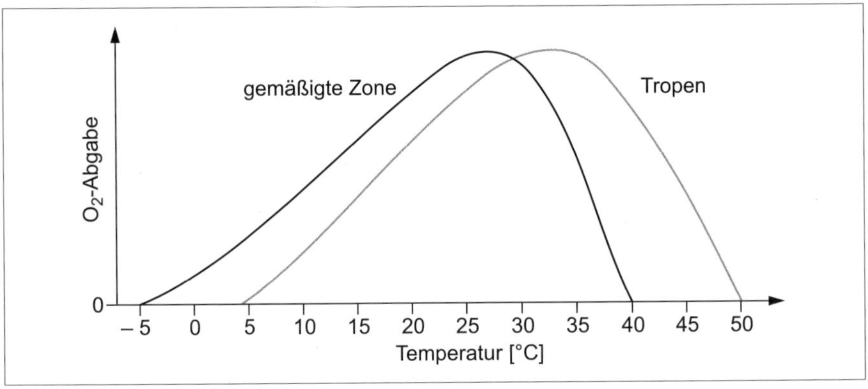

Lösungsvorschlag

In der Aufgabe thematisierte Unterrichtsinhalte sind:
Aufbau von Experimentreihen, lichtabhängige und lichtunabhängige Reaktionen der Fotosynthese, Optimumkurve, Angepasstheit, Evolutionsfaktoren

1 *Für die Beschreibung des methodischen Vorgehens ist es notwendig, dass Sie alle Versuchsansätze im Blick haben und zueinander in Beziehung setzen. Dabei sollten Sie ähnliche Versuchsansätze auch zusammengefasst abhandeln. Machen Sie sich bewusst, welche Prozesse der Fotosynthese in den einzelnen Fraktionen ablaufen, um die anschließenden Hypothesen zu formulieren.*

Die Fotosynthese der grünen Pflanzen stellt einen mehrstufigen Umwandlungs- und Syntheseprozess dar und lässt sich in die Fotoreaktion und die Synthesereaktion gliedern. Beide Teilprozesse laufen in den Chloroplasten ab und sind in unterschiedlichen Kompartimenten des Zellorganells lokalisiert. Die lichtabhängige Reaktion ist an Membranproteine der Thylakoide und des Granums gebunden. Die lichtunabhängige Reaktion findet im Plasma des Stromas statt.
Das methodische Vorgehen von TREBST, TSUJIMOTO und ARNON entspricht vom Aufbau der Versuchsansätze her dem klassischen Ablauf experimenteller Vorgehensweisen. Versuchsansatz 1 kann als Kontrollversuch angesehen werden, bei dem überprüft wird, ob die Fraktionen des Homogenats bei der Zentrifugation intakt geblieben sind. In Versuchsansatz 2 wird der Einfluss von CO_2 auf die Glukoseproduktion beobachtet. In den Versuchsansätzen 3 und 4 werden die beiden Fraktionen getrennt voneinander auf ihre Aktivitäten hin untersucht. In den Versuchsansätzen 5 und 6 wird jeweils nur eine Versuchsbedingung geändert, um den Einfluss der Lichteinstrahlung auf die Stroma-Fraktion zu untersuchen.

Es lassen sich folgende Hypothesen aufstellen:
- Im 1. Versuchsansatz wird Glukose gebildet, da Beleuchtung, CO_2 sowie alle für den Ablauf der Fotosynthese erforderlichen Bestandteile der Chloroplasten vorhanden sind.
- Versuchsansatz 2 wird keine Glukoseproduktion zeigen, da CO_2 fehlt.
- Der 3. Versuchsansatz wird ebenfalls keine Glukose liefern. Dies ist damit zu erklären, dass die Zwischenprodukte ATP und $NADPH+H^+$, deren Bildung an den hier fehlenden Thylakoiden abläuft, nicht vorhanden sind.
- Auch im Versuchsansatz 4 wird keine Glukose gebildet, da die Stroma-Fraktion fehlt, die für die Glukosebildung unerlässlich ist.
- Die Versuchsansätze 5 und 6 unterscheiden sich dadurch, dass Ansatz 5 bei Beleuchtung und Ansatz 6 bei Verdunklung durchgeführt wurden. Da die Zwischenprodukte aus der Fotoreaktion zugegeben wurden, ist es bei Ansatz 5 unerheblich, dass ihre Produktionsstätte, die Thylakoide fehlen. Demnach wird Glukose gebildet. Dies gilt auch für Versuchsansatz 6. Hier wurden ebenfalls ATP und $NADPH+H^+$ zugegeben, sodass deren Produktionsstätte – die Thylakoide – im Ansatz fehlen kann. Die Beleuchtung des Ansatzes 5 ist eigentlich unnötig, da die Glukose-Bildung ohne Lichteinwirkung vonstattengehen kann.

2 *Bei der von Ihnen geforderten Skizze ist es wichtig, alle Teilaspekte (Foto- und Synthesereaktion sowie Edukte, Zwischenprodukte und Produkte) im Zusammenhang der Fotosynthesereaktion zu berücksichtigen. Dies kann sowohl durch die Verwendung von Namen als auch durch die Verwendung von chemischen Summenformeln geschehen.*
Bei der Beschreibung der Fotoreaktion können Sie das Z-Schema – z. B. beginnend mit der Wasserspaltung – schrittweise bis zur Bildung des NADPH + H^+ durchgehen. Sollten Sie darüber hinaus in der Lage sein, ähnliche/identische Prozesse der Lichtreaktion zusammenfassend abzuhandeln, kann das u. U. Zusatzpunkte einbringen.

Der Zusammenhang der Reaktionen im Fotosyntheseprozess kann wie folgt verdeutlicht werden:

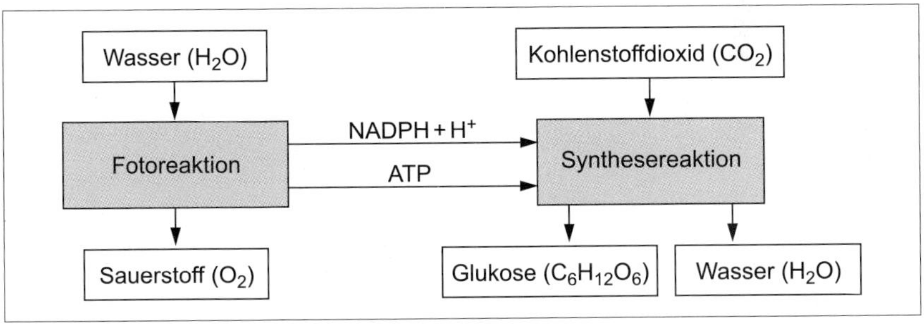

Die Fotoreaktion der Fotosynthese stellt eine Elektronen-Verschiebung in zwei Fotosystemen dar (Material C). Dabei wird Wasser gespalten, ATP gewonnen und NADPH + H^+ gebildet.
Die Belichtung des Fotosystems II löst eine fotochemische Wasserspaltung aus, bei der Wasser am Fotosystem II in Sauerstoff, Protonen und Elektronen zerlegt wird. Den Sauerstoff gibt die Pflanze an die Umwelt ab. Die Elektronen gleichen den Elektronenmangel im P680 aus. Dieser entsteht bei der Abgabe von Elektronen bei Belichtung des Fotosystems II durch Anregung des zentralen Chlorophyll-a-Moleküls P680. Die abgegebenen Elektronen werden zweimal entlang einer Elektronen-Transportkette weitergeleitet. Die Elektronen aus dem P680 (Fotosystem II) gleichen dabei den Elektronenmangel im P700 (Fotosystem I) aus. Die Elektronen aus dem P700 werden mit den zwei Protonen aus der Wasserspaltung auf $NADP^+$ übertragen, wodurch NADPH + H^+ entsteht. Durch den fotosynthetischen Elektronentransport entsteht Energie. Die ATP-Synthase, ein Enzymkomplex in der Thylakoidmembran, nutzt die Energie, um ATP aus ADP und Phosphat zu bilden. Die ATP-Synthase bindet somit die Energie, die durch den Ionenstrom aus dem Thylakoidinnenraum ins Stroma erzeugt wird.

3 *Auch hier müssen Sie alle Aspekte der Versuchsergebnisse im Blick behalten und zueinander in Beziehung setzen. Die antagonistische Wirkung von Simazin und DCPIP gibt Ihnen den entscheidenden Hinweis auf den Angriffsort des Herbizids.*

Die Versuchsergebnisse zur Wirkungsweise von Simazin können wie folgt erläutert und erklärt werden: Bestrahlt man die Algen mit Licht und setzt ihnen dann Simazin zu, werden die einzelligen Organismen abgetötet. Eine Bildung von ATP und $NADPH+H^+$ erfolgt nicht. Werden die Pflanzen aber im Dunkeln gehalten und wird ihnen Zucker zur Verfügung gestellt, bleibt das Herbizid wirkungslos. Diese Ergebnisse können so gedeutet werden, dass Simazin nur dann seine Wirkung zeigt, wenn die Pflanzen Licht ausgesetzt sind, und dass es im Dunkeln wirkungslos ist. Für die Wirkungsweise des Unkrautbekämpfungsmittels kann hieraus geschlossen werden, dass Simazin nur während der Fotoreaktion wirken kann.
Die Erkenntnisse eines im Material E ebenfalls geschilderten, weiteren Experiments helfen dabei, den Wirkungsort des Unkrautbekämpfungsmittels zu bestimmen. Die chemische Substanz DCPIP ist ein Elektronendonator, wohingegen Simazin die Funktion eines Elektronenakzeptors ausübt. Von DCPIP ist bekannt, dass es Elektronen bei der Fotoreaktion nur im Bereich des Fotosystems I (P700) einschleusen kann. Der Befund und die Tatsache, dass beide Substanzen „antagonistisch" wirken, deuten darauf hin, dass Simazin sehr wahrscheinlich als Elektronenakzeptor in der Elektronen-Transportkette vom P680 zum P700 wirkt. Damit verhindert Simazin das Einschleusen von Elektronen in das Fotosystem I.

4 *Bei der Arbeit mit einer Grafik wie dieser ist es wichtig, zunächst alle Elemente und Inhalte zu identifizieren. Eine exakte Beschreibung ist hierbei hilfreich, dann können Sie die dargestellten Sachverhalte leichter analysieren und deuten. Eine Schwierigkeit bei der Beschreibung und Interpretation des Diagramms stellt der fehlende Zahlenwert auf der Ordinate (y-Achse) dar. Zur Erleichterung der eigenen Arbeit empfiehlt es sich daher, selbst Zahlen- oder Prozentwerte als „relative Einheiten" zu setzen. Sinnvollerweise wählt man dabei beim höchsten Wert auf der Achse 100 Prozent.*

Die Grafik in Material F beschreibt den Zusammenhang zwischen der Umgebungstemperatur und der Sauerstoffabgabe immergrüner Laubbäume in den Tropen und in gemäßigten Breiten. Auf der Ordinate (y-Achse) ist die O_2-Abgabe angetragen. Sie dient als Maß für die Fotosyntheseleistung der Laubbäume. Auf der Abszisse (x-Achse) wird die Temperatur in Grad Celsius angegeben. Beide Kurven der Grafik stellen Optimumkurven dar. Für einen Vergleich der dargestellten Kurven wurden Prozentwerte als „relative Einheiten" gesetzt.

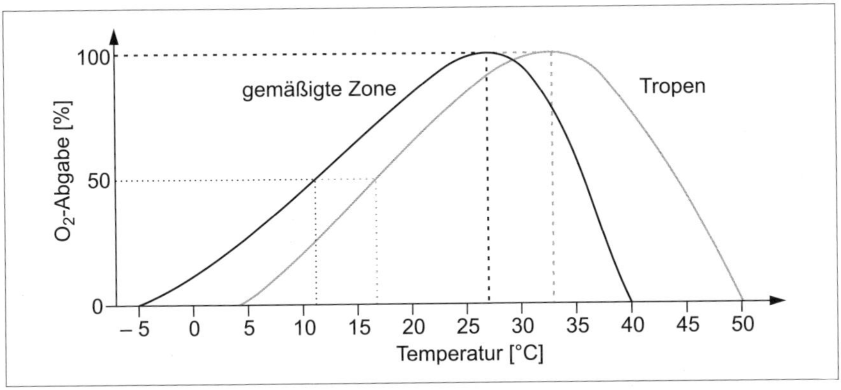

Die Kurve der O_2-Abgabe immergrüner Laubbäume der gemäßigten Zonen hat ihr Optimum bei ca. 27 °C. Die Pessima in den gemäßigten Zonen haben bei ca. –5 °C ein Minimum und bei ca. 40 °C ihr Maximum. Die Kurve steigt bis zu ihrem Optimum fast linear an. Ist dieses erreicht, nähert sich der Graph – deutlich schneller als beim Anstieg – der maximalen Temperatur in den gemäßigten Zonen an. Fast die gleiche Beschreibung kann für die Kurve der Sauerstoffabgabe bei immergrünen Laubbäumen in den Tropen abgegeben werden. Hier sind aber die Kardinalpunkte der Optimumkurve andere: Die ökologischen Pessima in den Tropen haben ein Minimum bei ca. 4 °C und ein Maximum bei ca. 50 °C; das Optimum liegt bei ca. 33 °C. Auch der direkte Vergleich der beiden Kurven für die Abgabe von O_2 ist sehr ähnlich.

Die Kurve für die immergrünen Laubbäume der Tropen ist dabei – im Vergleich zu derjenigen für Bäume gemäßigter Zonen – um ca. 5 °C in den positiven Temperaturbereich verschoben. So erreichen tropische Laubbäume die Hälfte der möglichen Sauerstoffabgabe bei ca. 17 °C, während dieser Produktionswert in den gemäßigten Zonen bereits bei ca. 11,5 °C erreicht wird.

Die Verschiebung des (ansonsten fast gleichen) Kurvenverlaufs kann mit dem jeweiligen Lebensraum der immergrünen Laubbäume erklärt werden. In den Tropen kommen Temperaturen um den Gefrierpunkt relativ selten vor. Dafür herrschen dort – im Vergleich zu den gemäßigten Zonen – zum Teil deutlich höhere Temperaturen, häufig über 40 °C. Umgekehrt sind in den gemäßigteren Zonen Temperaturen von unter 0 °C keine Seltenheit. Temperaturen über 40 °C treten hingegen kaum auf. Diese Angepasstheit ist mit der unterschiedlichen evolutiven Entwicklung der immergrünen Laubbäume in den beiden Klimazonen zu erklären. Nur Pflanzen, die durch Mutation und Rekombination an die vorherrschenden Temperaturextrema optimal angepasst waren, haben in ihren jeweiligen Klimata überlebt. Durch selektive Auswahlprozesse konnten sich die Pflanzen, die bei den jeweils herrschenden Durchschnittstemperaturen die höchste Fotosyntheserate aufwiesen, durchsetzen. Weniger gut angepasste Exemplare wurden dagegen verdrängt.

Leistungskurs Biologie (NRW)
Übungsaufgabe 2: Genetik

Stammbaumanalyse

1 Erstellen Sie anhand von Material A einen Stammbaum für die drei Generationen der Familie. Geben Sie jeweils die Genotypen der Familienmitglieder an und wählen Sie dabei eine Darstellungsweise, bei der die Lokalisation der Gene auf den jeweiligen Chromosomen deutlich wird. Werten Sie anschließend den von Ihnen erstellten Stammbaum aus.

2 Erklären Sie den zugrunde liegenden biologischen Sachverhalt und erläutern Sie, wie es möglich ist, dass ein Elternpaar vier phänotypisch unterschiedliche Söhne haben kann. Gehen Sie dabei ausführlich auf den genetischen/zellbiologischen Mechanismus ein, der zu der unterschiedlichen phänotypischen Ausprägung der Söhne geführt hat.

3 Erläutern Sie die Bedeutung der in Material B wiedergegebenen Sachverhalte für die Ausbildung des Phänotyps eines Menschen.

4 Entwickeln Sie eine Hypothese zur unterschiedlichen Verteilung der beiden Erkrankungen aus Material A in der Gesamtpopulation. Begründen Sie Ihre Ausführung, indem Sie die wesentlichen Evolutionsfaktoren mit einbeziehen.

Material A:

Im Jahre 1938 wurde im Rahmen einer Stammbaumanalyse der Fall einer Familie betrachtet:
Im Stammbaum der betreffenden Familie traten immer wieder zwei Merkmale auf. Bei dem einen Merkmal handelte es sich um die Bluterkrankheit (Hämophilie), bei dem anderen Merkmal um die Rot-Grün-Sehschwäche. Die Bluterkrankheit ist eine der häufigsten Erbkrankheiten des Menschen. Hierbei ist die Blutgerinnung durch einen Mangel an bestimmten Gerinnungsfaktoren gestört. Je nachdem, welcher Gerinnungsfaktor nicht produziert wird, unterscheidet man zwei Formen der Krankheit: Hämophilie A und Hämophilie B. Für Männer liegt die Wahrscheinlichkeit einer Erkrankung bei 1 : 5 000 (Hämophilie A) bzw. 1 : 25 000 (Hämophilie B). Bei Frauen treten beide Formen extrem selten auf. Bei der „Rot-Grün-Schwäche" handelt es sich um eine Farbenfehlsichtigkeit, die bei ca. 8 % aller Männer und 0,4 % aller Frauen auftritt. Die Betroffenen leiden unter einer Störung des Farbsinns mit einer Sehschwäche für rote und grüne Farben bis hin zu einem vollständigen Fehlen der Farbwahrnehmung für Rot und Grün.

Die untersuchte Familie zeigte eine bis dahin nicht bekannte Besonderheit auf:
Ein Elternpaar, das phänotypisch keine der beiden Erkrankungen aufwies, hatte vier Söhne, die sich alle phänotypisch unterschieden. Der erste Sohn war phänotypisch gesund, der zweite litt an Hämophilie. Sohn Nummer drei hatte eine „Rot-Grün-Schwäche" und der vierte Sohn hatte sowohl die Bluterkrankheit als auch eine „Rot-Grün-Schwäche". Von den Eltern der Mutter war Folgendes bekannt: Ihr Vater wies beide Krankheiten auf und ihre Mutter war phänotypisch gesund.

Material B:

Die zufällige Verteilung der elterlichen Chromosomen bei der Keimzellenbildung bestimmt das Erbgut des daraus hervorgehenden Kindes. Für die Verteilung der 23 Chromosomen des haploiden Chromosomensatzes des Menschen ergeben sich 8 388 608 verschiedene Möglichkeiten. Bei der Befruchtung kommt eine zweite Keimzelle hinzu, für die es die gleiche Anzahl an möglichen Zusammensetzungen gibt. Damit ergeben sich $8\,388\,608^2 = 7 \cdot 10^{13}$ verschiedene genetische Kombinationen.

Lösungsvorschlag

In der Aufgabe thematisierte Unterrichtsinhalte sind:
Stammbaumanalyse, X-chromosomale/gonosomale Vererbung, Hemizygotie, Bluterkrankheit, „Rot-Grün-Schwäche“, Crossing-over, Meiose, Rekombination, Oogenese, Urkeimzelle, Haploidie, Diploidie, Gen, Allel, Variabilität, Selektion, Selektionsdruck

1 *Überlegen Sie sich zunächst, auf welchem Chromosom die beiden relevanten Genorte lokalisiert sind und um welchen Vererbungsmodus es sich handelt. Erstellen Sie danach einen Stammbaum, der nur die entsprechenden Chromosomen berücksichtigt. Dabei ist eine Legende unbedingt erforderlich. Nummerieren Sie die acht vertretenen Familienmitglieder durch, damit Sie sich später leichter auf einzelne Individuen beziehen können. Achten Sie bei Ihrer Auswertung auf eine korrekte Fachsprache, es gibt z. B. keine „kranken“ Chromosomen. Je klarer Sie die vorliegenden Verhältnisse darstellen, desto einfacher wird die Bearbeitung der nachfolgenden Teilaufgaben!*

Der Stammbaum der Familie aus Material A könnte wie folgt aussehen:

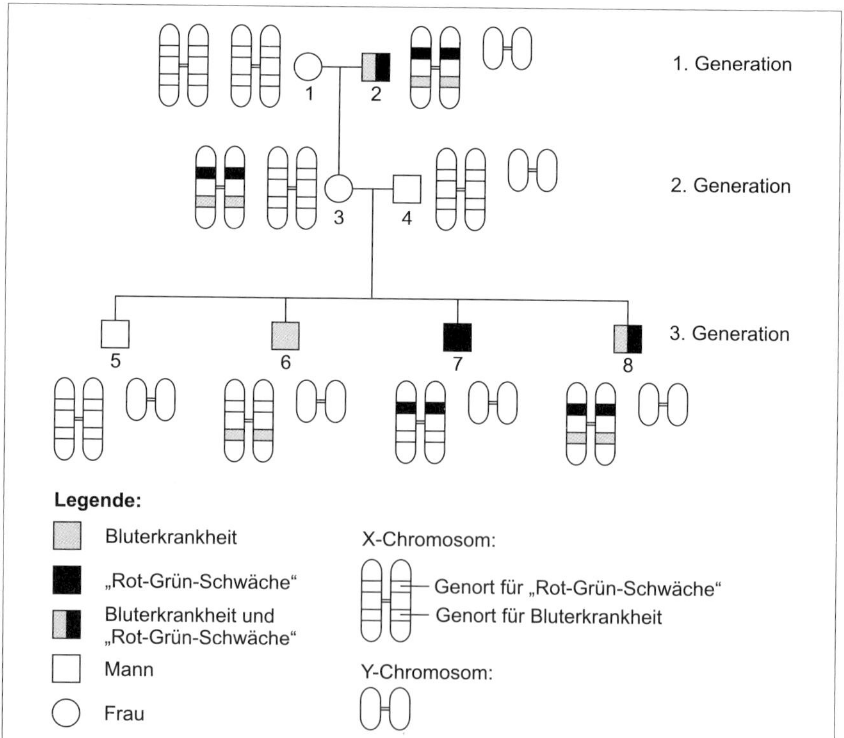

Der Stammbaum der Familie, in der sowohl die „Rot-Grün-Schwäche“ als auch die Bluterkrankheit vorkommen, umfasst acht Mitglieder – zwei Frauen und sechs Männer – aus drei Generationen. Die Gene für die beiden innerhalb der Familie vererbten Merkmale liegen auf dem X-Chromosom. Die weiblichen Individuen erkranken nicht, da sie die Gene, welche die betrachteten Merkmale codieren, nur heterozygot tragen (Individuum 3). Es handelt sich also um einen **X-chromosomal-/gonosomal-rezessiven Erbgang**. Bei den Frauen wird der Ausbruch der Krankheiten dadurch verhindert, dass das zweite homologe X-Chromosom das X-Chromosom, welches das Merkmal codiert, kompensiert. Männliche Individuen sind bezüglich aller nur auf dem X- bzw. Y-Chromosom vorhandenen Gene hemizygot. Da das Y-Chromosom zum X-Chromosom nicht homolog ist, zeigt sich im Phänotyp von Männern immer die Merkmalsausprägung, die von ihrem einzigen X-Chromosom codiert wird (Individuen 2, 6, 7 und 8).
„Von den Eltern der Mutter war Folgendes bekannt: Ihr Vater wies beide Krankheiten auf und ihre Mutter war phänotypisch gesund.“ Aus dieser Aussage lässt sich schließen, dass die Frau aus der 2. Generation (Individuum 3) das entsprechende X-Chromosom von ihrem Vater (Individuum 2) geerbt hat und sie Überträgerin (Konduktorin) für die beiden betrachteten Merkmale ist. Da sie selbst nicht betroffen ist, muss sie von ihrer Mutter (Individuum 1) ein X-Chromosom vererbt bekommen haben, das für keines der betrachteten Merkmale codiert. Im Text von Material A wird in Bezug auf Individuum 1 davon gesprochen, dass es phänotypisch keine der beiden Erkrankungen zeigte. Damit kann Individuum 1 theoretisch das Gen für eines der Merkmale oder die Gene beider Merkmale auf einem seiner X-Chromosomen tragen und dennoch phänotypisch gesund sein. Dieser Umstand kann ignoriert werden, da Individuum 1 als Überträgerin für die weitere Betrachtung des Stammbaums und die Individuen 5 bis 8 nicht relevant ist. Der Mann aus der 2. Generation (Individuum 4) muss phäno- und auch genotypisch gesund sein. Er vererbt seinen vier Söhnen das Y-Chromosom und legt damit das Geschlecht der Kinder fest. Die X-Chromosomen der Mutter verteilen sich wie folgt auf die Kinder:

- Ein Sohn erhält von seiner Mutter das X-Chromosom, das keinen Gendefekt aufweist (Individuum 5).
- Ein anderer Sohn erbt das X-Chromosom, das beide Defekte aufweist, und ist folglich von beiden Erbkrankheiten betroffen (Individuum 8).
- Die beiden übrigen Söhne zeigen in ihrer Merkmalsausprägung eine Besonderheit: Der eine (Individuum 6) leidet an der Bluterkrankheit, hat jedoch keine Farbenfehlsichtigkeit, und der andere hat eine „Rot-Grün-Schwäche“, weist aber keine Anzeichen der Bluterkrankheit auf (Individuum 7).

2 *Nennen Sie zunächst die biologischen Sachverhalte (Crossing-over, Meiose) und führen Sie anschließend die Oogenese in ihren wesentlichen Schritten (zwei Reifeteilungen, Crossing-over, Bildung von Eizelle und Polkörperchen) aus.*

Der hier zugrunde liegende biologische Sachverhalt ist die **Trennung von Erbanlagen**, die ursprünglich auf ein und demselben Chromosom gelegen haben. Im vorliegenden Beispiel handelt es sich um Erbanlagen auf einem der beiden homologen X-Chromosomen. Normalerweise werden so gekoppelte Gene in der Meiose nicht voneinander getrennt und gemeinsam vererbt. Die Besonderheiten im Phänotyp der Individuen 6 und 7 müssen also durch eine **Entkopplung** der Gene, die für die Erbkrankheiten verantwortlich sind, entstanden sein. Dies kann nur mit dem biologischen Phänomen des **Crossing-overs** während der **Meiose** von Individuum 3, der Mutter der Individuen 6 und 7, erklärt werden.

Die **Meiose** (Reifeteilung) wird bei weiblichen Individuen **Oogenese** genannt. Dieser zellbiologische Mechanismus führt – ausgehend von einer diploiden Urkeimzelle – zu einer haploiden Eizelle. Neben der Reduktion der Chromosomenzahl (Reduktionsteilung) wird während der Meiose auch das in den Chromosomen lokalisierte genetische Material durchmischt und neu kombiniert (Rekombination).

Die Reduktionsteilung läuft im ersten Teilschritt der Oogenese, der **1. Reifeteilung**, ab. Hierbei werden die 46 Chromosomen des Menschen auf zwei Zellen aufgeteilt. Jede der beiden Zellen enthält dann 22 Autosomen und 1 Heterosom. Diese Zellteilung erfolgt inäqual, d. h., es entstehen zwei Tochterzellen, die ungleich mit Zytoplasma gefüllt sind. Zum einen wird eine große, plasmareiche Zelle und zum anderen ein kleines, fast plasmafreies Polkörperchen gebildet.
Während der anschließenden **2. Reifeteilung** werden die 23 Chromosomen in ihre beiden Schwesterchromatiden getrennt. Auch hier ist die anschließende Zellteilung wieder inäqual, sodass aus der plasmareichen Zelle ein Polkörperchen mit 23 Chromatiden abgeschnürt wird. Das Polkörperchen aus der 1. Reifeteilung durchläuft ebenfalls einen 2. Reifeteilungsprozess. Nach den beiden Reifeteilungen liegt eine große, mit Zellplasma prall gefüllte, haploide Eizelle vor, an deren äußerer Membran drei kleine, haploide Polkörperchen liegen, die später absterben.

Die **Neu- und Rekombination** des Erbguts erfolgt bereits zu Beginn der 1. Reifeteilung. Hier lagern sich die jeweils entsprechenden mütterlichen und väterlichen Zweichromatid-Chromosomen parallel aneinander an. Die Anordnung erfolgt dabei rein zufällig. In diesem sogenannten Vierstrangstadium können die nebeneinanderliegenden Chromatiden der beiden homologen Chromosomen Teilstücke miteinander austauschen. Dieser Vorgang wird als **Crossing-over** zwischen Nicht-Schwesterchromatiden bezeichnet. Nach diesem Rekombinationsvorgang enthalten die beiden Chromatiden eines Chromosoms unter Umständen unterschiedliche Allele.

Das Crossing-over ist die genetische Grundlage für die Entstehung der Phänotypen der Individuen 6 und 7 aus Material A. Durch Crossing-over wurden im X-Chromosom der Mutter die Anlagen für die „Rot-Grün-Schwäche“ und die der Bluterkrankheit voneinander getrennt. Während die Anlage der einen Erbkrankheit auf dem ursprünglichen X-Chromosom verblieb, gelangte die andere Anlage auf das zweite, homologe X-Chromosom. Die Chromatiden der homologen Chromosomen trugen nach dem Crossing-over nicht mehr die gleichen genetischen Informationen. Bei der inäqualen Zellteilung wurde schließlich durch Zufall entschieden, welches der Chromosomen in der späteren Eizelle verblieb und welches in das Polkörperchen abgeschnürt wurde. In der 2. Reifeteilung entstanden dann die Eizellen, die unterschiedlich zusammengesetzte X-Chromosomen enthielten. In den Eizellen, die zu den Individuen 6 und 7 führten, befanden sich Chromatiden, die durch Crossing-over verändert wurden. Bei Individuum 6 wurde während des Crossing-overs das für die „Rot-Grün-Schwäche“ verantwortliche Gen durch eine genetisch unveränderte Anlage ersetzt. Individuum 7 erhielt ein X-Chromosom, bei dem während des Crossing-overs die Anlage für die Bluterkrankheit gegen ein intaktes Gen ausgetauscht wurde. Die Chromatiden in den Eizellen der Individuen 5 und 8 unterlagen keinen Rekombinationsprozessen und entsprachen dem Ausgangszustand.

3 *Überlegen Sie bei Ihren Ausführungen genau, wie Sie die Angaben in Material B mit Ihrem Wissen über die Vorgänge während der Meiose kombinieren können.*

Die in Material B wiedergegebenen Sachverhalte verdeutlichen, dass es so gut wie ausgeschlossen ist, dass zwei Kinder eines Elternpaares – abgesehen von eineiigen Zwillingen – ein identisches Erbgut besitzen. Durch die Keimzellenbildung während der Meiose ist eine größtmögliche Variabilität innerhalb der Nachkommenschaft gegeben. Die Trennung der homologen Chromosomen, die Aufteilung der Chromosomen in ihre beiden Chromatiden und die Verteilung auf die Keimzellen führen zu einer Durchmischung und Neukombination der ursprünglichen 46 Chromosomen des Menschen. Hierbei spielt der Zufall eine bedeutende Rolle. Die Prozesse, die zur Ausbildung der Keimzelle führen, laufen sowohl bei der Oogenese der Frau als auch bei der Spermatogenese des Mannes ab. Dadurch potenziert sich die Anzahl der Möglichkeiten für die unterschiedliche Zusammensetzung der Chromosomen und es entstehen $7 \cdot 10^{13}$ mögliche genetische Kombinationen.

Zusätzlich kann es während der Meiose zu Crossing-over-Ereignissen kommen, die bei den angegebenen Zahlen noch nicht berücksichtigt wurden. Damit müsste die tatsächliche Anzahl unterschiedlicher, befruchtungsfähiger Eizellen noch um ein Vielfaches höher liegen.

4 *Hier müssen Sie neben Material A auch Ihre Ergebnisse zur Meiose aus den vorangegangenen Teilaufgaben im Blick behalten. Konzentrieren Sie sich auf die wesentlichen Faktoren. Evolutionsfaktoren wie Gendrift oder Isolation brauchen Sie nicht zu nennen (Aufgabenstellung!).*

In der Gesamtpopulation des Menschen ist die „Rot-Grün-Schwäche" mit einem prozentualen Anteil von 8 % bei Männern und 0,4 % bei Frauen vertreten. Der prozentuale Anteil an Männern, die an der Bluterkrankheit leiden, ist im Vergleich dazu wesentlich geringer. Die Erkrankungswahrscheinlichkeit für Hämophilie A ist dabei höher als für Hämophilie B. „Bei Frauen treten beide Formen extrem selten auf" (Material A).

Zur unterschiedlichen prozentualen Verteilung der Erkrankungen aus Material A kann folgende **Hypothese** aufgestellt werden: Männliche Individuen, die an der Bluterkrankheit leiden, treten seltener auf, da sie einem **höheren Selektionsdruck** unterliegen als Männer mit einer „Rot-Grün-Schwäche". Die Hypothese kann damit begründet werden, dass früher eine Erbkrankheit wie die Bluterkrankheit zu einer starken Verminderung der Überlebensfähigkeit führte. Der Selektionsdruck war demnach sehr hoch und das merkmalscodierende Gen wurde seltener an die Nachkommen weitergegeben. Erbkrankheiten wie die „Rot-Grün-Schwäche" haben keine drastischen Auswirkungen auf das Überleben des Genträgers, und der Phänotyp unterliegt somit einem geringeren Selektionsdruck.

Diese Hypothese lässt sich nicht direkt auf weibliche Individuen anwenden, da die genetisch veränderten Allele für die Bluterkrankheit und die „Rot-Grün-Schwäche" X-chromosomal vererbt werden. Demnach zeigen meist nur männliche Individuen die phänotypische Ausprägung eines der Merkmale oder beider Merkmale (Material A). Die **Selektionsprozesse** können nur am **Phänotyp** wirken, wodurch der Fortpflanzungserfolg eingeschränkt werden kann. Die Frauen sind, wenn nicht homozygot von einem Defekt betroffen, phänotypisch gesund. Sie unterliegen damit in der Regel keiner Selektion, tragen aber u. U. die veränderten Allele, die für das Merkmal codieren, auf dem X-Chromosom in ihrem Erbgut. Bei heterozygoten weiblichen Individuen treten die Merkmale also nur genotypisch auf. Dadurch verbleiben die Erbkrankheiten weiterhin in der Gesamtpopulation und können an die Nachkommen weitergegeben werden. Während der **Meiose** kann es zur **Rekombination** der Erbanlagen kommen. Diese sorgt in den Keimzellen für eine unterschiedliche Zusammenstellung der ursprünglichen genetischen Ausstattung. Wie die Familie aus Material A zeigt, entsteht durch diese zufällige Durchmischung des Erbguts eine große Vielfalt an möglichen Nachkommen, darunter auch phänotypisch gesunde Nachkommen oder Nachkommen, die lediglich einem geringen Selektionsdruck unterliegen.

Original-
Prüfungsaufgaben

Leistungskurs Biologie (NRW) – Abitur-Prüfung 2016
Aufgabe 1: Evolution

Aufgabenstellung: Punkte

Thema: Evolution der Höhlenzikaden auf Hawaii

I.1 Vergleichen Sie die äußeren Merkmale der Höhlenzikade *Oliarus polyphemus* mit denen der oberirdisch lebenden *Oliarus*-Arten tabellarisch (Abbildungen 1 und 2) und erklären Sie die Vorteile von zwei besonderen Merkmalen der Höhlenzikade unter dem Aspekt der Fitness (Material A). Stellen Sie mit Bezug auf die veränderten Selektionsbedingungen dar, wodurch der Wechsel zur troglobionten Lebensweise bei *Oliarus polyphemus* vermutlich begünstigt wurde (Material A). 16

I.2 Erläutern Sie die Bedeutung der artspezifischen Kommunikation der Höhlenzikaden und stellen Sie eine Hypothese zur Erklärung der von oberirdisch lebenden Zikaden abweichenden Form der Partnerwahl bei *Oliarus polyphemus* auf (Material B). 10

I.3 Fassen Sie die in den Abbildungen 3 und 4 gezeigten Sachverhalte zusammen. Erläutern Sie die Besiedlung der Lavahöhlen auf der Basis relevanter Evolutionsfaktoren und -prozesse auch hinsichtlich des *founder-flush*-Modells (Materialien C und D) und skizzieren Sie die Entstehung genetischer Unterschiede von Teilpopulationen schematisch. 21

I.4 Erklären Sie den Prozess der adaptiven Radiation und nehmen Sie auf der Grundlage aller Materialien und unter besonderer Berücksichtigung von Material E zu der Aussage Stellung, der Prozess der Besiedlung der verschiedenen Lavahöhlen auf der Insel Hawaii durch *Oliarus polyphemus* sei eine nicht-adaptive Radiation. 19

Material A: Höhlenzikaden der Gattung *Oliarus* auf Hawaii

Zikaden der Gattung *Oliarus* gehören zur Familie der Glasflügelzikaden (Cixiidae) und sind auf fast allen Kontinenten zu finden. Auf der Hawaii-Inselgruppe leben etwa 85 endemische *Oliarus*-Arten. Sie gehen wahrscheinlich alle auf eine Ursprungsart zurück, die den Archipel Hawaii einst besiedelte. Neben vielen oberirdischen Lebensräumen haben manche Arten auch die immer feuchten und dunklen Lavahöhlen der jüngsten und größten Insel, Hawaii, besiedelt. Glasflügelzikaden legen ihre Eier im Boden oder auf Wurzeln ab. Die Jungtiere (Nymphen) leben in dunklen, feuchten Habitaten, wie zum Beispiel in faulendem Holz, Laubstreu oder Erdspalten, und ernähren sich von Wurzeln. Bei oberirdisch lebenden Arten verlassen die adulten Tiere das Habitat der Nymphen und leben danach oberirdisch. Die Höhlenzikaden hingegen sind Troglobionten, also obligate Höhlenbewohner.

Eine der hawaiianischen Höhlenzikaden ist die nur etwa 3 mm große Kleinzikade *Oliarus polyphemus*. Sie ernährt sich vom Saft der Wurzeln der Pionierpflanze *Metrosideros polymorpha*, die in die Lavahöhlen hineinragen und zum Teil vorhangähnliche Matten bilden. Ähnlich wie andere Troglobionten zeigt auch *O. polyphemus* im Vergleich zu nah verwandten, oberirdisch lebenden Zikaden einige morphologische Unterschiede.

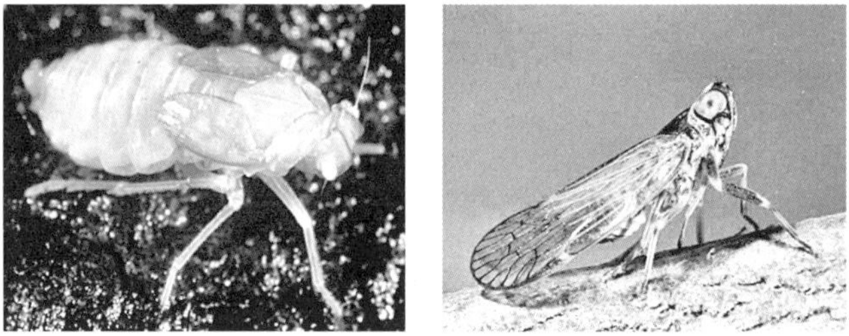

Abb. 1: Morphologie der Höhlenzikade *O. polyphemus* (links) im Vergleich zu einer oberirdisch lebenden Zikade *Oliarus spec.* (rechts)

Abb. 2: Elektronenmikroskopische Aufnahmen vom Kopf der Höhlenzikade *O. polyphemus* (links) und einer oberirdisch lebenden Zikade (*O. filicicola*, rechts) in Seitenansicht
K: Komplexauge von *O. filicicola*
A: jeweils eine Antenne

Fotos Abb. 1: Hannelore Hoch (Höhelzikade); Hoch, H. & Howarth, F. G. (1993, October). "Evolutionary Dynamics of Behavioral Divergence among Populations of the Hawaiian Cave-dwelling Planthopper Oliarus polyphemus (Homoptera: Fulgoroidea: Cixiidae)". Pacific Science (Vol. 47,4, pp. 303–318). University of Hawaii Press, Honolulu, HI. (Zikade oberirdisch)

Fotos Abb. 2: Andreas Wessel

Material B: Akustische Kommunikation und Partnerwahl bei Zikaden

Zikaden nutzen akustische Signale zur Kommunikation. Zur Lauterzeugung besitzen Zikaden ein Trommelorgan, mit dem sie durch Muskelbewegungen Schallwellen erzeugen. Bei oberirdisch lebenden Zikaden sind es in der Regel die Männchen, die erste Signale ausschicken, um paarungsbereite Weibchen zu lokalisieren.

Im Gegensatz zu den größeren Singzikaden werden die Signale der Kleinzikaden nicht über die Luft übertragen, sondern über Vibrationen des Untergrundes. Im Falle von *O. polyphemus* werden die Vibrationen über die Wurzeln von *M. polymorpha* übermittelt, auf denen die Tiere fressen. Nach bisherigen Erkenntnissen stellen die Gesänge das einzige Kommunikationsmittel der Tiere dar. Bei *O. polyphemus* senden zumeist die paarungsbereiten Weibchen die ersten Signale aus, und auch während der Balz sind sie akustisch aktiver als die männlichen Artgenossen. Die Weibchen bleiben über die gesamte Dauer der Kommunikation an einem Ort, während sich die Männchen in zunächst zufällige Richtungen bewegen und versuchen, das Weibchen zu lokalisieren. Es wurde bislang kein Fall beobachtet, in dem ein Männchen vom Weibchen abgewiesen wurde, nachdem es das Weibchen gefunden hatte.

Material C: Die Besiedlung der Lavahöhlen

Hawaii ist vulkanischen Ursprungs. Da die Vulkane immer noch aktiv sind, unterliegt die Natur einem ständigen Wandel. Durch neue Lavaströme entstehen immer wieder neue, zum Teil miteinander verbundene Höhlen und Höhlensysteme. Sowohl geologisch alte als auch junge Lavahöhlen der Hauptinsel Hawaii sind von *O. polyphemus*-Populationen besiedelt.

Genetische Untersuchungen der verschiedenen Höhlenpopulationen deuten auf isolierte Populationen mit geringer Migrationsrate hin. Die unterirdische Verbreitung in den verschiedenen Höhlen ist daher wahrscheinlich auf ein oder wenige Gründerereignisse ausgehend von benachbarten Populationen zurückzuführen.

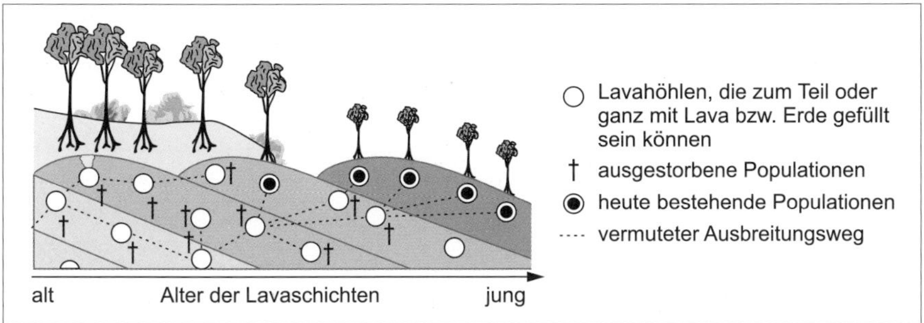

Abb. 3: Modell zum Ablauf der Besiedlung neu entstandener Lavahöhlen durch *O. polyphemus*
verändert nach: Andreas Wessel

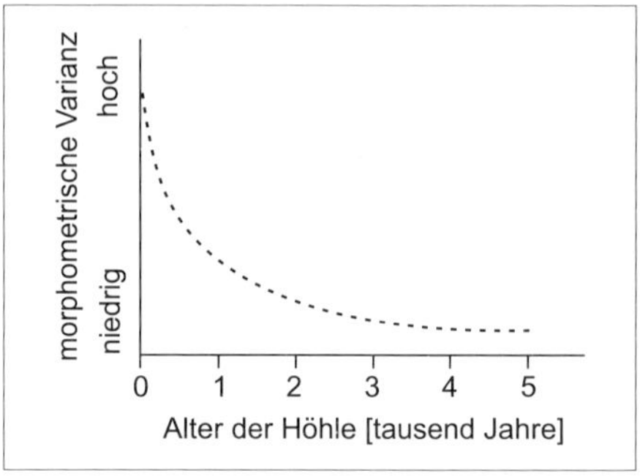

Abb. 4: Morphometrische Varianz bei *O. polyphemus* in Abhängigkeit vom Alter der verschiedenen Lavahöhlen auf der Insel Hawaii (Die morphometrische Varianz ist die Streuung um einen Mittelwert, in diesem Fall bei sieben verschiedenen Körpermerkmalen.)

verändert nach: Andreas Wessel

Material D: Die Wirkung von Gründerereignissen – das *founder-flush*-Modell

Nach dem *founder-flush*-Modell kommt es nach einem Gründerereignis und dem damit verbundenen genetischen Engpass während eines raschen Wachstumsprozesses der Population im neuen Lebensraum zu einer starken Zunahme der Variabilität. Dies ist das Ergebnis einer abgeschwächten Selektion aufgrund einer verminderten intraspezifischen Konkurrenz um Ressourcen und der abgeschwächten sexuellen Selektion, die sich aus der niedrigeren Verfügbarkeit an Paarungspartnern ergibt. Mit dem Anstieg der Populationsdichte tritt aber erneut eine starke Selektion auf und die Population kann eventuell zusammenbrechen. Die veränderten Selektionsbedingungen des neuen Habitats können neben Zufallsereignissen bewirken, dass sich der Genpool der schließlich stabilisierten Population deutlich von jenem der Ausgangspopulation unterscheidet.

Daten nach: Wessel, A. (2008). Incipient non-adaptive radiation by founder effect? Oliarus polyphemus Fennah, 1973 – a subterranean model case. (Hemiptera: Fulgoromorpha: Cixiidae). Dissertation, Humboldt Universität Berlin

Material E: Gesangsmuster bei *Oliarus polyphemus*

Forscher untersuchten diverse genetische und morphologische Merkmale (wie z. B. Länge der Deckflügel oder Kopfbreite) bei *O. polyphemus*-Populationen aus verschiedenen Lavahöhlen auf der Insel Hawaii und stellten zum Teil große Unterschiede zwischen den einzelnen Populationen fest. Zudem untersuchten sie die Gesangsstrukturen bei *O. polyphemus*-Populationen in verschiedenen Lavahöhlen. Einige der untersuchten Höhlen sind erst vor wenigen Jahrzehnten bis Jahrhunderten entstanden. Da alle Populationen in sehr ähnlichen Habitaten leben, lässt sich keiner der gefundenen morphologischen, ethologischen oder genetischen Unterschiede als spezielle Angepasstheit interpretieren. Abbildung 5 zeigt exemplarisch die Muster der Lautsignale von Zikaden aus sechs Höhlen.

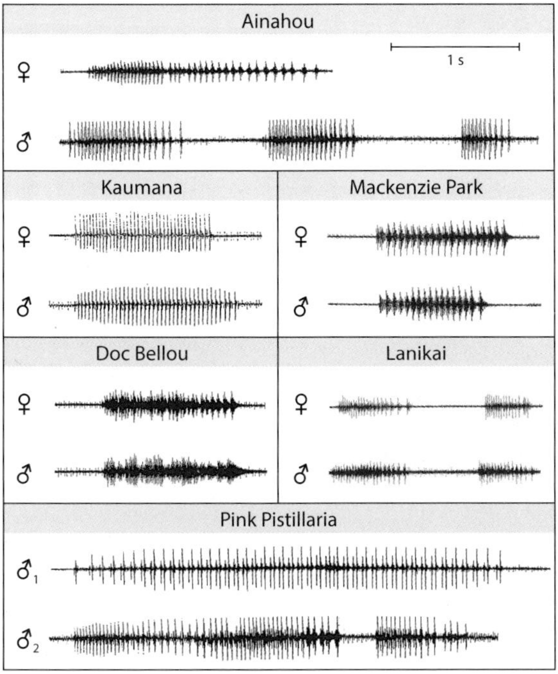

Abb. 5: Gesangsmuster von Männchen und Weibchen von *O. polyphemus* aus verschiedenen Lavahöhlen auf der Insel Hawaii (Dargestellt ist jeweils eine Strophe, die sich aus mehreren Versen und Pausen zusammensetzen kann. In der Pink-Pistillaria-Höhle wurden zwei Populationen untersucht, wobei nur die Signale der Männchen dargestellt sind.)

Hoch, H. & Howarth, F. G. (1993, October). "Evolutionary Dynamics of Behavioral Divergence among Populations of the Hawaiian Cave-dwelling Planthopper Oliarus polyphemus (Homoptera: Fulgoroidea: Cixiidae)". Pacific Science (Vol. 47,4, pp. 303–318). University of Hawaii Press, Honolulu, HI.

weitere Materialgrundlage:

Carson, H. L. & Templeton, A. R. (1984). Genetic Revolutions in Relation to Speciation Phenomena: The Founding of New Populations. Annual Reviews of Ecology, Evolution and Systematics 15, 97–131

Hoch, H. (1997). The Hawaiian cave planthoppers (Homoptera: Fulgoroidea: Cixiidae) – a model for rapid subterranean speciation? International Journal of Speleology 26, 21–31

Hoch, H. & Howarth, F. G. (1999). Multiple cave invasions by species of the planthopper genus Oliarus in Hawaii (Homoptera: Fulgoroidea: Cixiidae). Zoological Journal of the Linnean Society 127, 453–475

Knauer, R. (2011). In jeder Höhle singen sie ein anderes Lied. http://www.stuttgarter-zeitung.de/inhalt.neue-zikaden-arten-in-jeder-hoehle-singen-sie-ein-anderes-lied.a0bf75ba-e627-4836-8134-f61fa7c3708d.html (Zugriff: 11. 08. 2015)

Kunkel, A. (o. J.): Liebesgesänge der Höhlenzikaden. https://www.hu-berlin.de/pr/medien/publikationen/regelmaessig/tsp/ws07_08/insekten_html (Zugriff: 15. 10. 2014)

Wessel, A. & Hoch, H. (2007). Höhlenzikaden auf Hawaii – Liebesgesänge und die Entstehung der Arten. In: Glaubrecht, M., Kinitz, A. & Moldrzyk, U. (Hg.). Als das Leben laufen lernte. Evolution in Aktion. München: Prestel, 222–225

Wessel, A., Hoch, H., Asche, M. et al. (2013). Founder effects initiated rapid species radiation in Hawaiian cave planthoppers. Proceedings of the National Academy of Sciences 110, 9 391–9 396

Lösungsvorschlag

In der Aufgabe thematisierte Unterrichtsinhalte sind:
Präadaptation, Isolation, Selektion, Fitness, Anpassung, Hybride, Gründerereignisse, Gründerpopulationen, Genpool, Gendrift, Flaschenhals-Effekt, founder-flush-Modell, stabilisierende Selektion, adaptive Radiation, Artbildungsprozess, ökologische Nische, sympatrische Artbildung, allopatrische Artbildung, Habitat

I.1 *Beschränken Sie sich bei der Tabelle auf das Wesentliche (Flügel, Augen, Antennen und Pigmentierung) und erläutern Sie die Vorteile zweier Merkmale in ihrem Fitnessaspekt konkreter. Bei Ihrer Beschreibung sollten Sie ausgehend von der Lebensweise der Jungtiere auf deren Präadaptationen eingehen, um den Wechsel des Lebensraumes zu erläutern.*

Ein Vergleich von *Oliarus polyphemus* mit oberirdisch lebenden Oliarus-Arten zeigt anhand von Material A folgende Unterschiede:

Merkmal \ Art	*Oliarus polyphemus*	oberirdisch lebende *Oliarus*-Arten
Flügel	stark reduziert	groß
Pigmentierung	nicht vorhanden	unterschiedlich pigmentierte Körperregionen
Augen	nicht vorhanden	große Komplexaugen
Antennen	lang	kurz

Oliarus polyphemus zeigt in ihrem Körperbau deutliche Anpassungen an die unterirdische Lebensweise, die zur Einsparung von Energie und zur Erhöhung der Fitness beitragen. Da in die Lavahöhlen kein Sonnenlicht dringt, ist für die Zikaden der Besitz von Augen überflüssig. Sie haben sich komplett zurückgebildet. Stattdessen hat sich ein anderes Sinnesorgan, die Antennen, im Laufe der Zeit vergrößert. Dadurch verbessert sich der Tast- und Geruchssinn und erleichtert den Tieren so das Leben in der Dunkelheit. Da den Tieren bei Dunkelheit die notwendige Orientierungsmöglichkeit fehlt, haben auch Flügel für Höhlentiere keinen Selektionsvorteil. Der UV-Schutz durch die Pigmentierung der Körperoberfläche kann aufgrund der fehlenden Sonnenstrahlung in diesem Lebensraum ebenfalls entfallen.
Alle Angepasstheiten ermöglichen eine energiesparende Lebensweise der Höhlenbewohner. Dadurch werden Energieressourcen frei, die zur Steigerung der Vermehrungsrate (reproduktive Fitness) verwendet werden können. Infolge der erhöhten Reproduktionsrate konnten sich die betreffenden Mutationen in den Populationen der Höhlenzikaden durchsetzen.

Die Vorfahren von *Oliarus polyphemus* sind zu einer troglobionten Lebensweise übergegangen. Hierfür waren bereits bei den Nymphen Präadaptationen vorhanden. Material A verdeutlicht, dass sie „in dunklen, feuchten Habitaten, wie zum Beispiel in faulendem Holz, Laubstreu oder Erdspalten" leben und sich von Wurzeln ernähren. Möglicherweise entstand die troglobionte Lebensweise dadurch, dass Nymphenstadien in Lavahöhlen gerieten und dort die vorhandenen Wurzeln der Pionierpflanze *Metrosideros polymorpha* als Nahrungsquelle nutzten. Das neue Habitat bot ihnen wahrscheinlich auch Schutz vor Fressfeinden, da die Pflanzen an den Höhleneingängen „zum Teil vorhangähnliche Matten bilden". Dadurch könnten sich die Tiere in den Höhlen geschützt vermehrt haben. Hinzu kam, dass es vermutlich keine interspezifische Konkurrenz um Nahrungsressourcen gab. Der Selektionsdruck im neuen Lebensraum Lavahöhle war folglich – gegenüber der oberirdischen Lebensweise – deutlich geringer und ermöglichte eine dauerhafte Besiedlung der Höhlensysteme.

I.2 *Hier müssen Sie die besonderen Verhältnisse innerhalb einer Höhle im Blick haben und darauf Ihre Hypothese zur Kommunikation bei Oliarus polyphemus aufbauen.*

Die lichtlosen Lavahöhlen stellen besondere Anforderungen an die artspezifische Verständigung der Höhlenzikaden. Die Kommunikation mittels akustischer Signale ist hier die einzige Möglichkeit zur Kontaktaufnahme. Durch diese Kommunikationsform werden Artgenossen sowie Sexualpartner erkannt. Die Ausbildung arteigener Signale verhindert dabei die Paarung mit Individuen einer anderen Art. So wird eine mögliche Bildung von Hybriden vermieden und die reproduktive Isolation der eigenen Art gewährleistet.
Sowohl die oberirdisch lebenden Zikaden als auch die Höhlenzikaden der Gattung *Oliarus* optimieren ihre Fitness durch eine erfolgreiche Partnerwahl. Die Auswahl des Partners bei *Oliarus polyphemus* unterscheidet sich dabei von derjenigen der oberirdischen Zikadenarten: Bei den oberirdisch lebenden Zikaden übernimmt das Männchen den „aktiven Part", indem es versucht, Weibchen, die sich in der Nähe aufhalten, durch seine Balzgesänge anzulocken. Je intensiver diese akustischen Signale ausfallen, desto wahrscheinlicher ist es, dass sich ein Männchen gegen seine Mitkonkurrenten durchsetzt. Die Partnersuche der Höhlenzikaden verläuft auf andere Art: Hier übernehmen die weiblichen Zikaden den aktiveren Gesangspart. So geben nur solche Weibchen akustische Signale ab, die auch zur Paarung bereit sind, und die Männchen können sich ganz auf das Auffinden des Partners konzentrieren. Dies führt zu einer Fitness-Steigerung in Form von Energieersparnis. Diese Möglichkeit, zielstrebig handeln zu können, ist besonders in dunklen Höhlen wichtig, in denen man seinen Partner nicht sehen kann. Sie stellt einen wesentlichen Selektionsvorteil für *Oliarus polyphemus* dar. Zusätzlich sind die Weibchen „ortstreu" und bewegen sich während der Signalaussendung nicht von der Stelle. Das erleichtert den Männchen die Richtungsortung. Damit ist in der Dunkelheit der Lavahöhlen – trotz der fehlenden oder reduzierten Augen – sichergestellt, dass sich die Sexualpartner finden.

I.3 *Es ist nicht notwendig, die Abbildungen in allen Einzelheiten zu beschreiben, es genügt, die wesentlichen Aussagen wiederzugeben. Lassen Sie sich von der Ausdrucksweise in Material D nicht abschrecken. Ein konsequentes Durcharbeiten des Textes schafft Klarheit! Je einfacher Sie die geforderte Skizze anlegen, desto besser. Sie muss das Wichtigste zur Entstehung genetischer Unterschiede in den Teilpopulationen nur schematisch darstellen.*

Abb. 3 stellt die Besiedlung der Lavahöhlen auf Hawaii sowie den vermuteten Ausbreitungsprozess von *Oliarus polyphemus* im Laufe der Zeit dar. Es ist zu erkennen, dass Populationen älterer Lavahöhlen bereits ausgestorben sind. Vermutlich ist aus den alten Höhlen heraus die Besiedlung der später neu entstandenen Lavahöhlen erfolgt. Heute existieren nur noch in den geologisch jüngeren Höhlen sowie in einer „mittelalten" Höhle Populationen von *Oliarus polyphemus*.
Abb. 4 verdeutlicht die morphometrische Varianz bei unterschiedlichen Populationen von *Oliarus polyphemus* in Abhängigkeit vom Alter der verschiedenen Lavahöhlen auf der Hauptinsel Hawaii. Die morphometrische Varianz fällt dabei mit zunehmendem Alter der Höhle immer weiter ab. Ab einem Alter von 4 000–5 000 Jahren ist sie sehr gering. Je jünger die Lavahöhle ist, desto größer ist der Unterschied bei den sieben betrachteten und gemittelten Körpermerkmalen.
Wie Abb. 3 vermuten lässt, erfolgte die Besiedlung der Lavahöhlen durch eine einzige Ursprungspopulation mit einem einheitlichen, gemeinsamen Genpool. Durch die Besiedlung der neuen Höhlen kam es zu einem **Gründerereignis**. Die wenigen Gründerindividuen, die in eine neue Lavahöhle gelangten, brachten ihre eigene genetische Ausstattung in die neue Population ein. Durch den starken Einfluss der Gendrift nach dem **„Flaschenhalseffekt"** in kleinen Populationen entstand ein neuer Genpool. Die Individuen, die ihre Stammpopulation verließen, reduzierten ihre genetische Ausstattung durch einen Verlust von Genen und einzelnen Allelen. Dies war ein zufallsbedingter Prozess und nicht mutations- oder selektionsgesteuert und führte u. U. zu einer drastischen Reduzierung der Vielfalt des ursprünglichen Genpools. Durch die Besiedlung der unterschiedlichen Habitate wurden die Populationen voneinander getrennt und damit auch der Genfluss zwischen den alten und neuen Teilpopulationen unterbrochen. Im Laufe der Zeit entwickelten sich die Genpools der verschiedenen Populationen – auch mutations- und selektionsbedingt – unterschiedlich weiter, sodass sich die Allelfrequenzen in den Teilpopulationen immer mehr voneinander unterschieden.
Um die Besiedlung der Lavahöhlen zu erklären, kann auch das ***founder-flush*-Modell** herangezogen werden (Material D). In Lavahöhlen, die jüngeren Datums sind, ist die auftretende Variabilität einzelner Körpermerkmale in den Populationen deutlich größer als in alten Höhlen. Das Modell erklärt dies folgendermaßen: Wird eine neue Höhle besiedelt, können sich die Gründerindividuen und ihre Nachkommen darin stark vermehren. Aufgrund der fehlenden intraspezifischen Konkurrenz herrscht eine abgeschwächte Selektion. Der rasche

Wachstumsprozess innerhalb der Population führt dabei zu einem deutlichen (mutationsbedingten) Anstieg der Variabilität innerhalb der Population. Ab einem bestimmten Punkt wird die Populationsdichte aber so groß, dass eine intraspezifische Selektion durch Konkurrenz einsetzt, die zu einer Reduzierung der Allelvielfalt im Genpool der Population führt.
Es kommt durch eine stabilisierende Selektion zu einer Stabilisation der Allelfrequenzen, die an die Bedingungen in der jeweiligen Lavahöhle angepasst sind. Die Merkmalsverteilung in der betrachteten Population unterscheidet sich anschließend meist von den Individuen der Ausgangspopulation.
Die Entstehung genetischer Unterschiede von Teilpopulationen kann folgendermaßen schematisch skizziert werden:

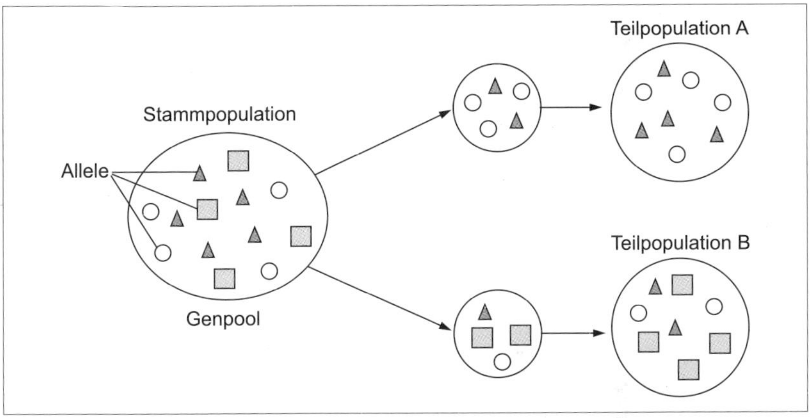

I.4 *Eine genaue, ausführliche Definition des Begriffs „adaptive Radiation" kann Zusatzpunkte einbringen. Es ist nicht verlangt, dass Sie Material E detailliert beschreiben. Das kostet nur Zeit und verschafft Ihnen keine Punkte. Überlegen Sie sich genau, was mit dem Begriff „nicht-adaptive Radiation" gemeint ist, und suchen Sie hierfür Belege in den Materialien.*

Mit dem Begriff **adaptive Radiation** wird die Aufspaltung einer Stammart in verschiedene neue, spezialisierte Arten bezeichnet. Die Artbildungsprozesse werden durch die meist rasche Anpassung an verschiedene ökologische Nischen ermöglicht. Die Prozesse der Artbildung können sympatrisch oder allopatrisch ablaufen. Sympatrisch vorkommende Arten besiedeln dabei dasselbe Verbreitungsgebiet, während die Verbreitungsgebiete parapatrisch vorkommender Arten aneinander angrenzen, sich aber nicht überlappen. Bei der Herausbildung der spezialisierten Arten und der spezifischen Anpassungen sind alle wesentlichen Evolutionsfaktoren (Mutation, Rekombination, Selektion und Isolation) beteiligt.

Bei der Ausbreitung der troglobionten *Oliarus*-Arten im Hawaii-Archipel handelt es sich vermutlich um eine Aufspaltung in Teilpopulationen, eine Radiation. Es haben sich – ausgehend von vermutlich einer Stammpopulation – diverse Populationen der Höhlenzikaden gebildet. Sie leben in verschiedenen Lavahöhlen und weisen zahlreiche phäno- wie genotypische Unterschiede auf. Dies lässt den Rückschluss zu, dass zwischen den Populationen eine reproduktive Isolation herrscht, die durch die Separation in einzelnen Höhlen aufrechterhalten wird. Ein weiterer Evolutionsfaktor, der bei den troglobionten *Oliarus*-Arten eine Rolle spielt, ist die ethologische Isolation der Populationen. Aus Abb. 5 in Material E ist ersichtlich, dass sich die Gesangsmuster der Populationen in den unterschiedlichen Lavahöhlen deutlich voneinander unterscheiden. Dies ist durch verschiedene Veränderungen bei den Lautsignalen der Zikaden entstanden. Die Veränderungen betreffen sowohl die Länge der gesungenen Strophen als auch die mögliche Aufteilung des Gesangs in Verse sowie die Amplituden und Frequenzen der Lautsignale. Besonders deutlich werden diese Unterschiede bei der Lavahöhle Pink Pistillaria. Hier haben sich nebeneinander zwei Populationen mit verschiedenen Gesangstypen herausgebildet (sympatrische Artbildung). Dies weist darauf hin, dass bei den troglobiontisch lebenden *Oliarus*-Arten in verschiedenen Höhlen unterschiedliche Artbildungsprozesse abgelaufen sind bzw. gegenwärtig ablaufen.
Es haben sich jeweils neue Arten bzw. Unterarten parallel entwickelt, was auf einen Radiationsprozess schließen lässt. Aus den unterschiedlichen Materialien geht hervor, dass es sich bei der Besiedlung der verschiedenen Lavahöhlen auf der Insel Hawaii durch *Oliarus polyphemus* um eine **nicht-adaptive Radiation** handeln muss. Als Belege für diese Aussagen können die folgenden Tatsachen angeführt werden: Zum einen sind in den verschiedenen Höhlen die Habitate der Teilpopulationen sehr ähnlich (Materialien A und E). Aus Material E geht weiter hervor, dass sich „keiner der gefundenen morphologischen, ethologischen oder genetischen Unterschiede als spezielle Angepasstheit [an den jeweiligen Lebensraum] interpretieren“ lässt. Hier können die unterschiedlichen Gesangsmuster von *Oliarus polyphemus* in den Lavahöhlen als Belege herangezogen werden (Abb. 5): Es ist zu vermuten, dass sich diese Besonderheiten nicht als spezifische Angepasstheit an den jeweiligen Lebensraum, der im Grunde gleichgeartet ist, entwickelt haben. Der Begriff „adaptive Radiation“ trifft folglich auf den Prozess der Besiedelung der verschiedenen Lavahöhlen durch *Oliarus polyphemus* nicht zu. Vielmehr handelt es sich hierbei offenbar um zufällige, vom Habitat unabhängige Ereignisse und damit um eine nicht-adaptive Radiation.

Leistungskurs Biologie (NRW) – Abitur-Prüfung 2016
Aufgabe 2: Neurobiologie

Aufgabenstellung: Punkte

Thema: Die Beutefangstrategie des Zitteraals

II.1 Beschreiben Sie den Verlauf der Signalübertragung an einer erregenden chemischen Synapse und erklären Sie das spezifische Zustandekommen der Spannungsverhältnisse in einer Elektrocyte im Ruhezustand und im aktivierten Zustand (Material A). Erläutern Sie, weshalb die Potenzialdifferenz von 150 mV nach einer Erregung in der Elektrocyte nur kurzzeitig zustande kommt (Material A). 24

II.2 Fassen Sie die in Material B dargestellten Ergebnisse zusammen und erläutern Sie, welche zentrale Erkenntnis sich aus der Verwendung von Curare im Experiment ergibt. 12

II.3 Werten Sie die in den Abbildungen 5 und 6 gezeigten Ergebnisse zur Beutefangstrategie des Zitteraals aus (Material C). Leiten Sie Schlussfolgerungen bezüglich der Bedeutung der verschiedenen elektrischen Organe sowie der Elektrorezeptoren beim Beutefang im speziellen Habitat des Zitteraals ab (Materialien A bis C). 20

II.4 Entwickeln Sie differenziert und unter Materialbezug eine Hypothese zur Wirkungsweise der starken Stromstöße des Zitteraals im Beuteorganismus und begründen Sie die abschließende Aussage von Catania zur Beutefangstrategie des Zitteraals (Materialien B und C). 10

Material A: Bau und Funktionsweise elektrischer Organe

Elektrische Fische wie der bis zu 2,80 m lange Zitteraal *(Electrophorus electricus)* können mithilfe elektrischer Organe aktiv elektrische Felder erzeugen. Der Zitteraal besitzt insgesamt drei elektrische Organe (Abbildung 1) mit unterschiedlichen Funktionen: das Sachs-Organ, das Hauptorgan und das Hunter-Organ.

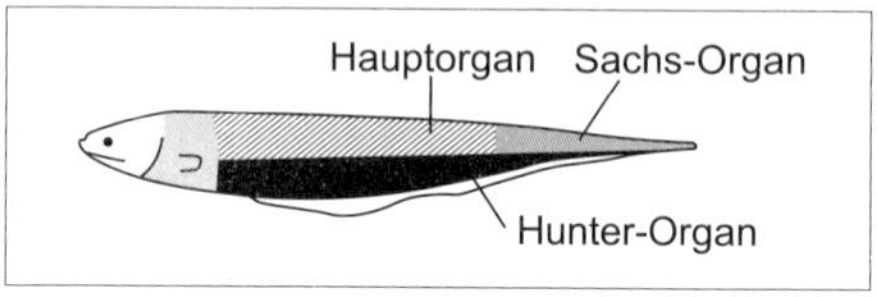

Abb. 1: Lage der elektrischen Organe im Körper des Zitteraals
verändert nach: www.fsbio-hannover.de

Die elektrischen Organe sind evolutiv aus Muskelfasern hervorgegangen und bestehen aus mehreren Tausend spezialisierten Zellen, den Elektrocyten (Abbildung 2), deren Einzelspannungen zu einer Gesamtspannung addiert werden. Der Aufbau einer Elektrocyte ist asymmetrisch. Die eine Seite ist stark innerviert. Über diese Seite werden die Impulse vom Gehirn an die Elektrocyte weitergeleitet. Der wirkende Neurotransmitter ist Acetylcholin (ACh). Die andere Seite besitzt keine Nervenverbindungen.

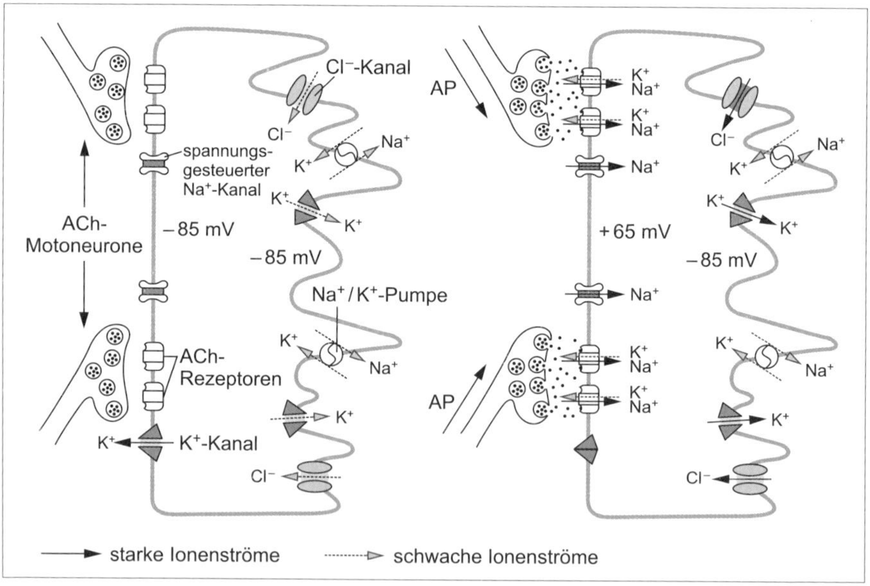

Abb. 2: Schematischer Aufbau einer Elektrocyte im Ruhezustand (links) und im aktivierten Zustand nach Eintreffen eines Aktionspotenzials (rechts)

Material B: Neurophysiologische Untersuchungen zur Wirkungsweise der starken elektrischen Entladungen

In einem Experiment platzierte der US-Biologe Kenneth Catania einen toten und enthirnten Fisch in einem Zitteraal-Aquarium hinter eine undurchsichtige, aber für Elektrizität durchlässige Agar-Wand (Abbildung 3 A). Der Zitteraal wurde anschließend mit Regenwürmern gefüttert, die er mit hochfrequenten Salven hoher Spannung attackierte. Diese elektrischen Entladungen führten auch zu Reaktionen im toten Fisch, die mithilfe eines Kraftumwandlers aufgezeichnet wurden (Abbildung 3 B).

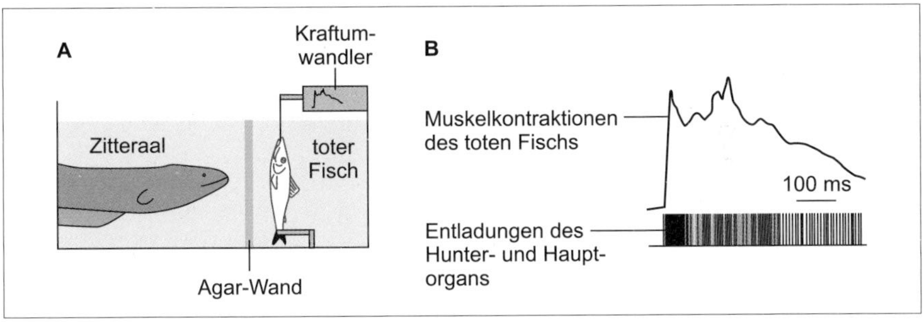

Abb. 3: (A) Versuchsaufbau in Seitenansicht, (B) Messung der Entladungen des Hunter- und des Hauptorgans des Zitteraals und der Muskelkontraktionen bei einem toten Fisch

Um weitere Aufschlüsse über die Wirkungsweise der elektrischen Entladungen des Zitteraals im Beuteorganismus zu erhalten, wurden in einem anderen Experiment zwei tote Fische nebeneinander in das Aquarium hinter die Agar-Wand platziert. Als Kontrolle wurde einem Fisch (Fisch 1) eine Kochsalzlösung injiziert. Dem anderen toten Fisch (Fisch 2) wurde nach einiger Zeit das Gift Curare injiziert, das als Acetylcholin-Antagonist wirkt.

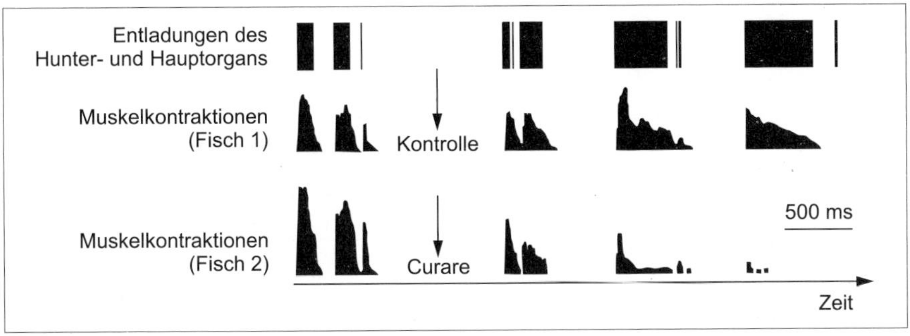

Abb. 4: Auswirkung von Kochsalzlösung (Kontrolle) und Curare auf die Muskelkontraktionen bei den toten Fischen
(Die Pfeile deuten den Zeitpunkt der Injektion an. Die Entladungen sind nicht einzeln dargestellt, die Breite der Balken ist hier ein Maß für die Dauer der jeweiligen Salven.)

Material C: Beutefangstrategie des Zitteraals

Zitteraale können während des Beutefangs grundsätzlich verschiedene Arten von Entladungen ihrer elektrischen Organe (EEO) nutzen. Regelmäßige einzelne Stromstöße niedriger Spannung (bis 10 V) werden durch das Sachs-Organ erzeugt. Doppel- oder Dreifach-Entladungen mit hoher Spannung sowie Salven hoher Spannung (bis 600 V) in hoher Frequenz werden hingegen jeweils durch das Zusammenwirken von Hunter-Organ und Hauptorgan erzeugt. Zusätzlich besitzen die Tiere an der Basis spezieller Hautporen besondere Sinnesorgane (Elektrorezeptoren), mit denen sie kleinste Störungen des durch das Sachs-Organ erzeugten elektrischen Feldes wahrnehmen können. Diese Störungen werden z. B. durch Gestein, die Wasseroberfläche sowie durch sich bewegende Lebewesen verursacht. Der Zitteraal ist in der Lage, die unterschiedlichen Objekte aufgrund der Art der Störung des elektrischen Feldes voneinander zu unterscheiden.

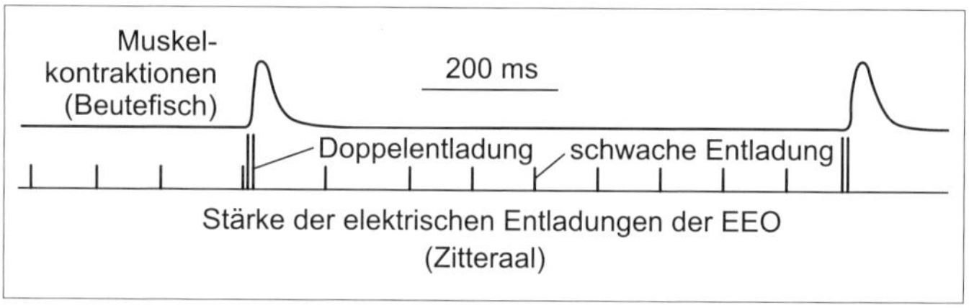

Abb. 5: Auswirkungen der Entladungen der elektrischen Organe des Zitteraals auf die Muskelkontraktionen eines Beutefisches

Um die schwierigen Sichtverhältnisse in den trüben Gewässern des Amazonas und des Orinocos beim Beutefang im natürlichen Lebensraum des Zitteraals zu simulieren, platzierte Catania einen Beutefisch in einem Zitteraal-Aquarium unter einem Agar-Boden. Dann nahm er die Tiere mit einer Kamera auf und zeichnete gleichzeitig die abgegebenen starken Stromstöße des Zitteraals auf (Abbildung 6).

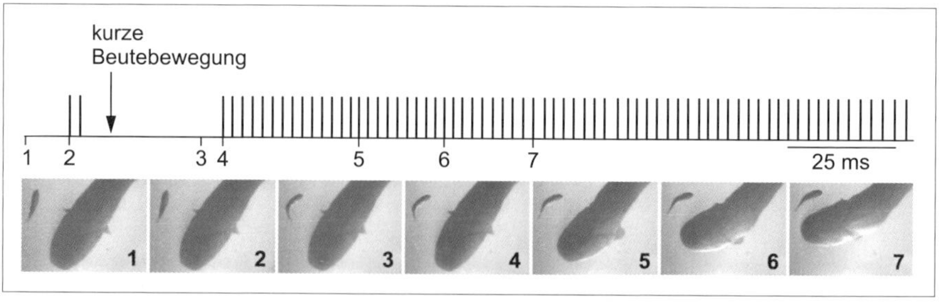

Abb. 6: Abfolge starker Entladungen beim Beutefang und entsprechende Bildaufnahmen
(Die Nummerierungen der Ereignis-Abfolgen in beiden Teilen der Abbildung 6 entsprechen einander. Ab Bild 4 zeigt der Beutefisch keine aktive Bewegung mehr.)

Aufgrund seiner Ergebnisse (Materialien B und C) bezeichnete Catania die Beutefangstrategie des Zitteraals als gezielte Fernsteuerung des Nervensystems der Beute.

weitere Materialgrundlage:

Eckert, R. (2002). Tierphysiologie. (4. Aufl.). Thieme Verlag: Stuttgart, 269–272

Gotter, A. L., Kaetzel, M. A. & Dedman, J. R. (1998). Electrophorus electricus as a model system for the study of membrane excitability. Comparative Biochemistry and Physiology – Part A Molecular & Integrative Physiology 119, 225–241

Hildebrandt, J.-P., Bleckmann, H. & Homberg, U. (2014). Penzlin – Lehrbuch der Tierphysiologie (8. Aufl.). Springer Spektrum: Berlin, 831

Kramer, B. (2009). Electric organ discharge. In: Binder, M. D., Hirokawa, N. & Windhorst, U. (Hg.). Encyclopedia of Neuroscience. Springer Verlag: Berlin

Markham, M. R. (2013). Electrocyte physiology: 50 years later. The Journal of Experimental Biology 216, 2 451–2 458

Schlappal, O., Schwarzkopf, A. & Trautmann, J. (2008). Elektrische Fische: Signalerzeugung & Rezeption. Funktion, Aufbau und Einsatz elektrischer Organe. Schriftliche Ausarbeitung, Technische Universität Darmstadt

Wehner, R. & Gehring, W. (1995). Zoologie. (23. Aufl.). Thieme Verlag: Stuttgart, 456–457

http://de.wikipedia.org/wiki/Zitteraal (Zugriff: 11. 05. 2015)

http://www.fsbio-hannover.de/oftheweek/223.htm (Zugriff: 15. 02. 2016)

http://www.wwf.de/themen-projekte/artenlexikon/zitteraal/ (Zugriff: 10. 06. 2015)

http://www.spiegel.de/wissenschaft/natur/zitteraale-jagen-mit-elektrischen-stromschlaegen-ihre-beute-a-1006694.html (Zugriff: 11. 05. 2015)

http://www.focus.de/wissen/natur/tiere-und-pflanzen/600-volt-starke-stromschlaege-forscher-fasziniert-zitteraale-koennen-beute-fernsteuern_id_4324435.html (Zugriff: 11. 05. 2015)

http://www.fischlexikon.eu/fischlexikon/suesswasserfische.php?fisch_id=0000000170 (Zugriff: 11. 05. 2015)

https://www.uni-ulm.de/uploads/media/ElektrischeFische00.pdf (Zugriff: 11. 05. 2015)

http://www.spektrum.de/lexikon/biologie/elektrische-fische/20730 (Zugriff: 11. 05. 2015)

https://www.uni-ulm.de/fileadmin/website_uni_ulm/nawi.inst.251/Didactics/ Geschichte_der_Elektrochemie/frueh/torpedo2.html (Zugriff: 02. 05. 2015)

Lösungsvorschlag

In der Aufgabe thematisierte Unterrichtsinhalte sind:
Synapse, motorische Endplatte, neuronale Informationsübertragung, Na^+/K^+-Pumpe, Ruhepotenzial, Ionenverschiebung beim Aktionspotenzial, Elektrocyte, Curare, peripheres Nervensystem, efferente Motoneurone, elektrische Organe

II.1 *Die Teilaufgabe ist umfangreich. Daher sollten Sie schrittweise die einzelnen Aufgabenstellungen klar voneinander getrennt abarbeiten. Detaillierte Beschreibungen/Erklärungen können Ihnen Zusatzpunkte einbringen. Bei der Bearbeitung von Abbildung 2 ist es hilfreich, entsprechende Pfeile farbig zu markieren – entweder nach Ionenströmen oder nach Ionensorten. Nicht alle Strukturen sind in der Abbildung doppelt (rechts und links) beschriftet!*

Eine Synapse hat drei Bestandteile: Das präsynaptische Endknöpfchen eines Neurons, den synaptischen Spalt und die postsynaptische Membran einer Nerven- oder Muskelzelle. Kommt ein Aktionspotenzial an der präsynaptischen Membran des Endknöpfchens an, wird eine chemische Reaktion ausgelöst. Spannungsgesteuerte Calciumionenkanäle öffnen sich und ermöglichen einen Influx von Ca^{2+}-Ionen. Durch die hohe Konzentration der Ionen werden die synaptischen Bläschen dazu veranlasst, mit der präsynaptischen Membran zu verschmelzen. Sie schütten dabei ihren Inhalt – z. B. Acetylcholin-Moleküle – in den synaptischen Spalt aus. Der Neurotransmitter diffundiert durch den Synapsenspalt und gelangt an die postsynaptische Membran. Dort bindet er sich nach dem Schlüssel-Schloss-Prinzip an Acetylcholin-Rezeptoren. Nach der Anlagerung werden ligandengesteuerte Natriumionenkanäle geöffnet. Na^+-Ionen strömen in die Zelle und depolarisieren die postsynaptische Membran, wodurch ein erregendes postsynaptisches Potenzial (EPSP) entsteht. Die Veränderung des Membranpotenzials stimuliert benachbarte Natrium- und Kaliumionenkanäle und es kommt zu einem vermehrten Influx von Na^+-Ionen und zu einem Ausströmen von K^+-Ionen. Der Implus wird entlang der Membran weitergeleitet. Lösen sich die Acetylcholin-Moleküle vom Rezeptor, werden die Transmitter im synaptischen Spalt vom Enzym Acetylcholinesterase gespalten und abgebaut.

Die Elektrocyten des Zitteraals sind „evolutiv aus Muskelfasern hervorgegangen". Eine Zelle dieses elektrischen Organs ist asymmetrisch aufgebaut und weist auf der einen Seite Kontakt zu vielen synaptischen Endknöpfchen auf. „Die andere Seite besitzt keine Nervenverbindungen." Im Ruhezustand beträgt die Spannung, ähnlich wie bei Nervenzellen, auf beiden Seiten der Elektrocyte −85 mV. Dadurch herrscht in der gesamten Zelle das gleiche Potenzial und es liegt keine Spannungsdifferenz vor. Die Elektrocyte ist gegenüber dem Extrazellularraum negativ geladen. Die Ursachen hierfür sind der schwache Einstrom von Cl^--Ionen und der ebenfalls schwache Ausstrom von K^+-Ionen auf der nicht innervierten Seite. Auf der Seite, die Kontakt zu Motoneuronen hat, ist die Abgabe von K^+-Ionen durch die entsprechenden Ionenkanäle stärker. In der Membran der nicht innervierten Seite arbeiten Na^+/K^+-Pumpen kontinuierlich mit schwacher Leistung. Sie transportieren pro Zyklus drei Na^+-Ionen aus der Zelle hinaus und im Gegenzug zwei K^+-Ionen in das Zellinnere hinein. Kommt an der Elektrocyte ein Aktionspotenzial an der innervierten Seite an, wird der Neurotansmitter Acetylcholin in den synaptischen Spalt ausgeschüttet. Die Spannung ändert sich dabei nur an der innervierten Seite. Wie bereits geschildert binden sich die Acetylcholin-Moleküle an ihre spezifischen Rezeptoren. Dadurch öffnen sich ligandengesteuerte Na^+-Ionenkanäle und es strömen mehr Na^+-Ionen entlang des elektrochemischen Gradienten in die Zelle als K^+-Ionen diese verlassen (Abb. 2, rechte Teilabbildung). Infolge der so ausgelösten Depolarisation der Membran öffnen sich spannungsabhängige Na^+-Ionenkanäle und der Efflux von K^+-Ionen über K^+-Ionenkanäle an der innervierten Seite wird beendet. Dadurch kommt es auf dieser Membranseite zu einer Depolarisation von +65 mV. Auf der nicht innervierten Seite der Zelle zeigt sich ein anderes Bild: Hier strömen vermehrt Chlorid-Ionen über spezifische Ionenkanäle in die Zelle, während parallel dazu verstärkt K^+-Ionen über entsprechende K^+-Ionenkanäle die Zelle verlassen. Der Wert des Ruhepotenzials bleibt demnach – 85 mV. Nach der Depolarisation ergibt sich eine Potenzialdifferenz durch die transzelluläre ungleiche Ionenverteilung von der innervierten (+65 mV) zur nicht innervierten (–85 mV) Membranseite. Die Potenzialdifferenz in der Elektrocyte beträgt demnach 150 mV. Durch Diffusion der Ionen kommt es rasch zum Ausgleich der Ladungsdifferenz. Aufgrund dieser Ausgleichsströme und der rasch einsetzenden Repolarisation an der Zellmembran kann die Potenzialdifferenz von 150 mV nur kurzfristig aufrechterhalten werden.

II.2 *Die hier verwendeten Operatoren lauten „zusammenfassen" und „erläutern" – aber nicht „beschreiben". Sie verlieren nur Zeit, wenn Sie hier zunächst die Versuchsanordnung detailliert darlegen. Einige überblicksartige Sätze zu Beginn genügen! Behalten Sie trotzdem die Versuchsanordnung im Auge und überlegen Sie sich, warum die Fische im Experiment enthirnt wurden.*

Um die Beutefangstrategie des Zitteraals *Electrophorus electricus* zu untersuchen, beobachtete der Biologe Kenneth CATANIA, wie sich die elektrischen Ladungen des Zitteraals auf tote und enthirnte Fische auswirken. Um den Zitteraal zur Entladung seiner elektrischen Organe zu veranlassen, bot der Forscher dem Tier Regenwürmer als Beute an. Abb. 3 zeigt, dass die Entladungen des Hunter- und des Hauptorgans des Aals beim toten Tier Muskelkontraktionen verschiedener Stärken auslösen. Bei andauernder Entladung des Hunter- und des Hauptorgans über einen längeren Zeitraum lässt sich eine Abnahme der Frequenz der Stromstöße feststellen (Abb. 3B). Diese spiegelt sich parallel in der Abschwächung der Muskelkontraktion des toten Fischs wieder. Da das tote Tier kein Gehirn hat, müssen die Kontraktionen durch die Stromstöße des Zitteraals verursacht worden sein.

Das gleiche Bild zeigt sich auch in der Erweiterung des Experiments, das in Abb. 4 wiedergegeben ist:
Wird einem toten, enthirnten Fisch das Gift Curare injiziert, reagiert er nach relativ kurzer Zeit nicht mehr mit Muskelkontraktionen auf die Stromsalven des Zitteraals. Spritzt man einem toten Fisch ohne Gehirn als Kontrolle hingegen eine physiologische Kochsalzlösung, werden die Kontraktionen der Muskeln nicht gehemmt und entsprechen den Ergebnissen aus Abb. 3 B. Curare wirkt als Acetylcholin-Antagonist und besetzt die Acetylcholin-Rezeptoren. Dadurch wird die Ausbildung eines Aktionspotenzials an der nachgeschalteten Zelle verhindert, und die Muskelkontraktion beim Fisch bleibt aus. Damit ist nachgewiesen, dass Entladungen des Hunter- und des Hauptorgans des Zitteraals nicht auf die Muskeln selber wirken, sondern auf das peripheres Nervensystem des Fischs. Die efferenten Motoneurone sorgen demnach für eine von *Electrophorus electricus* gesteuerte Kontraktion der Fischmuskulatur.

II.3 *Auch hier gilt: „auswerten" – nicht „beschreiben"! Konzentrieren Sie sich dabei auf das Wesentliche und setzen Sie die jeweiligen Aussagen der beiden Abbildungen zueinander in Beziehung. Deuten Sie Ihre Ergebnisse erst, wenn Sie alle relevanten Sachverhalte vollständig analysiert haben.*

Eine Auswertung der Auswirkung der Entladungen der elektrischen Organe des Zitteraals auf die Muskelkontraktionen eines Beutefisches aus Material C ergibt folgendes Bild: In Abb. 5 sind die vom Zitteraal abgegebenen Stromstöße dargestellt. Die schwachen Entladungen erzeugt das Sachs-Organ des Aals, die stärkeren Doppel- bzw. Dreifachentladungen werden vom Hunter- und vom Hauptorgan abgegeben. Die Abbildung zeigt, dass *Electrophorus electricus* ständig schwache Entladungen aussendet. Diese werden im Abstand von ca. 800 ms von Doppelentladungen unterbrochen. Bei schwachen Stromsalven zeigt ein Beutefisch keine Reaktion, auf Doppelentladungen reagiert er dagegen mit starken Muskelkontraktionen.
Abb. 6 zeigt die Abfolge starker Entladungen beim Beutefang des Zitteraals zusammen mit korrespondierenden Bildaufnahmen. *Electrophorus electricus* gibt zunächst eine Doppelentladung ab. Diese verursacht beim Beutefisch eine „kurze Beutebewegung" (ersichtlich aus dem Richtungswechsel des Tieres von Bild 2 zu Bild 3). Ungefähr 30 ms später sendet der Aal sehr schnell hintereinander viele Stromstöße aus. Diese führen dazu, dass sich der Beutefisch (Bild 4 bis 7) nicht mehr bewegen kann. Ab Bild 5 orientiert sich *Electrophorus electricus* zu seiner Beute hin.
Die elektrischen Organe des Zitteraals und seine Elektrorezeptoren wirken beim Beutefang zusammen. *Electrophorus electricus* muss sich in seinem Lebensraum, „den trüben Gewässern des Amazonas und des Orinocos", orientieren können. Da dies optisch schlecht möglich ist, verwendet der Zitteraal dafür das Sachs-Organ. Störungen im von ihm erzeugten elektrischen Feld nimmt das Tier über seine Elektrorezeptoren wahr und kann sie als belebte oder unbelebte Umwelt identifizieren. Damit ist das Tier optimal an sein spezielles Habitat an-

gepasst. Hat der Aal eine mögliche Beute ausgemacht, sendet er mittels seines Hunter- und Haupt-Organs Doppelentladungen aus. Diese veranlassen das Beutetier zu einer starken Muskelbewegung, die über die Entladungen des Sachs-Organs vom Zitteraal wahrgenommen werden können. Weisen die Störungen im elektrischen Feld auf Beute hin, sendet *Electrophorus electricus* Salven hoher Spannung und hoher Frequenz aus. Dadurch wird das Tier gelähmt und daran gehindert davonzuschwimmen.

II.4 *Hier wird von Ihnen verlangt, differenziert eine Hypothese zu entwickeln. Die von Ihnen dargelegten Aussagen müssen Sie dabei anhand des vorliegenden Materials konkret belegen. Am Ende sollten Sie klar zu der Aussage CATANIAS Stellung nehmen.*

Es lässt sich folgende Hypothese über die Wirkungsweise der Stromstöße des Zitteraals im Beuteorganismus aufstellen: Der Zitteraal hat seine Beutefangstrategie so ausgerichtet, dass er seine Beute lähmt.
Die Entladungen des Hunter- und des Haupt-Organs haben Einfluss auf die Muskelbewegungen der Beutefische (Abb. 4 und 5). Sie beeinflussen die neuronale Kommunikation zwischen dem Gehirn und dem peripheren Nervensystem. Dadurch wird eine Störung der Muskelkontrolle verursacht und es kommt zu unwillkürlichen Muskelkontraktionen der Beuteorganismen. Durch das ständige Entladen der elektrischen Organe werden im Beutetier pausenlos unkontrollierte Kontraktionen der Muskulatur ausgelöst. Dadurch wird es bewegungsunfähig gemacht. Der Reaktionsmechanismus an den erregenden Synapsen mit dem Transmitterstoff Acetylcholin wird durch den Zitteraal gesteuert. Dies wird durch das Experiment in Material B bestätigt, bei dem der Antagonist Curare die Wirkungsweise von Acetylcholin aufhebt und damit die Muskelkontraktion beim Beutetier ausbleibt (Abb. 4). Die Salven starker Spannung, die in hoher Frequenz vom Zitteraal ausgesendet werden, wirken demnach an den motorischen Endplatten der Beuteorganismen wie Aktionspotenziale. Die Muskelbewegung des Beutefischs wird durch die Stromstöße des Zitteraals *Electrophorus electricus* offensichtlich gezielt ausgelöst. Da der Beutefisch die Bewegung seiner Muskeln nicht mehr kontrollieren kann, wird er vom Zitteraal zunächst aufgespürt (Sachs-Organ und Elektrorezeptoren), gelähmt (Hunter- und Haupt-Organ) und schließlich gefressen. Der Aussage von Kenneth CATANIA, der die Beutefangstrategie des Zitteraals als „gezielte Fernsteuerung des Nervensystems der Beute“ bezeichnet hat, kann somit zugestimmt werden.

Leistungskurs Biologie (NRW) – Abitur-Prüfung 2016
Aufgabe 3: Genetik/Ökologie

Aufgabenstellung: Punkte

Thema: Die Wirkung von Umweltöstrogenen auf Fische

		Punkte
III.1	Beschreiben Sie die Wirkung von Östradiol anhand von Abbildung 1. Zeichnen Sie ein Modell, wie die Expression von Genen bei Prokaryonten reguliert werden kann, erläutern Sie dieses kurz und vergleichen Sie das Modell mit dem in Abbildung 1 dargestellten.	18
III.2	Beschreiben Sie die in Abbildung 2 dargestellten Ergebnisse und werten Sie sie im Hinblick auf die Wirkung von EE2 und die Folgen aus (Materialien A und B).	10
III.3	Beschreiben Sie die Ergebnisse der Laboruntersuchung zur Wirkung von EE2 (Abbildung 3) und werten Sie sie im Hinblick auf die möglichen Konsequenzen für die Fischpopulation aus (Materialien B und C).	12
III.4	Erläutern Sie die Folgen der EE2-Belastung für die Dickkopfelritzen in See 260 (Material D) unter Einbeziehung der Ergebnisse aus Material C.	8
III.5	Skizzieren Sie ein mögliches Nahrungsnetz für See 260, benennen Sie die Trophieebenen und erläutern Sie die Auswirkungen der EE2-Belastung auf andere Glieder des Nahrungsnetzes (Material D). Erörtern Sie, inwieweit die Ergebnisse dieser Studie auf andere Fischpopulationen übertragbar sind (Materialien A bis D).	18

Material A: Umweltöstrogene in Gewässern

Schon lange wird vermutet, dass bestimmte Umweltsubstanzen in der Lage sind, mit dem Hormonsystem von Mensch und Tier zu interagieren. Im Zentrum der Untersuchungen stehen dabei die „Umweltöstrogene", also Substanzen, die wie das weibliche Sexualhormon 17β-Östradiol (E2[1]) wirken. Dazu gehören neben den natürlichen Östrogenen, die von Menschen und Tieren ausgeschieden werden, auch synthetische Hormone, wie sie in der Antibabypille enthalten sind, z. B. Ethinylöstradiol (EE2). EE2 wird im Vergleich zu E2 sowohl stoffwechselphysiologisch als auch biotechnisch (Kläranlage) erheblich langsamer abgebaut.

Hormone sind bereits in sehr niedrigen Konzentrationen biologisch aktiv. In Fischen liegen typische Konzentrationen von E2 im Plasma im Bereich von Pikogramm pro Liter oder Nanogramm pro Liter vor. Diese geringe Konzentration reicht aus, um über entsprechende Rezeptoren eine biologische Antwort zu erreichen.

1 Östradiol, eng. estradiol, abgekürzt E2

Umweltöstrogene gelangen über das Abwasser in die Gewässer. Sie werden in den Kläranlagen zwar zum großen Teil abgebaut, aber Messungen am Abwasserauslauf von Kläranlagen haben Konzentrationen von <0,1 bis 88 ng/L an E2 und <0,06 bis 62 ng/L an EE2 ergeben. Diese Stoffe werden dann in den unterschiedlichen Gewässern verdünnt. Eine weltweite Studie zeigt eine Konzentration von 1,7 ng/L EE2 oder weniger in 90 % der untersuchten Gewässer.

Diese Stoffe sind zwar keine klassischen Umweltschadstoffe, aber sie sind in Mensch wie Tier hormonell wirksam, zumal Fisch-Östrogene chemisch identisch mit denen des Menschen sind.

Material B: Einfluss von Umweltöstrogenen auf Fische

Ein typisches Beispiel eines Gens, das bei Fischen durch Östrogen aktiviert wird, ist das Vitellogenin-Gen. Vitellogenin ist ein Eidotterprotein, das normalerweise nur in Weibchen produziert wird, da männliche Fische kein oder nur extrem wenig Östrogen besitzen. Daher ist das Vorhandensein von Vitellogenin im Blut von männlichen und weiblichen Fischen ein guter Biomarker für die Anwesenheit von Umweltöstrogenen in Gewässern. Insgesamt können Umweltöstrogene zu einer Verweiblichung der männlichen Fische führen.

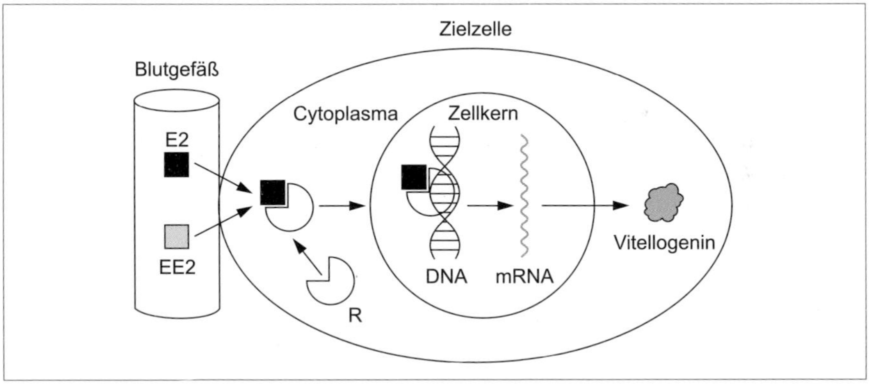

Abb. 1: Wirkung von Östradiol in der Zelle (R = Östrogen-Rezeptor)
erstellt nach: Segner (2014) und Campbell & Reece (2003)

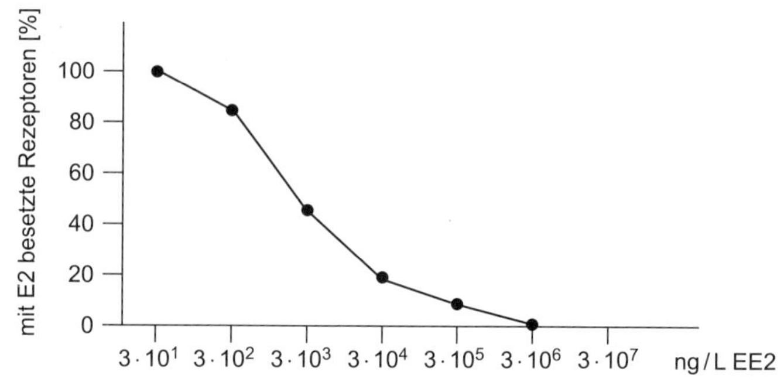

Abb. 2: Bindung von körpereigenem Östrogen (E2) an die Östrogen-Rezeptoren in Gegenwart von Umweltöstrogen (EE2)
(Die Untersuchung wurde in vitro an isolierten Östrogen-Rezeptoren durchgeführt, sodass die ermittelten Zahlenwerte nicht den im Körper von Mensch oder Tier natürlich vorkommenden physiologischen Bedingungen entsprechen.)

Segner, H. (2014). Hormone als Schadstoffe? Die Wirkung von Umweltöstrogenen auf Fische, Biologie in unserer Zeit 44, 232–241

Material C: Laboruntersuchungen an Zebrafischen

In Versuchen wurden adulte Zebrafische verschiedenen Konzentrationen an EE2 ausgesetzt. Anschließend untersuchte man die Fekundität der Weibchen und die Fertilität (Abbildung 3).

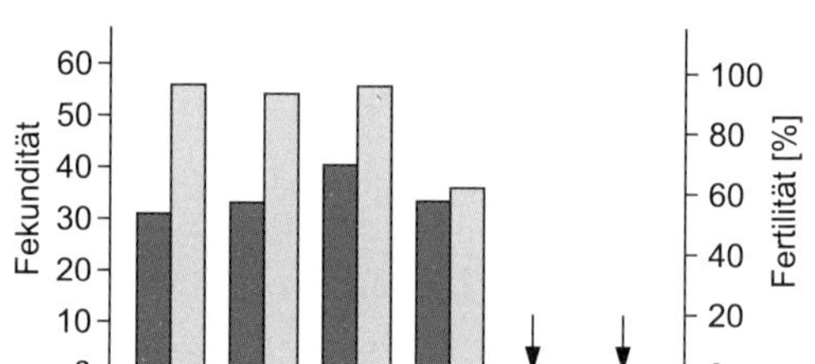

Abb. 3: Fekundität (Anzahl entwicklungsfähiger Eier pro Weibchen, schwarze Balken) und Fertilität (Anteil der Eier, welche erfolgreich befruchtet werden, weiße Balken) bei Zebrafischen bei unterschiedlichen Konzentrationen von EE2 (↓ Messwert = Null)

Segner, H. (2014). Hormone als Schadstoffe? Die Wirkung von Umweltöstrogenen auf Fische, Biologie in unserer Zeit 44, 232–241

Material D: Freilanduntersuchungen an Dickkopfelritzen

Um die Laborergebnisse im Freiland zu überprüfen, wurden Versuche mit EE2 an Dickkopfelritzen *(Pimephales promelas)* in Seen in Kanada durchgeführt, deren ökologische Bedingungen vergleichbar waren. Die Dickkopfelritzen ernähren sich z. B. von Algen, Insektenlarven, Wasserinsekten, kleinsten Krebstierchen und anderem Zooplankton, das sich seinerseits von Phytoplankton ernährt. Ihre Fressfeinde sind Forellen, Hechte und andere Raubfische. In den untersuchten Seen haben die Elritzen eine Lebensdauer von ca. vier Jahren, aber nur wenige werden älter als zwei Jahre. Sie werden erst im zweiten Lebensjahr geschlechtsreif. Die Laichzeit liegt im frühen Sommer und geht über etwa zwei Monate.

Ab Mai 2001 wurde in See 260 während der eisfreien Zeit drei Jahre lang EE2 verteilt, sodass die Konzentration ständig bei 5 bis 6 ng/L lag. Der See 442 diente als Kontrolle. Der Vitellogeningehalt der Weibchen stieg in See 260 nach Zugabe von EE2 auf 1 200 bis über 7 000 µg/g Körpergewicht an, bei den Männchen auf bis zu 12 000 µg/g Körpergewicht. In See 442 lag der Wert während des ganzen Zeitraums bei den Weibchen um 500 µg/g Körpergewicht und bei den Männchen um 0,5 µg/g Körpergewicht.

In den Jahren 1999 bis 2005 wurde auch die Populationsgröße der Dickkopfelritzen in See 442 und See 260 durch den Einsatz von Fangnetzen jeweils im Herbst untersucht (Tabelle 1). Auffallend war, dass in See 442 in allen Jahren sowohl Jungfische (< 1 Jahr) als auch ältere Fische (1–4 Jahre) gefangen wurden, während in See 260 nur in den Jahren 1999 bis 2001 sowohl junge als auch ältere Fische gefangen wurden. In den Jahren 2002 und 2003 wurden nur adulte Fische gefunden.

Jahr	1999	2000	2001	2002
See 442	490,3 ± 68,1	19,1 ± 10,4	56,1 ± 39,9	9,6 ± 2,2
See 260	180,0 ± 48,0	50,3 ± 43,7	117,7 ± 20,0	0,7 ± 0,2

Jahr	2003	2004	2005
See 442	20,6 ± 3,8	51,9 ± 21,2	355,9 ± 99,6
See 260	2,6 ± 0,8	0,1 ± 0,05	0,1 ± 0,01

Tab. 1: Tägliche Fangzahlen pro Netz gemessen im Herbst in See 442 und See 260 (grau unterlegt: Zugabe von EE2)

Daten nach Kidd, K. A., Blanchfield, P. J., Mills, K. H., Vince, P. P., Evans, R. E., Lazorchak, J. M. & Flick, R. W. (2007). Collapse of a fish population after exposure to a synthetic estrogen, PNAS 104, 8 897–8 901

weitere Materialgrundlage:

Campbell, N. A. & Reece, J. B. (2003). Biologie (6. Aufl.). Heidelberg: Spektrum Akademischer Verlag, 1 151

Segner, H. (2014). Hormone als Schadstoffe? Die Wirkung von Umweltöstrogenen auf Fische, Biologie in unserer Zeit 44, 232–241

Lösungsvorschlag

In der Aufgabe thematisierte Unterrichtsinhalte sind:
Hormone, Genregulation, Cytoplasma, Schlüssel-Schloss-Prinzip, Sexualhormone, Umwelthormone, Proteinbiosynthese, Substratinduktion, Fekundität, Fertilität

III.1 *Zur Vereinfachung sollten Sie im Text Abkürzungen verwenden. Geben Sie bei der ersten Nennung an, worum es sich bei dem abgekürzten Begriff handelt. Falls prinzipielle Mechanismen angesprochen werden (z. B. Schlüssel-Schloss-Prinzip), sollten Sie diese immer nennen. Das kann ggf. Zusatzpunkte einbringen! Zusätzliche Punkte können Sie auch dann erwarten, wenn Sie einen nur grob in einer Abbildung dargestellten Vorgang mit einigen zusätzlichen Informationen konkreter beschreiben. In der Aufgabenstellung wird von Ihnen verlangt, dass Sie „ein Modell zeichnen", das die Genregulation bei Prokaryonten verdeutlicht. Hier bietet sich das Modell der Substratinduktion an, da es sich sehr gut mit dem Mechanismus der Östradiolwirkung vergleichen lässt. Sie können aber alternativ auch das Modell der Endprodukt-Repression wählen ohne einen Punktabzug befürchten zu müssen. Sollten Sie im Unterricht eine abweichende Terminologie bei der Beschreibung der Regulationsmodelle verwendet haben (z. B. Effektor anstelle von Induktor), so können Sie auch diese, ohne Punkteabzug, verwenden. Bei dem zum Schluss geforderten Vergleich sollten Sie Gemeinsamkeiten und Unterschiede der Modelle sauber herausarbeiten und deutlich einander gegenüberstellen.*

Die in Abb. 1 dargestellte Wirkung des Östrogens 17β-Östradiol (E2) in der Zelle kann wie folgt beschrieben werden: Das Hormon gelangt aus den Blutgefäßen, über die es im Körper transportiert und verteilt wird, in das Cytoplasma seiner Zielzelle. Dort verbindet sich das E2 nach dem Schlüssel-Schloß-Prinzip mit einem Östrogen-Rezeptor und gelangt durch Poren in den Zellkern. Hier bindet sich der Östrogen-Rezeptor-Komplex an einen spezifischen DNA-Bereich, und die Transkription des zugehörigen Gens sowie die Bildung der entsprechenden mRNA wird eingeleitet.

An dieser Stelle könnten Sie vertiefend darauf eingehen, dass die mRNA anschließend ein Spleißen durchläuft, um Zusatzpunkte zu erhalten. Dabei erhält der Nukleotidstrang eine „Kappe" und einen Poly-A-Schwanz.

Im Cytoplasma erfolgt anschließend an den Ribosomen die Translation. Dabei wird die Information der mRNA in die Aminosäuresequenz des Proteins, in diesem Fall des Vitellogenins, übersetzt.

Als Modell, das die Gen-Expression bei Prokaryoten reguliert, kann die Substratinduktion, z. B. am Lac-Operon, dienen:

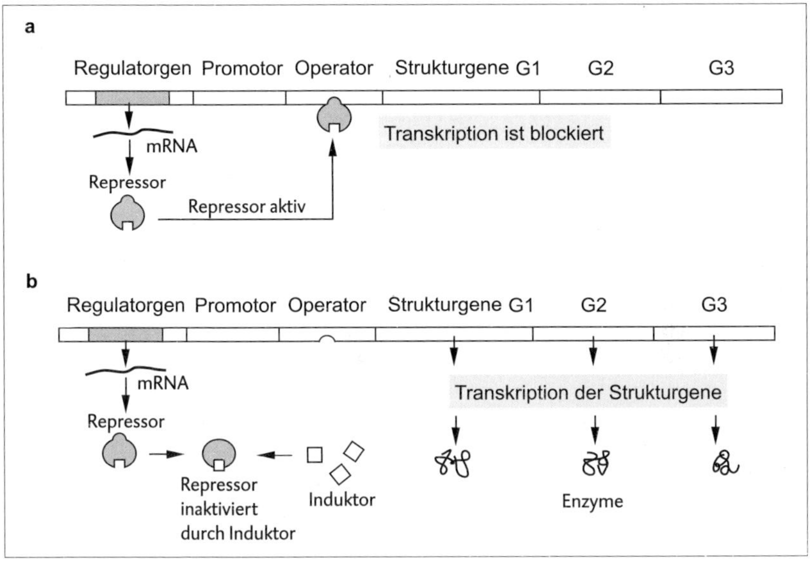

Im **Modell der Substratinduktion** katalysiert eine in der Zelle vorhandene Substanz als Induktor ihren eigenen Abbau.
(a) Am Regulatorgen des Lac-Operons entsteht ein Protein als Genprodukt. Dieses Protein stellt einen Repressor dar, der an den Operator des Lac-Operons bindet und ihn blockiert. Dadurch wird die Transkription der Strukturgene (G1–G3) gehemmt. (b) Sobald Lactose in der Bakterienzelle vorhanden ist, kann diese als Induktor an den aktiven Repressor binden (Schlüssel-Schloss-Prinzip) und ihn damit deaktivieren. Da sich der Komplex aus Induktor und Repressor nicht mehr am Operator anlagern kann, bindet nun die RNA-Polymerase am Promotor des Lac-Operons. Dadurch erfolgen die Transkription der nachgeschalteten Strukturgene und die Translation der gebildeten mRNA-Moleküle. Die dabei hergestellten Enzyme katalysieren den Abbau der Lactose. Ist die in der Bakterienzelle vorhandene Lactose komplett abgebaut, sind auch keine Induktoren mehr vorhanden, die das Repressor-Molekül deaktivieren können. Der nun wieder aktive Repressor setzt sich erneut an den Operator des Lac-Operons und verhindert die weitere Transkription der Strukturgene (a).

Ein **Vergleich** des Modells der Substratinduktion mit dem in Abb. 1 dargestellten Schema ergibt folgendes Bild:

- In beiden Modellen wird mithilfe eines Induktors ein Komplex gebildet. Bei der Hormonwirkung entsteht ein Östrogen-Rezeptor-Komplex und beim Lac-Operon ein Komplex aus Lactose und Repressor.

- In beiden Fällen löst die Bildung des Komplexes die Transkription der entsprechend zugeordneten Strukturgene aus. Beim Lac-Operon werden die Enzyme synthetisiert, die letztendlich den Induktor abbauen. Östradiol induziert die Bildung von Vitellogenin.
- Der wesentliche Unterschied beider Modelle besteht darin, dass bei der Substratinduktion die Menge des Induktors (Lactose) vermindert wird, während das gebildete Vitellogenin keinen Einfluss auf die Menge des Induktors E2 in der Zelle hat.

III.2 *Beschreiben Sie die Abbildung 2 in den Grundzügen. Suchen Sie sich dann zwei signifikante Werte aus, die die Auswirkungen der Anwesenheit von Umweltöstrogenen verdeutlichen. Dies bringt Zusatzpunkte! Erwähnen Sie in Ihren Ausführungen, dass es sich hier um einen „in-vitro-Versuch" handelt und nicht um die Verhältnisse in lebenden Zellen. Suchen Sie danach in den Materialien A und B die relevanten Informationen, mit denen Sie die Auswirkung der Umweltöstrogene auf Fischpopulationen belegen können.*

Abb. 2 zeigt die Bindung von körpereigenen Östrogenen (E2) an die Östrogen-Rezeptoren, wenn gleichzeitig Umweltöstrogene (EE2) vorhanden sind. Der Versuch wurde *in vitro* an isolierten Östrogen-Rezeptoren durchgeführt und entspricht damit nicht den in einem Organismus natürlich vorkommenden Verhältnissen. Auf der Ordinate (y-Achse) ist der Anteil der mit E2 besetzten Rezeptoren in Prozent angegeben und auf der Abszisse (x-Achse) ist die Menge an EE2 in Nanogramm pro Liter aufgetragen. Die in der Abbildung wiedergegebenen Messwerte zeigen deutlich: Je mehr EE2 vorhanden ist, desto weniger Rezeptoren sind mit E2 besetzt. So liegt der Prozentwert der mit E2 besetzten Rezeptoren bereits bei einer EE2-Konzentration von $3 \cdot 10^3$ ng/L bei ca. 50 %. Hat der Wert an EE2 $3 \cdot 10^6$ ng/L erreicht, bindet der Rezeptor kein E2 mehr.
E2 und EE2 sind beide – natürliche bzw. künstlich hergestellte – Sexualhormone. Beide Östrogene sind bereits in Spuren wirksam. Sowohl das E2 als auch das EE2 können an den Rezeptoren für Östrogene andocken (Abb. 2). Je mehr EE2 vorhanden ist, desto stärker wird das natürliche Östrogen durch das EE2 verdrängt. Menschliches Östrogen und das Fisch-Östrogen sind „chemisch identisch" (Material A). Da EE2 als synthetisches menschliches Sexualhormon wie 17β-Östradiol wirkt, kann es – ebenso wie E2 – die Produktion von Vitellogenin anregen (Material B). Über den Ausfluss von Kläranlagen gelangen Umweltöstrogene in Flüsse und Seen. EE2 wird „in den Kläranlagen zwar zum großen Teil abgebaut", führt aber dennoch zu einer verstärkten Transkription des Fisch-Gens für das Eidotterprotein. Damit wird vermehrt Vitellogenin in Fischen produziert – auch in männlichen Exemplaren. Dies führt „zu einer Verweiblichung der männlichen Fische". Umweltöstrogene werden außerdem – im Gegensatz zu E2 – „sowohl stoffwechselphysiologisch als auch biotechnisch (Kläranlage) erheblich langsamer abgebaut". Damit bleibt das EE2 lange als wirksame Substanz in den Gewässern erhalten und führt zu einer höheren Produktion von Vitellogenin in weiblichen und männlichen Fischen als E2.

III.3 *Bei Ihrer Beschreibung sollten Sie zunächst die Fachbegriffe erläutern und danach mit konkreten Zahlenwerten operieren. Denken Sie daran, dass Sie bei der Interpretation von Abbildung 3 die Werte an der richtigen Skala – rechte bzw. linke Ordinate (y-Achse) – ablesen!*

Die Ergebnisse der Laboruntersuchungen zur Wirkung von EE2 auf Zebrafische können anhand von Abbildung 3 wie folgt beschrieben werden: Im Säulendiagramm ist auf der Abszisse (x-Achse) die Menge an EE2 in Nanogramm pro Liter angegeben. Die Ordinate (y-Achse) enthält zwei Werteangaben: Links ist die Fekundität der Tiere von null bis 60 und rechts ihre Fertilität in Prozent angegeben. Für jeden ermittelten EE2-Wert sind beide Angaben verzeichnet:

- Bei der Fekundität ist zu beobachten, dass eine EE2-Menge bis 0,3 ng/L die Anzahl der entwicklungsfähigen Eier pro untersuchtem Weibchen steigert. Bereits 0,05 ng/L führen zu einem leichten Anstieg der Anzahl entwicklungsfähiger Eier der Zebrafischweibchen (Ausgangswert: 30; Steigerung um 2–3). Die Versechsfachung der Menge an EE2 bewirkt eine Fekunditätssteigerung von 30 auf 40 Eier. Ein Wert von 1,7 ng/L EE2 führt in etwa zum gleichen Ergebnis wie Konzentrationswerte von 0,05 ng/L. Ab 3 ng/L EE2 sind keine Fischeier mehr entwicklungsfähig.
- Die Fertilität, d. h. der Anteil der Eier, die erfolgreich befruchtet werden, bleibt von 0 ng/L bis 0,3 ng/L EE2 annähernd konstant und liegt zwischen 90 % und 95 %. Bei 1,7 ng/L EE2 ist ein deutlicher Abfall der Fertilitätsrate auf 60 % zu erkennen. Ab einer Umweltöstrogenkonzentration von 3 ng/L oder höher werden keine Fischeier mehr befruchtet.

Wie aus Material B bekannt ist, führen die in die Gewässer gelangten Umweltöstrogene zu einer vermehrten Produktion von Vitellogenin und damit zu einem Anstieg des Eidotterproteins im Blut weiblicher Fische. Auch die männlichen Zebrafische sind betroffen, obwohl sie normalerweise kein Vitellogenin produzieren. Abb. 3 zeigt, dass ein Wert von unter 1,7 ng/L EE2 die Fekundität der weiblichen Fische steigern kann und gleichzeitig die Befruchtungsfähigkeit der Männchen nicht beeinträchtigt. Ab einem Wert von 1,7 ng/L des Umweltöstrogens sinkt die Fekundität der Weibchen ab. Auch die Produktion und Reifung der Spermien werden durch EE2 deutlich vermindert, da nur noch 60 % der Eier befruchtet werden. Dies führt zwangsläufig zu einer verminderten Anzahl an Nachkommen. Abb. 3 verdeutlicht weiter, dass ab einem Wert von 3 ng/L EE2 keine entwicklungsfähigen Eier mehr von den Weibchen produziert werden können. Die andauernde Belastung mit hohen Konzentrationen an Umweltöstrogenen im Gewässer kann zum Aussterben der Zebrafischpopulation führen.

III.4 *Beschreiben Sie zunächst die Ausgangsbedingungen des Freilandversuchs, bevor Sie konkrete Zahlenwerte nennen. Lassen Sie sich durch die Darstellung in Tabelle 1 nicht verwirren. Die Zahlenwerte hinter dem ±-Zeichen dürfen Sie ignorieren. Die ersten Werte sind aussagekräftig genug.*

In einer Freilanduntersuchung wurden die Folgen der EE2-Belastung für Dickkopfelritzen *(Pimephales promelas)* in kanadischen Seen mit vergleichbaren ökologischen Bedingungen erforscht. Material D enthält genauere Angaben zu den Bedingungen in zwei Seen. Während der eine See (442) als Kontrolle dient und unverändert belassen wurde, wurde im See 260 während der eisfreien Zeit von 2001 bis 2003 EE2 verteilt. Dabei wurde die Konzentration des Umwelthormons konstant auf 5–6 ng/L gehalten. Diese hohe Konzentration hatte zur Folge, dass bei den Weibchen der Dickkopfelritzen der Vitellogeningehalt auf 1 200 µg/g bis über 7 000 µg/g Körpergewicht anstieg. Bei männlichen Exemplaren von *Pimephales promelas* betrug der Gehalt an Eidotterprotein bis zu 12 000 µg/g ihres Körpergewichts. Im Vergleich zu den Fischen aus der Kontrollgruppe hatten die Weibchen einen bis zu 14-mal höheren Vitellogeningehalt im Körper (7 000 µg/g zu 500 µg/g). Der Vitellogeningehalt in männlichen Fischen war sogar 24 000-mal höher (12 000 µg/g zu 0,5 µg/g) als bei den Fischen der Kontrollgruppe. Wie die Fangergebnisse aus Tabelle 1 belegen, hatte dies drastische Auswirkungen auf Fekundität sowie Fertilität von *Pimephales promelas*. Beide Werte sanken, sodass deutlich weniger entwicklungsfähige Eier vorhanden waren und gleichzeitig die erfolgreiche Befruchtung der Eier abnahm. Ab dem Jahr 2002 waren deshalb erheblich weniger Dickkopfelritzen im See 260 vorhanden als in den Vorjahren.
Legt man die Informationen aus Material C zugrunde, erhält man folgendes Bild: Die erste Zugabe des Umwelthormons erfolgte nach dem Winter 2000/2001. Im Sommer 2001 wirkte sich die EE2-Zugabe aber kaum aus, da noch geschlechtsreife Tiere des vorangegangenen Jahres vorhanden waren, die erfolgreich laichen konnten. Die Dickkopfelritzen erlangen erst im zweiten Lebensjahr Geschlechtsreife, jedoch werden „nur wenige [...] älter als zwei Jahre“. Dies bedeutet, dass sich die meisten Fische nur ein einziges Mal fortpflanzen können. Dadurch ist der Einbruch der Populationszahlen bereits ein Jahr nach der Verabreichung des Umweltöstrogens deutlich zu sehen. Sobald kein Nachwuchs an Jungfischen mehr vorhanden ist, stirbt die Population letztendlich bei einer anhaltenden Belastung des Gewässers mit EE2 aus.

III.5 *Bei der Erstellung des Nahrungsnetzes brauchen Sie nur Material D genau auszuwerten. Die Zuordnung der Organismen zu den einzelnen Trophieebenen können Sie aus Ihrer Skizze ableiten.*

Ein mögliches **Nahrungsnetz** für See 260 könnte folgendermaßen aussehen:

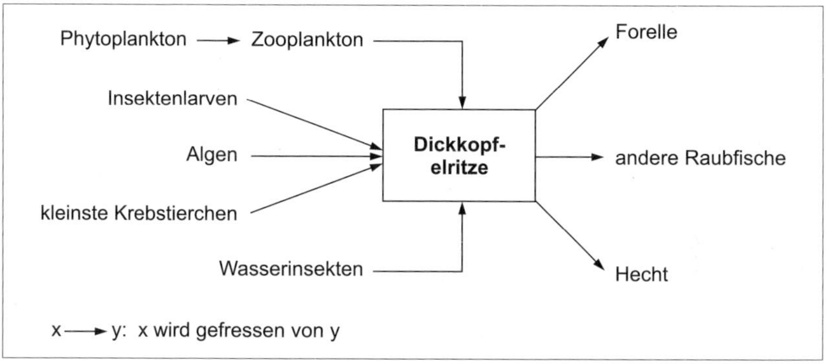

Algen und das Phytoplankton, die **Primärproduzenten** des Sees, bilden die Grundlage dieses Nahrungsnetzes. Alle weiteren Organismen ernähren sich – direkt oder indirekt – von diesen Primärproduzenten. Zur nächsten Trophieebene gehören die **Konsumenten I. Ordnung**. Dabei handelt es sich um Primärkonsumenten wie das Zooplankton, Insektenlarven, Kleinstkrebse und Wasserinsekten, die sich von Phytoplankton ernähren. Die Dickkopfelritzen sind **Konsumenten II. Ordnung** und ernähren sie sich von den Primärkonsumenten – aber auch von Algen. Gleichzeitig dienen sie als Nahrung für die Endkonsumenten des Gewässers, wie Forellen, Hechte und andere Raubfische, und nehmen damit eine zentrale Stellung in diesem Nahrungsnetz ein.
Ein Aussterben der Dickkopfelritzen – aufgrund einer anhaltend hohen Belastung mit EE2 – hat gravierende Auswirkungen auf das gesamte Ökosystem. Da *Pimephales promelas* als Nahrungsgrundlage der Endkonsumenten dient, werden Forellen und Raubfische in ihrem Bestand abnehmen. Diese Aussage kann aber nur unter Vorbehalt gemacht werden, da nicht bekannt ist, ob sich die Räuber nicht auch noch von anderen Organismen ernähren könnten. Es ist jedoch sicher, dass die Endkonsumenten ebenso durch das vorhandene Umweltöstrogen geschädigt werden wie ihre Beute (Material A). Die Raubfische sind dem EE2 im Wasser in demselben Maße wie andere Fische ausgesetzt. Zusätzlich nehmen sie es auch noch mit ihrer Nahrung, den Dickkopfelritzen, auf. Durch diese biologische Akkumulation (Anreicherung) sind Forellen, Hechte und andere Raubfische stärker von der hormonellen Belastung ihrer Umwelt betroffen. Fehlen die Konsumenten höherer Ordnung, werden sich die Organismen in den unteren Trophieebenen sprunghaft vermehren. Dies kann schließlich zu einer starken Eutrophierung des Sees und in letzter Konsequenz zum „Umkippen“ des Gewässers führen.

Da „Fisch-Östrogene chemisch identisch mit denen des Menschen sind“, stellt sich die Frage, inwieweit die Ergebnisse dieser Studie auf andere Fischpopulationen übertragbar sind. Generell lässt sich aussagen, dass eine Gewässerbelastung mit EE2 ein Problem für alle Fischarten darstellen wird. Dabei spielt die Lebensdauer der Fische einer Population eine wesentliche Rolle. Haben die Tiere eine geringe Lebensdauer, bricht die Population schon nach kurzer Zeit, in der die Tiere dem Umweltöstrogen ausgesetzt sind, zusammen. Dies ist auch bei der Dickkopfelritze, die in der Regel nur einmal in ihrem Leben ablaicht, zu beobachten. Auf das Überleben ausgewachsener Exemplare von *Pimephales promelas* haben hohe Konzentrationen von EE2 im Gewässer dagegen keinen Einfluss. Ist die hohe Belastung mit Umweltöstrogenen nur von kurzer Dauer, sind langlebige Fischarten, die mehrere Jahre hindurch ablaichen können, weniger stark betroffen. Diese Fischarten haben gute Chancen, den zu erwartenden Ausfall an Nachwuchs in den Folgejahren ohne hohe EE2-Belastung zu kompensieren. Auch hier gilt, dass die ausgewachsenen Exemplare in ihrer Überlebensfähigkeit durch den Kontakt mit dem Umweltöstrogen EE2 nicht eingeschränkt werden.

Leistungskurs Biologie (NRW) – Abitur-Prüfung 2017
Aufgabe 1: Neurobiologie / Genetik

Aufgabenstellung: Punkte

Thema: Wirkung von Benzodiazepinen am $GABA_A$-Rezeptor

I.1 Zeichnen Sie in Abbildung 2 das postsynaptische Potenzial unter Einwirkung von GABA sowohl ohne als auch mit zeitgleicher Bindung von Benzodiazepinen ein und erläutern Sie die Potenzialverläufe. Entwickeln Sie eine Hypothese, weshalb der $GABA_A$-Rezeptor Bindungsstellen für zahlreiche Wirkstoffe, u. a. auch für körperfremde Wirkstoffe, aufweist (Material A). 16

I.2 Fassen Sie die PCR-Schritte zusammen und erläutern Sie anhand von Abbildung 3, wie die Forscher mithilfe der PCR gezielt einzelne Aminosäuren in einem Polypeptid ersetzen (Material B). 16

I.3 Geben Sie jeweils eine mögliche codogene DNA-Sequenz für die beiden Polypeptidsequenzen von γ1 an (Abbildung 4, Materialien B und D). Nennen Sie auch mögliche codogene Tripletts zur Erzeugung der jeweiligen Punktmutation in den γ1.1- und γ1.2-Sequenzen und erläutern Sie die Mutationstypen (Materialien B und D). Beurteilen Sie anhand von Abbildung 5 den Erfolg der Neurowissenschaftler. 22

I.4 Erläutern Sie insbesondere anhand von Abbildung 6, wie die Einnahme von Benzodiazepinen zu einer unmittelbar stark erhöhten Aktivität im *Nucleus accumbens* und letztlich zur Sucht führt (Materialien A und C). 12

Material A: Funktion des $GABA_A$-Rezeptors

Die Ausschüttung des Neurotransmitters Gamma-Amino-Buttersäure (GABA) im Gehirn muss genau reguliert werden. Bei einem Übermaß kann es zu Bewusstlosigkeit und Koma, bei zu geringer Ausschüttung zu Krampfanfällen kommen. $GABA_A$-Rezeptoren sind ligandengesteuerte Ionenkanäle für Chloridionen, die durch GABA geöffnet werden. Der $GABA_A$-Rezeptor ist ein Transmembranprotein, das aus fünf Untereinheiten aufgebaut ist (Abbildung 1).
An den $GABA_A$-Rezeptor binden noch weitere körperfremde Wirkstoffe jeweils an ihrer spezifischen Stelle an der Oberfläche des Rezeptors. Für sich alleine haben Wirkstoffe wie beispielsweise Benzodiazepine (z. B. Beruhigungsmittel wie Valium) nur eine sehr geringe Wirkung auf den Ionenkanal. Aber in Gegenwart von GABA erhöhen Benzodiazepine die Frequenz, mit der sich der Kanal öffnet. Flumazenil ist ein Gegenmittel, das bei einer Benzodiazepin-Überdosierung eingesetzt wird.

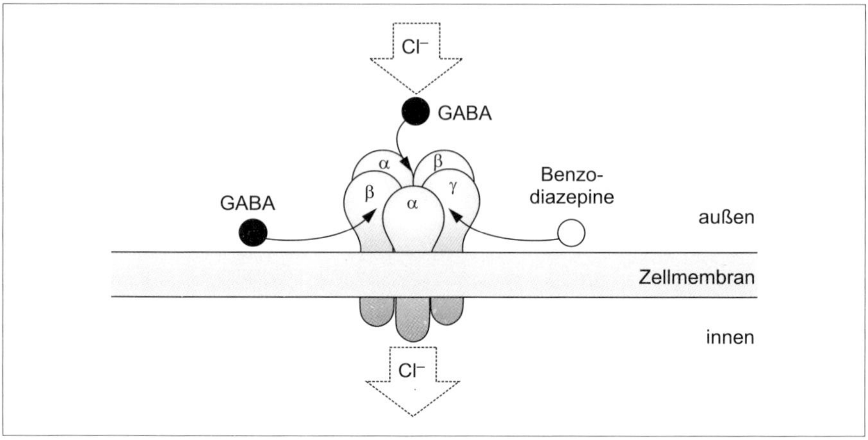

Abb. 1: $GABA_A$-Rezeptor mit Bindungsstellen
verändert nach: Bocklisch et al. (2010), Longone et al. (2011)

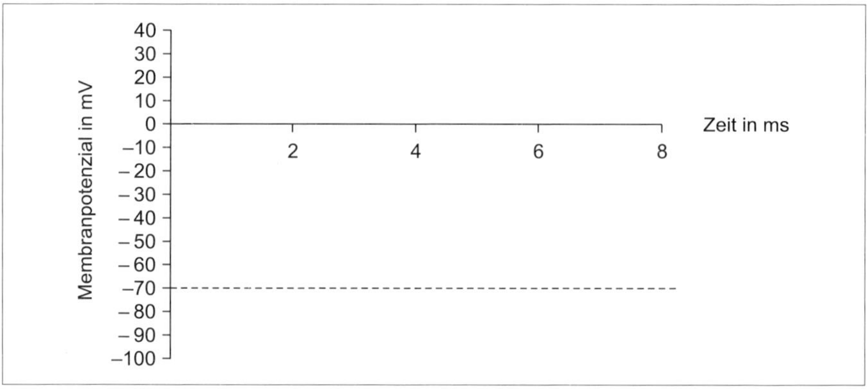

Abb. 2: Membranpotenzial-Zeit-Diagramm
(Die gestrichelte Linie zeigt die Lage des Ruhepotenzials.)

Material B: Molekulargenetische Untersuchung des $GABA_A$-Rezeptors

Von den Untereinheiten des $GABA_A$-Rezeptors existieren verschiedene Polypeptid-Varianten, die mit arabischen Ziffern nummeriert werden, beispielsweise α1–α6, β1–β3 oder γ1–γ3. Je nach Kombination der Untereinheiten ergeben sich Subtypen des $GABA_A$-Rezeptors, die in verschiedenen Hirnregionen und Neuronen vorkommen. Die Subtypen sprechen auf Wirkstoffe unterschiedlich an. Die heute gebräuchlichen Benzodiazepine binden zwischen der γ- und einer α-Untereinheit. Auch der Antagonist Flumazenil bindet an diese Benzodiazepin-Bindungsstelle. $GABA_A$-Rezeptoren mit einer γ2-Untereinheit haben eine mehr als 5 000-fach höhere Affinität für Flumazenil als $GABA_A$-Rezeptoren mit einer γ1-Untereinheit.

In einer Studie untersuchten Neurowissenschaftler, welche Unterschiede in den Aminosäuresequenzen der γ-Polypeptid-Varianten maßgeblich für die Bindung von Flumazenil verantwortlich sind. Zu diesem Zweck stellten die Forscher zunächst aus der mRNA-Vorlage der γ1-Untereinheit mit dem Enzym Reverse Transkriptase eine cDNA her. Diese cDNA nutzten sie, um gezielt Mutationen in die γ1-Sequenz einzufügen. Die Mutationen erzeugten sie durch das Verfahren der ortsspezifischen Mutagenese mit Plasmiden. Bei diesem Verfahren werden die PCR-Schritte mit speziellen Mutagenese-Primern durchgeführt. Das Verfahren ist in vereinfachter Form schematisch in Abbildung 3 dargestellt.

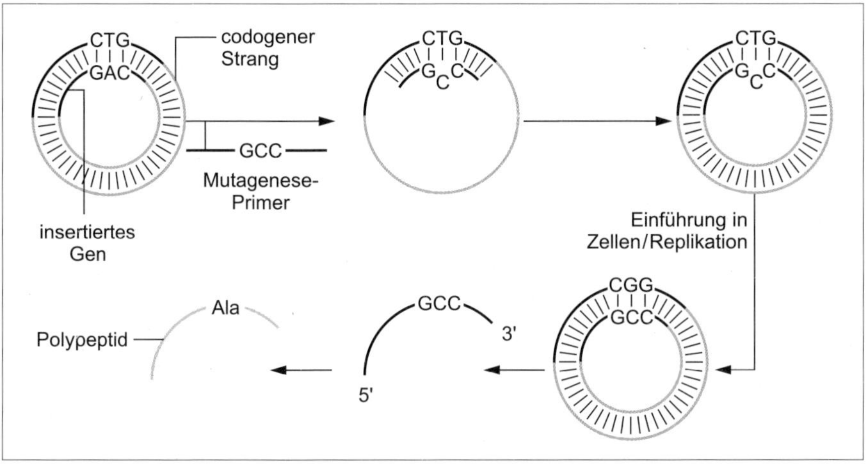

Abb. 3: Schema der ortsspezifischen Mutagenese mit Plasmiden an einem allgemeinen Beispiel
verändert nach: www.spektrum.de/lexikon/biologie-kompakt/site-directed-mutagenesis/10855

	78	79	80	81	82
Sequenz γ1	Ile	Ile	Phe	Ala	Gln
veränderte Sequenz γ1.1	Ile	Phe	Phe	Ala	Gln
Sequenz γ2	Ile	Phe	Phe	Ala	Gln
	49	50	51	52	53
Sequenz γ1	Gly	Val	Arg	Pro	Thr
veränderte Sequenz γ1.2	Gly	Val	Lys	Pro	Thr
Sequenz γ2	Gly	Val	Lys	Pro	Thr

Abb. 4: Ausschnitte der rekombinanten Aminosäuresequenzen der γ1.1- und γ1.2-Polypeptidvarianten im Vergleich zur entsprechenden γ1- bzw. γ2-Sequenz
(Die Nummerierung gibt die Stellung der Aminosäuren in der γ1-Sequenz an.)
verändert nach: Wingrove et al. (1997), Fig. 3

Die γ1-Untereinheiten mit veränderten Aminosäuresequenzen (Abbildung 4) überführten die Forscher gemeinsam mit den weiteren Untereinheiten (α/β) in embryonale Nierenzellen. Sie untersuchten dann die Bindung von markiertem Flumazenil an die rekombinanten $GABA_A$-Rezeptoren (Abbildung 5).

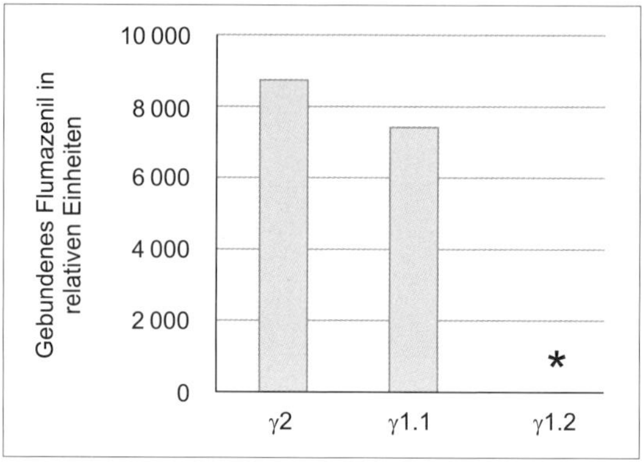

Abb. 5: Bindung von markiertem Flumazenil an Rezeptoren mit γ2- oder rekombinanten γ1.1- bzw. γ1.2-Untereinheiten
(*: Messwert unterscheidet sich nicht signifikant von Null.)

verändert nach: Wingrove et al. (1997), Fig. 4

Material C: Neurologische Wirkung von Benzodiazepinen

Benzodiazepine können bei längerer und regelmäßiger Einnahme abhängig machen, weil sie das Belohnungssystem des Gehirns beeinflussen. Was dabei im Gehirn der Betroffenen geschieht, haben Forscher mittlerweile genauer analysiert. Benzodiazepine beeinflussen die Aktivität von dopaminergen Neuronen im ventralen *Tegmentum* im Hirnstamm (Abbildung 6). Diese Neuronen aktivieren ihrerseits durch die Ausschüttung von Dopamin den *Nucleus accumbens*. Alle suchtauslösenden Substanzen erhöhen letztlich die Dopaminausschüttung im *Nucleus accumbens*. Benzodiazepine binden an $GABA_A$-Rezeptoren, die sich auf der Oberfläche benachbarter Interneuronen im ventralen *Tegmentum* befinden (Abbildung 6). Außerdem wirken sie auch an AMPA-Rezeptoren, indem sie diese für Calciumionen durchlässig machen.

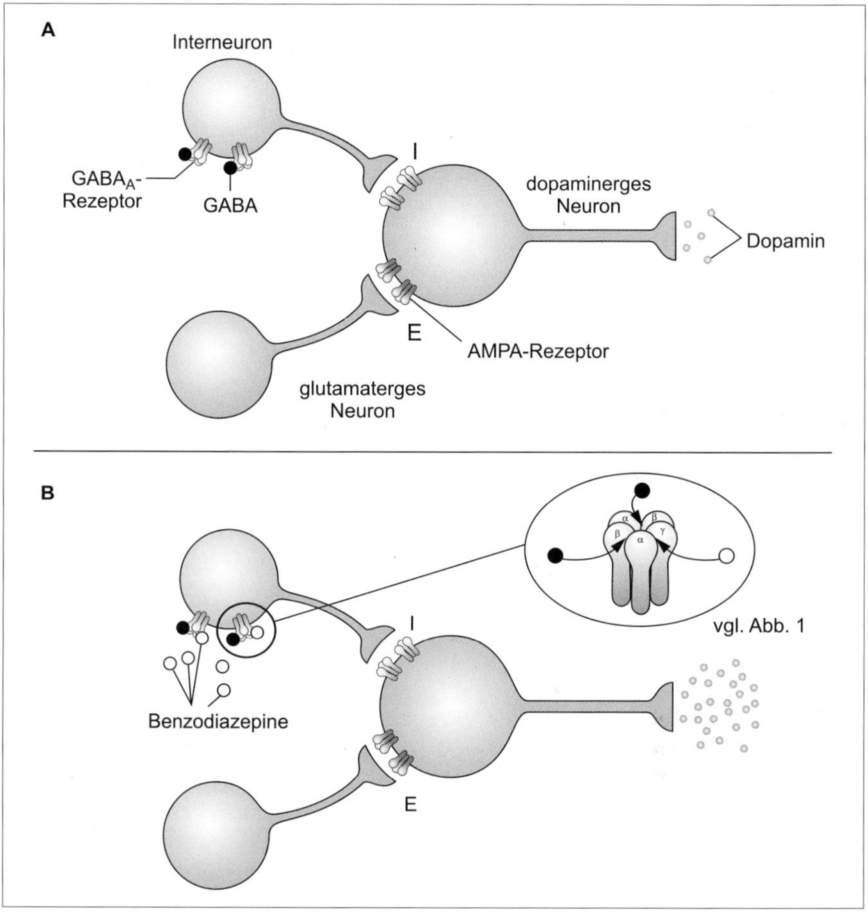

Abb. 6: Neurologische Prozesse A) vor und B) bei Einnahme von Benzodiazepinen
(I: inhibitorische Synapse, E: exzitatorische Synapse)

verändert nach: Bocklisch et al. (2010)

Material D: Codesonne und Tabelle zum genetischen Code

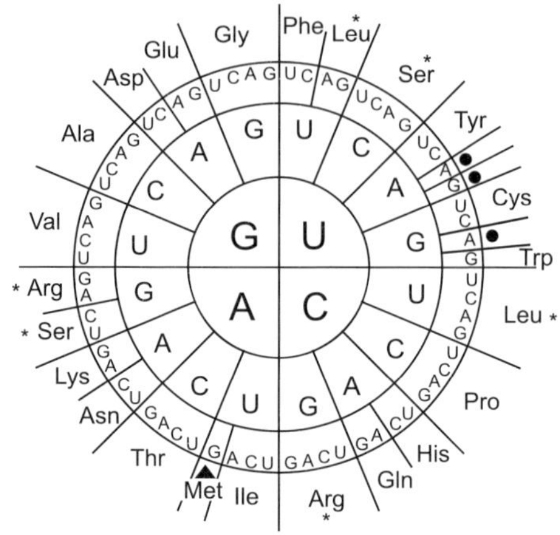

* zweimal auftretende Aminosäure

● Stopp-Codon

▲ Start-Codon

Ala	Alanin
Arg	Arginin
Asn	Asparagin
Asp	Asparaginsäure
Cys	Cystein
Gln	Glutamin
Glu	Glutaminsäure
Gly	Glycin
His	Histidin
Ile	Isoleucin
Leu	Leucin
Lys	Lysin
Met	Methionin
Phe	Phenylalanin
Pro	Prolin
Ser	Serin
Thr	Threonin
Trp	Tryptophan
Tyr	Tyrosin
Val	Valin

Erste Base	Zweite Base				Dritte Base
5'	**U**	**C**	**A**	**G**	**3'**
U	Phe	Ser	Tyr	Cys	**U**
	Phe	Ser	Tyr	Cys	**C**
	Leu	Ser	Stopp	Stopp	**A**
	Leu	Ser	Stopp	Trp	**G**
C	Leu	Pro	His	Arg	**U**
	Leu	Pro	His	Arg	**C**
	Leu	Pro	Gln	Arg	**A**
	Leu	Pro	Gln	Arg	**G**
A	Ile	Thr	Asn	Ser	**U**
	Ile	Thr	Asn	Ser	**C**
	Ile	Thr	Lys	Arg	**A**
	Met (Start)	Thr	Lys	Arg	**G**
G	Val	Ala	Asp	Gly	**U**
	Val	Ala	Asp	Gly	**C**
	Val	Ala	Glu	Gly	**A**
	Val	Ala	Glu	Gly	**G**

weitere Materialgrundlage:

Bear, M. F., Connors, B. W. & Paradiso, M. A. (2009). Neurowissenschaften – Ein grundlegendes Lehrbuch für Biologie, Medizin und Psychologie (3. Aufl.), hrsg. von A. K. Engel. Springer Spektrum Akademischer Verlag, Heidelberg

Bocklisch, C., Tan, K. & Lüscher, C. (2010). Warum Schlafmittel wie Valium süchtig machen. Spektrum der Wissenschaft 6, Heidelberg, S. 20–23

Casula, M. A. et al. (2001). Identification of amino acid residues responsible for the alpha5 subunit binding selectivity of L-655,708, a benzodiazepine binding site ligand at the GABA(A) receptor. Journal of Neurochemistry 77, S. 445–451

Janhsen, K., Roser, P. & Hoffmann, K. (2015). Probleme der Dauertherapie mit Benzodiazepinen und verwandten Substanzen. Deutsches Ärzteblatt 112, S. 1–7

Longone, P. et al. (2011). Neurosteroids as neuromodulators in the treatment of anxiety disorders. Frontiers in Endocrinology 2 (Article 55)

Wingrove, P. B. et al. (1997). Key amino acids in the gamma subunit of the gammaaminobutyric acid$_A$ receptor that determine ligand binding and modulation at the benzodiazepine site. Molecular Pharmacology 52, © by The American Society for Pharmacology and Experimental Therapeutics, S. 874–881

www.spektrum.de/lexikon/neurowissenschaft/flumazenil/4227 (Zugriff: 10. 06. 2016)

www.spektrum.de/lexikon/biologie-kompakt/site-directed-mutagenesis/10855 (Zugriff: 17. 10. 2016)

www.spektrum.de/news/suchtpotenzial-von-valium-und-co-erklaert/1021725 (Zugriff: 10. 06. 2016)

http://benzo.org.uk/german/bzcha01.htm#7 (Zugriff: 10. 06. 2016)

Lösungsvorschlag

In der Aufgabe thematisierte Unterrichtsinhalte sind:
PCR, Ligand, Rezeptor, IPSP, Neurotransmitter, Signalübertragung, Mutagenese-Primer, Punktmutation, Missense-Mutation, mRNA, Aminosäuresequenz, Basensubstitution, neuronale Plastizität, Suchtausbildung, Dopamin

I.1 *Achten Sie darauf, dass die beiden von Ihnen gezeichneten Kurven eindeutig den jeweiligen Bedingungen zuzuordnen sind. Wenn Sie bei der geforderten Hypothese mehrere Ideen haben, erwähnen Sie diese auf jeden Fall. Die Nennung mehrerer prinzipiell möglicher Ursachen kann Ihnen Zusatzpunkte einbringen.*

Für das postsynaptische Potenzial unter Einwirkung von GABA können ohne Anwesenheit von Benzodiazepinen (durchgezogene Linie) sowie mit zeitgleicher Bindung von Benzodiazepinen (gestrichelte Linie) die folgenden Kurvenverläufe skizziert werden:

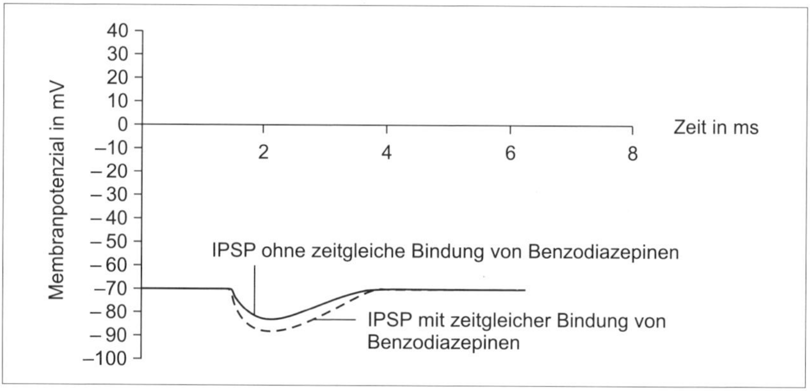

Da Sie lediglich die Potenzialverläufe einzeichnen sollen und keine weiteren Angaben vorliegen, können Sie den Zeitpunkt des Beginns des IPSPs frei wählen.

Wie Abb. 1 verdeutlicht, kann der Neurotransmitter Gamma-Amino-Buttersäure an $GABA_A$-Rezeptoren andocken und dadurch Kanäle für Chloridionen öffnen. Entlang des Konzentrationsgradienten diffundieren dann Cl^--Ionen durch die geöffneten Kanäle in die postsynaptische Nervenzelle. Infolgedessen kommt es zu einer Hyperpolarisation, also einer Absenkung des Membranpotenzials, man spricht von einem inhibierenden postsynaptischen Potenzial (IPSP). Wirkstoffe wie die Benzodiazepine können ebenfalls an $GABA_A$-Rezeptoren andocken. In Gegenwart von GABA erhöht sich dadurch die Öffnungsfrequenz der Ionenkanäle, sodass mehr Cl^--Ionen in das Innere der Nervenzelle einströmen und das IPSP stärker ausgeprägt wird. Möglicherweise bewirken Benzodiazepine eine Konformationsänderung des Rezeptors, wodurch die Bindungsaffinität für GABA erhöht oder die Struktur des Cl^--Ionenkanals verändert wird.

Für die Tatsache, dass der $GABA_A$-Rezeptor Bindungsstellen für zahlreiche, auch körperfremde Wirkstoffe aufweist, sind z. B. folgende Hypothesen denkbar:

- Bei Synapsen, an denen GABA wirkt, handelt es sich um wichtige Schaltstellen im zentralen Nervensystem. Um den Effekt des Neurotransmitters GABA präziser steuern zu können, könnten auch für weitere Neurotransmitter Bindungsstellen an den Rezeptormolekülen vorliegen.
- Weitere endogene Substanzen könnten in die GABA-Signalübertragung modifizierend eingreifen. Solche Neuromodulatoren könnten dann über weitere Bindungsstellen an $GABA_A$-Rezeptoren wirksam werden.
- Körperfremde Substanzen könnten deshalb an die Bindungsstellen der $GABA_A$-Rezeptoren andocken (und als Wirkstoffe aktiv werden), da sie zufällig eine ähnliche Struktur aufweisen wie die natürlichen Liganden.

I.2 *Bei Ihrer Zusammenfassung der PCR-Schritte sollten Sie in jedem Fall auf Vollständigkeit achten und wichtige Details berücksichtigen. Dies zeigt, dass Sie den Mechanismus verstanden haben, und kann Ihnen Zusatzpunkte einbringen. Halten Sie sich bei der anschließenden Erläuterung der Arbeitsschritte genau an Abb. 3. Denken Sie daran, dass das Plasmid, das in die Nierenzellen eingefügt wird, sowohl einen Strang mit der unveränderten Sequenz (codogener Strang) als auch einen Strang mit der veränderten Sequenz trägt. Beide werden in den Zellen repliziert. Das bedeutet, dass nicht alle neu entstehenden Plasmide die veränderte Sequenz tragen.*

Die einzelnen Schritte der Polymerase-Kettenreaktion, die in einem Thermocycler vollautomatisch ablaufen, können wie folgt zusammengefasst werden:
Zunächst wird die zu vervielfältigende DNA bei ca. 95 °C denaturiert. Durch die Auflösung der Wasserstoffbrückenbindungen zwischen den komplementären Basen liegen anschließend DNA-Einzelstränge vor. Im nächsten, entscheidenden Arbeitsschritt wird der zu kopierende DNA-Abschnitt mittels zweier spezifischer gegenläufiger Primer eingegrenzt. Dazu müssen die Primer komplementär zu den Nukleotidsequenzen an den 3'-Enden des DNA-Abschnitts sein. Damit die zugegebenen Primer-Moleküle über komplementäre Basenpaarung mit der DNA hybridisieren können, wird die Temperatur auf ca. 55 °C gesenkt. Durch die hitzebeständige DNA-Taq-Polymerase erfolgt in Gegenwart von DNA-Nukleotiden ausgehend von den Primern bei ca. 72 °C die Synthese neuer komplementärer Einzelstränge.
Ausgangspunkt für die gezielte Manipulation der Polypeptide sind Plasmide, in die ein Gen eingefügt (insertiert) wurde. Diese Plasmide werden in einen Thermocycler gegeben, wo sie in DNA-Einzelstränge aufgetrennt werden. Im nächsten Arbeitsschritt bindet ein spezifischer Mutagenese-Primer, der dem Ansatz zugegeben wurde, am codogenen Strang an eine bestimmte Stelle der DNA-Sequenz des insertierten Gens. In der Abfolge der Nukleotide des Primers ist gegenüber der DNA-Sequenz des Gens eine einzige Base eines Tripletts verändert,

da an dieser Position bei der späteren Translation eine andere Aminosäure eingebaut werden soll. Obwohl dieses Nukleotid nicht komplementär zur Base im codogenen Strang ist, kann der Mutagenese-Primer dennoch als Ganzes an die DNA binden. Die Plasmide werden ausgehend von den Primern in 5'→3'-Richtung komplementär vervollständigt. Anschließend werden sie extrahiert und in Zellen eingeführt. Dort entstehen durch DNA-Replikation neben den ursprünglichen, unveränderten Plasmiden auch solche Plasmide, die in beiden Strängen die induzierte Punktmutation aufweisen. Über Transkription und Translation liegen schließlich nach der Proteinbiosynthese in den Zellen die gewünschten Polypeptide vor, deren Aminosäureabfolge in einer Aminosäure verändert ist. Im letzten Schritt müssen dann diese veränderten Polypeptide in den Zellen identifiziert und daraus extrahiert werden.

I.3 *Im ersten Schritt der Teilaufgabe wird von Ihnen verlangt, dass Sie eine mögliche codogene DNA-Sequenz für γ1 angeben. Da der genetische Code degeneriert ist, können sie z. T. bis zu vier unterschiedliche Tripletts pro Aminosäure angeben. Es bleibt Ihnen überlassen, welche „Dreierkombination" Sie auswählen. Lesen Sie dabei die Basen jeweils in 5'→3'-Richtung in der Codesonne (von innen nach außen) oder in der Tabelle ab. Übersetzen Sie anschließend die so ermittelte mRNA-Sequenz anhand der Komplementaritätsregel in den codogenen DNA-Strang. Bei der Ermittlung der Tripletts mit Punktmutation haben Sie eine deutlich geringere Auswahl an Möglichkeiten. Wenn Sie alle vier nennen, sind Zusatzpunkte möglich.*

Für die codogene DNA-Sequenz der beiden γ1-Aminosäuresequenzen ergeben sich aufgrund der Degeneration des genetischen Codes die in den folgenden Tabellen aufgelisteten Möglichkeiten:

Position	78	79	80	81	82
Aminosäure	Ile	Ile	Phe	Ala	Gln
mRNA (5'→3')	AUA AUC AUU	AUA AUC AUU	UUC UUU	GCG GCA GCC GCU	CAG CAA
codogene DNA (3'→5')	TAT TAG TAA	TAT TAG TAA	AAG AAA	CGC CGT CGG CGA	GTC GTT

Position	49	50	51	52	53
Aminosäure	Gly	Val	Arg	Pro	Thr
mRNA (5'→3')	GGG GGA GGC GGU	GUG GUA GUC GUU	CGG CGA CGC CGU AGG AGA	CCG CCA CCC CCU	ACG ACA ACC ACU
codogene DNA (3'→5')	CCC CCT CCG CCA	CAC CAT CAG CAA	GCC GCT GCG GCA TCC TCT	GGC GGT GGG GGA	TGC TGT TGG TGA

Sie müssen natürlich nur jeweils eine der hier aufgelisteten Möglichkeiten für jede Position anführen. Die bei 79 und 51 grau unterlegten Tripletts sind aber diejenigen, für die eine Punktmutation gemäß der Aufgabenstellung infrage kommt.

Die γ1.1- und γ1.2-Sequenzen weisen an der Position 79 bzw. 51 jeweils eine andere Aminosäure auf als die Sequenz γ1. Bei γ1.1 befindet sich anstelle der Aminosäure Isoleucin Phenylalanin, bei γ1.2 die Aminosäure Lysin anstelle von Arginin.
Da es sich in beiden Fällen um Punktmutationen handelt, kann den neu auftretenden Aminosäuren nur jeweils **eine** veränderte codierende Base zugrunde liegen. Die codogenen DNA-Tripletts für Phenylalanin lauten „AAG“ und „AAA“, diejenigen für Lysin „TTC“ und „TTT“. Daraus ergibt sich, dass in der ursprünglichen γ1-Sequenz nur folgende DNA-Tripletts für Isoleucin und Arginin infrage kommen:

	Position 79		
	γ1		γ1.1
	Ile		Phe
a)	**T**AG	→	**A**AG
b)	**T**AA		**A**AA

	Position 51		
	γ1		γ1.2
	Arg		Lys
c)	T**C**C	→	T**T**C
d)	T**C**T		T**T**T

In allen angegebenen Fällen handelt es sich um Missense-Mutationen. Bei den Möglichkeiten a und b wurde jeweils die erste codierende Base Thymin durch Adenin ersetzt. Dadurch tritt an Position 79 die Base Phenylalanin anstelle von Isoleucin. Bei den Möglichkeiten c und d ist jeweils die mittlere codierende Base Cytosin durch Thymin ersetzt. Diese Substitution führt an Position 51 zum Einbau der Aminosäure Lysin anstelle der ursprünglichen Aminosäure Arginin.
Die Neurowissenschaftler wollten mit ihren Experimenten untersuchen, welche Aminosäuren in den γ-Untereinheiten für die Flumazenil-Bindung entscheidend

sind. Abb. 5 zeigt die Bindung von markiertem Flumazenil an Rezeptoren mit verschiedenen γ-Untereinheiten. Dabei wird deutlich, dass an die γ1.1-Polypeptid-Variante beinahe so viel Flumazenil bindet wie an die γ2-Untereinheit (ca. 7 500 gegenüber knapp 9 000 relativen Einheiten), während an die γ1.2-Polypeptid-Variante kein Flumazenil bindet.
Der Einfluss der durch Mutation erzeugten Aminosäure Phenylalanin in der γ1.1-Polypeptid-Variante an Position 79 wurde also dadurch belegt, dass die Bindungsaffinität für Flumazenil hier sehr hoch ist. Phenylalanin kommt auch an Position 79 in der γ2-Untereinheit vor, nicht aber in der ursprünglichen γ1-Untereinheit. Hier befindet sich Isoleucin.
Ausschließen konnten die Wissenschaftler durch ihre Experimente, dass der Einbau der Aminosäure Arginin an Position 51 in der γ1.2-Polypeptid-Variante eine erhöhte Flumazenil-Affinität bewirkt. Diese Aminosäure kommt auch an Position 51 in der γ2-Untereinheit vor, nicht aber in der γ1-Untereinheit.
Die Experimente zeigen, dass bereits der Austausch einzelner Aminosäuren in den γ-Untereinheiten die Bindungsfähigkeit von Liganden verändern kann.

I.4 *Hier müssen Sie beide Materialien A und C im Blick haben, da Sie zur Aufgabenlösung Informationen aus beiden Bereichen heranziehen müssen. Abb. 6 sollten Sie sich genau ansehen, da sie Informationen beinhaltet, die Sie für Ihre Bearbeitung unbedingt benötigen.*

Benzodiazepine beeinflussen das Belohnungssystem des Gehirns. Ihre regelmäßige Einnahme kann abhängig machen. Dabei spielt die Aktivierung dopaminerger Neuronen im Hirnstamm eine entscheidende Rolle.
Aus Material A geht hervor, dass Benzodiazepine die Wirkung des Neurotransmitters GABA verstärken. Benzodiazepine sorgen bei Anwesenheit von GABA dafür, dass Cl^--Ionenkanäle an Interneuronen, die benachbart zu dopaminergen Neuronen sind, eine höhere Öffnungsfrequenz aufweisen. Dadurch kommt es an diesen Interneuronen zur Ausbildung eines stärkeren IPSPs, sodass sie durch das Andocken von Benzodiazepinen stärker gehemmt werden. Im ventralen Tegmentum im Hirnstamm sind den dopaminergen Neuronen Interneuronen vorgeschaltet. Diese Interneuronen hemmen über inhibierende Synapsen die nachgeschalteten dopaminergen Neuronen. Binden nun GABA und Benzodiazepine zugleich an $GABA_A$-Rezeptoren der Interneuronen, so wird die hemmende Wirkung der Interneuronen stärker herabgesetzt als durch GABA allein. Die dopaminergen Neuronen, die durch glutamaterge Neuronen aktiviert werden, können infolgedessen mehr Dopamin ausschütten. Das freigesetzte Dopamin aktiviert seinerseits den *Nucleus accumbens*.
Darüber hinaus wirken Benzodiazepine auch an AMPA-Rezeptoren der dopaminergen Neuronen, indem sie diese Rezeptoren für Calciumionen durchlässig machen. Wie Abb. 6 verdeutlicht, befinden sich AMPA-Rezeptoren an exzitatorischen Synapsen zwischen glutamatergen Neuronen und dopaminergen Neuronen. Durch die Wirkung der Benzodiazepine auf AMPA-Rezeptoren können auf Dauer dopaminerge Neuronen durch glutamaterge Neuronen leichter erregbar

werden. Denkbar ist in diesem Zusammenhang auch, dass es zu einer Dichtezunahme an AMPA-Rezeptoren an den dopaminergen Neuronen kommt und dass dadurch die Erregbarkeit der dopaminergen Neuronen dauerhaft steigt.
Diese verschiedenen Wirkmechanismen der Benzodiazepine führen dazu, dass die Dopaminausschüttung aus den dopaminergen Neuronen dauerhaft erhöht und damit der *Nucleus accumbens* verstärkt aktiviert wird. Das ist für suchtauslösende Substanzen charakteristisch. Das Belohnungssystem des Gehirns wird dadurch beeinflusst und es kommt schließlich zur Ausbildung einer Sucht.

Dass es zu einer Dichtezunahme der AMPA-Rezeptoren kommen kann (neuronale Plastizität), wird in Ihrem Lösungsvorschlag nicht erwartet. Allerdings können Sie durch diese Vermutung oder Kenntnis Zusatzpunkte erhalten.

Leistungskurs Biologie (NRW) – Abitur-Prüfung 2017
Aufgabe 2: Ökologie/Genetik/Evolutionsbiologie

Aufgabenstellung: Punkte

Thema: Wie die Fliege zum Kaktus kam – die Evolution einer Nahrungsbeziehung

II.1 Nennen Sie eine Definition für die ökologische Nische und beschreiben Sie die ökologischen Nischen der angesprochenen *Drosophila*-Arten in der Sonora-Wüste (Material A).
Analysieren Sie Material A im Hinblick auf die vorherrschenden ökologischen Beziehungen der *Drosophila*-Arten. 17

II.2 Vergleichen Sie detailliert die Aminosäuresequenz des NVD-Enzyms von *Drosophila pachea* mit denen der anderen *Drosophila*-Arten (Material B). Entwickeln Sie auf dieser Grundlage eine Hypothese zur Erklärung des Sachverhalts, dass *Drosophila pachea* Cholesterin nicht als Ausgangsstoff zur Synthese von 20-Hydroxyecdyson verwerten kann (Material B). 11

II.3 Fassen Sie die in den Materialien C und D dargestellten Untersuchungsergebnisse zusammen und begründen Sie unter Berücksichtigung von Abbildung 3 (Material B) die Verwendung von *Drosophila melanogaster* und den Einsatz der gentechnischen Methoden für die dargestellten Experimente (Materialien C und D). Leiten Sie Schlussfolgerungen hinsichtlich der Synthese von 20-Hydroxyecdyson bei *Drosophila pachea* ab (Materialien B bis D). 22

II.4 Erläutern Sie auf der Grundlage aller Materialien und unter Berücksichtigung der Synthetischen Evolutionstheorie die Entstehung der Nahrungsbeziehung zwischen *Drosophila pachea* und dem Senita-Kaktus ausgehend von einer unspezialisierten *Drosophila*-Stammart. 16

Material A: *Drosophila*-Arten in der Sonora-Wüste

Die Gattung *Drosophila* gehört zur Familie der Taufliegen und umfasst etwa 1 450 Arten. Einige Arten kommen nur in der Sonora-Wüste vor, die sich im Westen Nordamerikas über Teile Mexikos (Bundesstaaten Sonora und Baja California) und der USA (Bundesstaaten Kalifornien und Arizona) erstreckt. Insbesondere die Sommermonate sind durch Trockenheit und Tagestemperaturen von weit über 40 °C gekennzeichnet. Forscher unterscheiden häufig die Halbinsel Baja California von der übrigen Festlandregion.

Die *Drosophila*-Arten stehen in engen Beziehungen zu den verschiedenen Kakteen-Arten in der Sonora-Wüste. *Drosophila*-Fliegen ernähren sich vorwiegend von Mikroorganismen wie Bakterien und Hefepilzen, die in nekrotischen Pflanzenteilen leben. *D. nigrospiracula*, *D. mojavensis* und *D. pachea* beziehen diese Nahrung aus solchen abgestorbenen Gewebeteilen, die sie auf den jeweiligen Kakteen finden.

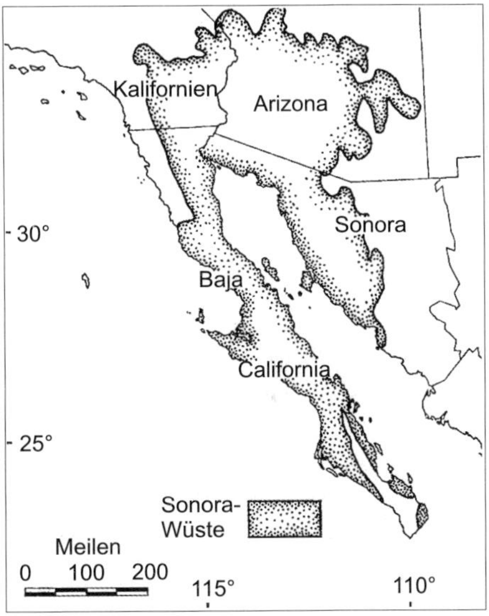

Abb. 1: Geografische Karte der Sonora-Wüste
verändert nach: Fogleman & Danielson (2001), Fig. 1

Wie andere Pflanzen produzieren auch die Kakteen der Sonora-Wüste in ihren Zellen eine Vielzahl an Abwehrstoffen zum Schutz vor Fressfeinden und Parasiten. Dabei unterscheiden sich die Gifte der einzelnen Arten in ihrer chemischen Zusammensetzung und den Konzentrationen der Komponenten. Diese Abwehrstoffe finden sich auch in den von den *Drosophila*-Arten genutzten Gewebeteilen.

Drosophila-Art	von der *Drosophila*-Art genutzte Kakteen-Art	vorwiegende Verbreitung der Kakteen-Art
D. nigrospiracula	Cardón	Baja California
	Saguaro	übriges Festland
D. mojavensis	Agria	Baja California
	Orgelpfeifenkaktus	Baja California und übriges Festland
D. pachea	Senita	Baja California und übriges Festland

Tab. 1: Verbreitung ausgewählter Kakteen- und *Drosophila*-Arten in der Sonora-Wüste
verändert nach: Fogleman & Danielson (2001), Tab. 1

Material B: Biosynthese des Hormons 20-Hydroxyecdyson

Insekten benötigen für ihre Entwicklung vom Ei bis zum adulten Tier sowie für die Eiproduktion das Häutungshormon 20-Hydroxyecdyson. Dieses Hormon wird von den meisten *Drosophila*-Arten aus der Vorstufe Cholesterin synthetisiert (Abbildung 2). Cholesterin wird bei Insekten ausschließlich über die Nahrung aufgenommen. Ohne Cholesterin oder entsprechende Synthese-Zwischenstufen können sich die Larven nicht zum adulten Insekt entwickeln und sterben innerhalb weniger Tage. Der Syntheseschritt von Cholesterin zu 7DHC wird vom Enzym NEVERLAND (NVD) katalysiert.

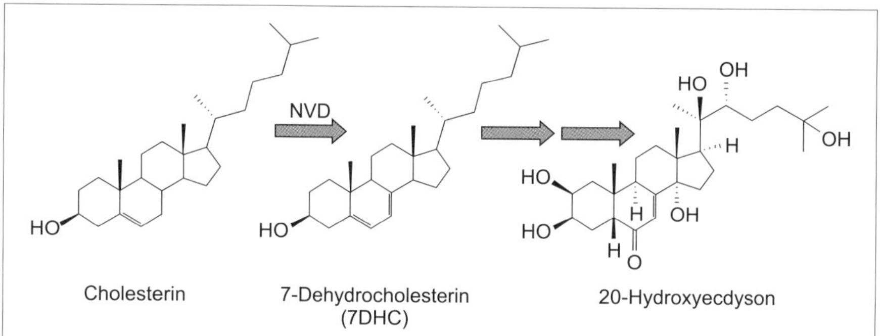

Abb. 2: Biosyntheseweg des Häutungshormons 20-Hydroxyecdyson
verändert nach: Lang et al. (2012), Fig. 1 und S4

Im Gegensatz zu anderen *Drosophila*-Arten entwickeln sich *D. pachea*-Larven in Laborexperimenten nur zum adulten Insekt, wenn ihnen 7DHC oder ein Extrakt des Senita-Kaktus zur Verfügung steht. Cholesterin kann hingegen nicht verwertet werden. Auf der Suche nach den Ursachen verglichen Forscher die Aminosäuresequenz des NVD-Proteins von verschiedenen *Drosophila*-Arten.

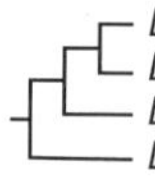

	246								254		324								332		375									384
D. pachea	I	P	E	N	A	A	D	L	G	…	G	P	S	Y	V	H	I	I	L	…	F	T	G	S	V	M	F	Q	R	D
D. acanthoptera	*	*	*	*	G	*	*	*	*		*	*	A	*	*	*	L	*	*		*	A	E	*	*	*	*	*	*	*
D. mojavensis	*	*	*	*	G	*	*	*	A		*	*	A	*	*	*	L	T	*		*	G	E	T	*	*	*	E	*	*
D. melanogaster	*	*	*	*	G	*	*	I	A		*	*	*	I	*	C	L	E	V		Y	G	E	*	L	*	*	E	*	*

Abb. 3: Phylogenetische Verwandtschaftsbeziehungen und Aminosäuresequenzvergleich ausgewählter Bereiche des NVD-Proteins von *Drosophila pachea* und drei weiteren *Drosophila*-Arten
(Der Ein-Buchstaben-Code kennzeichnet einzelne Aminosäuren, die Zahlen geben die Stelle der jeweiligen Aminosäure in der Sequenz an. Ein Stern bedeutet, dass die Aminosäure an dieser Position mit der Aminosäure bei *D. pachea* identisch ist. Die Arten *D. acanthoptera*, *D. mojavensis* und *D. melanogaster* können Cholesterin zur 20-Hydroxyecdyson-Synthese verwerten.)
verändert nach: Lang et al. (2012), Fig. 1C

Material C: 20-Hydroxyecdyson-Synthese bei *Drosophila pachea*

Der Senita-Kaktus enthält weder Cholesterin noch 7DHC, jedoch eine Reihe von anderen chemisch sehr ähnlichen Stoffen, darunter Lathosterol. Lathosterol wurde bislang in keiner anderen Pflanze der Sonora-Wüste gefunden. Das NVD-Enzym kann bei den meisten *Drosophila*-Arten sowohl Cholesterin als auch Lathosterol umsetzen. Forscher untersuchten, welche der Komponenten von *D. pachea* als Vorstufe für die 20-Hydroxyecdyson-Synthese genutzt werden kann (Tabelle 2). Dazu verwendeten sie verschiedene gentechnisch veränderte Stämme der Schwarzbäuchigen Taufliege *Drosophila melanogaster*.
Der Stamm *D. melanogaster nvd* RNAi produziert eine zur wildtypischen mRNA-Sequenz des *nvd*-Gens komplementäre RNA, sodass eine RNA-Interferenz (RNAi) auftritt. Dies führt zum Abbau der wildtypischen *nvd*-mRNA und damit zu einer Inaktivierung des *nvd*-Gens. In diesen Stamm brachten die Forscher zusätzlich das *nvd*-Gen von *D. pachea* ein und erzeugten so einen zweiten Stamm *D. melanogaster nvd* RNAi +*D. pachea nvd*, bei dem keine RNA-Interferenz mit der mRNA des *nvd*-Gens von *D. pachea* auftrat.

Stamm	Überleben auf Standardfutter*	Überleben auf Standardfutter* mit Lathosterol	Überleben auf Standardfutter* mit 7DHC
D. melanogaster Wildtyp	ja	ja	ja
D. melanogaster nvd RNAi	nein	nein	ja
D. melanogaster nvd RNAi + *D. pachea nvd*	nein	ja	ja

Tab. 2: Überleben verschiedener *Drosophila melanogaster*-Stämme auf unterschiedlichen Futtermedien
* Das Standardfutter enthält Cholesterin.
verändert nach: Lang et al. (2012), Fig. 2

Material D: Auswirkungen von Mutationen auf das NVD-Protein

In einem weiteren Experiment mutierten die Forscher die Nukleotidsequenz des für das NVD-Enzym codierenden Gens von *D. pachea* an ausgewählten Stellen, sodass nun die daraus resultierende Aminosäuresequenz an diesen Positionen derjenigen Sequenz der Art *D. acanthoptera* entsprach (vgl. Abbildung 3). Die mutierte Nukleotidsequenz für das *nvd*-Gen von *D. pachea* wurde anschließend in einen *D. melanogaster nvd* RNAi-Stamm eingebracht. Diese Fliegen überlebten auf allen drei in Material C angegebenen Futtermedien.

weitere Materialgrundlage:

Fogleman, J. C. & Danielson, P. B. (2001). Chemical interactions in the cactus-microorganism-Drosophila model system of the Sonora Desert. American Zoologist 41, The Society for Integrative and Comparative Biology, S. 877–889

Frank, M. R. & Fogleman, J. C. (1992). Involvement of cytochrome P450 in host-plant utilization by Sonoran Desert Drosophila. PNAS 89, S. 11 998–12 002

Heed, W. B. & Kircher, H. W. (1965). Unique sterol in the ecology and nutrition of Drosophila pachea. Science 149, S. 758–761

Hurtado, L. A., Erez, T., Castrezana, S. & Markow, T. A. (2004). Contrasting population genetic patterns and evolutionary histories among sympatric Sonoran Desert cactophilic Drosophila. Molecular Ecology 13, S. 1 365–1 375

Lang, M. et al. (2012). Mutations in the neverland gene turned Drosophila pachea into an obligate specialist species. Science 337, S. 1 658–1 661

http://labs.biology.ucsd.edu/markow/research.htm (Zugriff: 27. 09. 2016)

www.spektrum.de/lexikon/neurowissenschaft/ecdyson/3169 (Zugriff: 27. 09. 2016)

Lösungsvorschlag

In der Aufgabe thematisierte Unterrichtsinhalte sind:
ökologische Nische, biotische Faktoren, abiotische Faktoren, ökologische Beziehung, Konkurrenzvermeidung, Anpassung, Resistenz, Habitat, Hormonsteuerung, Enzym, Genwirkkette, Wildtyp, Mutante, Synthetische Evolutionstheorie, Nahrungsbeziehungen, Mutation, Rekombination, Selektion, Konkurrenz, reproduktive Fitness, Allel, Genpool, Selektionsdruck, Isolation

II.1 *Wenn Sie die ökologische Nische definieren, sollten Sie versuchen, diesen ökologischen Grundbegriff möglichst genau und vollständig zu erfassen, hier sind Zusatzpunkte möglich. Behalten Sie bei Ihrer Beschreibung und Analyse Text und Tabelle im Blick und arbeiten Sie dabei die generellen Unterschiede mit Blick auf die Lebensweise (Nahrung, Angepasstheiten) der Insekten heraus.*

Die ökologische Nische bezeichnet die Gesamtheit der Beziehungen, die eine Art zu ihrer belebten wie unbelebten Umwelt unterhält. Der Begriff ist nicht räumlich als Gebiet zu verstehen, das von einer Art besetzt werden kann. Vielmehr beschreibt er die Ansprüche einer Spezies an ihre Umwelt und das Beziehungsgefüge, das eine Art im Laufe der Evolution unter Einfluss der abiotischen und biotischen Faktoren entwickelt hat.
Bei der Beschreibung der ökologischen Nischen der drei *Drosophila*-Arten in der Sonora-Wüste kann festgehalten werden, dass in ihren Habitaten als **abiotische** Faktoren hohe Tagestemperaturen (über 40 °C) und große Trockenheit wirken. Bezüglich der **biotischen** Faktoren ernähren sich die Taufliegen vorwiegend von Mikroorganismen wie Bakterien und Hefepilzen, die in nekrotischen Pflanzenteilen von Kakteen leben. Alle drei Fliegenarten nutzen aber unterschiedliche

Arten von Kakteen. Während sich *D. nigrospiracula* und *D. mojavensis* – je nach der Wüstenregion, in der sie vorkommen – von Cardon- und Saguaro-Kaktus bzw. von Agria-Kaktus und Orgelpfeifenkaktus ernähren, nutzt *D. pachea* nur eine Art, den Senita-Kaktus, als Nahrungsquelle.
Eine Analyse des Materials A ergibt im Hinblick auf die vorherrschenden ökologischen Beziehungen der *Drosophila*-Arten das folgende Bild: Dass die drei Taufliegenarten beim Nahrungserwerb unterschiedliche Arten von Kakteen nutzen, kann als eine Form der Konkurrenzvermeidung aufgefasst werden. Da die *Drosophila*-Arten verschiedene ökologische Nischen ausgebildet haben, ist eine Koexistenz mehrerer Arten innerhalb desselben Habitats gewährleistet. Die jeweilige Einnischung der einzelnen Arten könnte dabei mit den verschiedenen Abwehrstoffen der Kakteen in der Sonora-Wüste zusammenhängen. Da sich die Gifte der Kakteen-Arten in ihrer chemischen Zusammensetzung und den Konzentrationen der Komponenten unterscheiden, könnten die Taufliegen-Arten jeweils an diejenigen Kakteen-Arten angepasst sein, gegen deren Gift sie im Laufe der Evolution eine Resistenz entwickelt haben.

II.2 *Stören Sie sich bei Ihrer Bearbeitung nicht an den chemischen Formeln – sie dienen lediglich der Anschauung. Analysieren Sie Abb. 3 systematisch, Art für Art, und arbeiten Sie die Unterschiede zwischen den vier Arten strukturiert heraus. Bei der Entwicklung Ihrer Hypothese müssen Sie von den Aminosäuresequenzen ausgehen. Dabei sollten Sie die Aminosäuresequenzausschnitte der einzelnen Arten nicht nur isoliert, sondern auch im direkten Vergleich untereinander im Blick haben.*

In folgender Tabelle sind die Unterschiede zwischen den Aminosäuresequenzen des NVD-Enzyms von *Drosophila pachea* und der anderen *Drosophila*-Arten aufgeführt:

Verglichene Arten	Unterschiede in der Aminosäuresequenz
D. pachea und *D. acanthoptera*	**5** (Positionen 250, 326, 330, 376, 377)
D. pachea und *D. mojavensis*	**9** (Positionen 250, 254, 326, 330, 331, 376, 377, 378, 382)
D. pachea und *D. melanogaster*	**13** (Positionen 250, 253, 254, 327, 329, 330, 331, 332, 375, 376, 377, 379, 382)

Der detaillierte Vergleich zeigt, dass die Aminosäuren des NVD-Proteins an den Positionen 250, 330, und 377 bei *D. pachea* nicht mit denjenigen der anderen Arten übereinstimmen. Bei den Vergleichsarten finden sich dort jeweils identische Aminosäuren. An Position 376 weist *D. pachea* ebenfalls eine andere Aminosäure auf als alle andere Arten. Hier stimmen jedoch nicht alle Vergleichsarten

untereinander überein: *D. acanthoptera* besitzt an dieser Stelle eine andere Aminosäure (A) als *D. mojavensis* und *D. melanogaster* (G).
Dass *D. pachea* Cholesterin nicht als Ausgangsstoff zur Synthese von 20-Hydroxyecdyson verwerten kann, könnte darauf zurückzuführen sein, dass die Funktion des NVD-Proteins von *D. pachea* durch die veränderte Aminosäuresequenz beeinflusst wird. Für den Aufbau und die Funktion eines Enzyms sind die Abfolge und die Wechselwirkungen der einzelnen Aminosäuren innerhalb der Tertiärstruktur verantwortlich. Cholesterin stellt das Substrat für das Enzym NVD dar. Dieses wandelt Cholesterin in 7DHC um, das wiederum über mehrere Zwischenschritte (Genwirkkette) zum Endprodukt der Synthesekette, dem 20-Hydroxyecdyson, umgewandelt wird. Die Aminosäuresequenz des NVD-Proteins von *D. pachea* könnte daher so verändert sein, dass Cholesterin als Substrat nicht an das aktive Zentrum des Enzyms binden kann. Ein Vergleich der NVD-Sequenz mit den Sequenzen der anderen *Drosophila*-Arten deutet darauf hin, dass für die Bindungsfähigkeit des aktiven Zentrums die Aminosäuren an den Positionen 250, 330 und 377 verantwortlich sind. Diese Hypothese wird dadurch gestützt, dass diese drei Aminosäuren bei drei der vier verglichenen Sequenzen – mit Ausnahme der Sequenz von *D. pachea* – identisch sind.

II.3 *Um die Übersicht zu behalten, ist es bei der Zusammenfassung der Versuchsergebnisse bei Material D ratsam, auf die experimentelle Vorgehensweise einzugehen. Denken Sie bei Ihrer Argumentation zum Einsatz von D. melanogaster daran, dass es sich um einen Wildtyp-Stamm handelt, der letztlich gentechnisch manipuliert werden muss, um als experimentelle Ausgangsbasis zu dienen. Für die Bearbeitung des letzten Aufgabenteils sollten Sie auch Tab. 1 im Blick haben.*

Die Untersuchungsergebnisse lassen sich wie folgt zusammenfassen:
Der Wildtyp *D. melanogaster* kann auf Standardfutter sowie bei zusätzlicher Gabe von Lathosterol oder 7DHC überleben. Die gentechnisch veränderten Stämme *D. melanogaster nvd* RNAi und *D. melanogaster nvd* RNAi + *D. pachea nva* überleben auf dem Standardfutter hingegen nicht. Wird dem Standard-Futtermedium auch Lathosterol zugefügt, überleben Tiere von *D. melanogaster nvd* RNAi ebenfalls nicht, während Individuen von *D. melanogaster nvd* RNAi + *D. pachea nva* auf Standardfutter mit Lathosterol überleben. Tiere beider gentechnisch veränderter Stämme überleben aber, wenn dem Standardfutter 7DHC zugegeben wird.
Für ein weiteres Experiment wurde die Nukleotidsequenz des Gens von *D. pachea*, das für das NVD-Enzym codiert, an ausgewählten Stellen manipuliert. Die resultierende Aminosäuresequenz entspricht an diesen Positionen der Sequenz der Art *D. acanthoptera*. Nach Einbringen dieser mutierten Sequenz in einen *D. melanogaster nvd* RNAi-Stamm können die aus diesem Experiment hervorgehenden Fliegen auf allen drei Futtermedien überleben.
Die Verwendung von *D. melanogaster* und der Einsatz der gentechnischen Methoden für die dargestellten Experimente lässt sich folgendermaßen begründen:

Wie aus Abb. 3 hervorgeht, weist der Wildtyp von *D. melanogaster* nicht die Veränderungen in der Aminosäuresequenz des NVD-Proteins auf, die bei *D. pachea* auftreten und die vermutlich für ein verändertes NVD-Enzym verantwortlich sind. Die Schwarzbäuchige Taufliege kann auf allen Nährmedien existieren und verfügt daher über ein NVD-Enzym, das die 20-Hydroxyecdyson-Synthese ausgehend von Cholesterin ermöglicht. Aus diesem Grund und da gentechnische Methoden bei diesem biologischen Modellorganismus sehr gut etabliert sind, ist es möglich, diese Art als Ausgangsbasis für Untersuchungen zu den Folgen und/oder zur Funktion eines veränderten NVD-Proteins zu nutzen.
Für die Experimente, bei denen die Auswirkungen des *D. pachea*-Gens gezielt untersucht werden sollen, müssen allerdings transgene *D. melanogaster nvd* RNAi-Stämme gentechnisch hergestellt werden, die ihre eigene *nvd*-mRNA nicht translatieren. Dies geschieht über die Produktion einer zur *nvd*-mRNA komplementären RNA, die mit *nvd*-mRNA interagiert und diese abbaut (RNA-Interferenz). In diese *D. melanogaster nvd* RNAi-Stämme kann man anschließend das *nvd*-Gen von *D. pachea* durch gentechnische Manipulation einschleusen und die Wirkungsweise dieses *nvd*-Gens bzw. NVD-Enzyms erforschen.
Hinsichtlich der Synthese von 20-Hydroxyecdyson bei *D. pachea* zeigen die Experimente, dass der manipulierte Stamm *D. melanogaster nvd* RNAi + *D. pachea nva* nicht in der Lage ist, Cholesterin als 20-Hydroxyecdyson-Vorstufe zu verwenden. Dies bedeutet, dass das eingeschleuste NVD-Protein von *D. pachea* diese Funktion nicht erfüllt. Wie das Experiment in Material D verdeutlicht, in dem die Aminosäuresequenz des *D. pachea*-NVD-Proteins manipuliert wurde, spielen dabei vermutlich die Aminosäuren an den Positionen 250, 330, 376 und 377 eine entscheidende Rolle. *D. pachea* muss für die Synthese des Hormons 20-Hydroxyecdyson andere Quellen verwenden. Senita-Kakteen, die *D. pachea* nutzt, enthalten kein Cholesterin und kein 7DHC, aber eine Reihe chemisch sehr ähnlicher Stoffe, darunter Lathosterol. Wie Tab. 2 zeigt, ist das NVD-Protein von *D. pachea* in der Lage, Lathosterol umzusetzen, und ermöglicht *D. pachea* auf diese Weise die Biosynthese von 20-Hydroxyecdyson.

II.4 *Zunächst sollten Sie sich auf die Entstehung der Resistenz gegen die Abwehrstoffe konzentrieren und anschließend die Auswirkungen von Mutationen im nvd-Gen darlegen. Spekulieren Sie bei Ihren Erläuterungen nicht, sondern orientieren Sie sich an den Ihnen bekannten Mechanismen der Artbildung und weiteren evolutiven Prozessen.*

Die Entstehung der Nahrungsbeziehung zwischen *Drosophila pachea* und dem Senita-Kaktus kann unter Berücksichtigung der Synthetischen Evolutionstheorie wie folgt erläutert werden: Als Ausgangspunkt wird eine unspezialisierte *Drosophila*-Stammart angenommen, die sehr wahrscheinlich für die Synthese ihres Häutungshormons sowohl Cholesterin als auch Lathosterol nutzen konnte. Bei diesen Vorfahren von *D. pachea* entstanden durch die Evolutionsfaktoren Mutation und Rekombination in einer Population zunächst einzelne Individuen mit der Fähigkeit, den spezifischen chemischen Abwehrstoff des Senita-Kaktus unschädlich zu machen. Diese resistenten Fliegen konnten Senita-Kakteen dann als Nahrungsquelle nutzen. Sie verfügten mit der neuen Nahrungsquelle über einen Selektionsvorteil sowohl gegenüber ihren Artgenossen als auch gegenüber anderen konkurrierenden Fliegenarten. Dies resultierte in einer erhöhten reproduktiven Fitness und Reproduktionsrate, sodass die Fliegen ihre veränderten Allele vermehrt in den Genpool der Population einbrachten und der Genpool über viele Generationen hinweg verändert wurde. Dies führte im Rahmen eines beginnenden Artbildungsprozesses schließlich zu einer resistenten Fruchtfliegenpopulation, die Senita-Kakteen exklusiv nutzen konnte und vermutlich hauptsächlich an diese Nahrungsquelle gebunden war.

Mit dem Senita-Kaktus als Nahrungsquelle stand den resistenten Fliegen allerdings nur noch Lathosterol als Vorstufe für die Produktion ihres Häutungshormons zur Verfügung, da Cholesterin als möglicher Ausgangsstoff für die Synthese von 20-Hydroxyecdyson nicht in Senita-Kakteen enthalten ist. Traten bei einzelnen Individuen nun Mutationen in dem Teil des *nvd*-Gens auf, der für die Cholesterin-Umsetzung verantwortlich war, so blieben diese Veränderungen ohne Auswirkungen auf die Tiere, da kein Selektionsdruck gegen eine derartige Mutation existierte. *Nvd*-Allele mit entsprechenden Mutationen wurden daher an die Nachkommen weitergegeben und häuften sich infolge einer transformierenden Selektion im Genpool der Fliegenpopulation an. Dies führte im Laufe der Zeit zu einer Population mit einem *nvd*-Gen, das kein Cholesterin mehr umsetzen konnte. Taufliegen dieser Population waren daher auf Lathosterol und damit auf Senita-Kakteen als ausschließliche Nahrungsquelle angewiesen. Andere Kakteenarten konnten nicht mehr genutzt werden, da Lathosterol dort nicht vorkommt. Durch diese (räumliche bzw. ökologische) Isolation der Population kam es vermutlich unter Einfluss weiterer Evolutionsfaktoren zu einer Unterbrechung des Genflusses zu anderen Populationen und zu einer eigenständigen Entwicklung, die schließlich in einer reproduktiven Isolation und der Artbildung von *D. pachea* resultierte. So entwickelten im Laufe der Evolution die Vorfahren von *D. pachea* eine ökologische Nische, die durch die obligate Nahrungsbeziehung zum Senita-Kaktus gekennzeichnet ist.

Leistungskurs Biologie (NRW) – Abitur-Prüfung 2017
Aufgabe 3: Genetik / Ökologie

Aufgabenstellung: Punkte

Thema: Abwehrmechanismen der Waldkiefer gegen Forstschädlinge

III.1 Nennen Sie eine Definition für die ökologische Nische, skizzieren Sie die interspezifischen Beziehungen zwischen den hier dargestellten Arten (Materialien A und B) und erläutern Sie umfassend deren Beziehungen aus ökologischer Sicht. 17

III.2 Fassen Sie den Versuchsaufbau der in Material C dargestellten Experimente zusammen, werten Sie die Versuche unter Zuhilfenahme von Material B aus und leiten Sie daraus Schlussfolgerungen über den Mechanismus zur Anlockung der Erzwespe nach der Fraßschädigung durch die Kiefernbuschhornblattwespe ab. 17

III.3 Erklären Sie anhand der in Material D dargestellten Signalkaskade die Mechanismen der Abwehrreaktion von Pflanzen auf den Befall mit herbivoren Insekten unter besonderer Berücksichtigung des Jasmonats. Erläutern Sie die Bedeutung von Transkriptionsfaktoren bei der Genregulation von Eukaryoten mithilfe dieser Signalkaskade. Entwickeln Sie ein Experiment, um den Einfluss von Terpenoiden auf das Auftreten der Erzwespe zu überprüfen. 20

III.4 Nehmen Sie unter Berücksichtigung der absehbaren ökologischen Folgen für das Ökosystem Stellung zu dem in Material E dargestellten Vorgehen bei der Schädlingsbekämpfung. Entwickeln Sie auf der Grundlage aller Materialien drei Alternativen zum Einsatz von Insektiziden zur Bekämpfung der Kiefernbuschhornblattwespe im Ökosystem Wald. 12

Material A: Die Kiefernbuschhornblattwespe (KBB)

Jahr für Jahr verursachen verschiedene Blattwespenarten – wie z. B. die Kiefernbuschhornblattwespe *(Diprion pini)* – starken Nadelfraß in Europas Kiefernwäldern. Adulte Weibchen der Kiefernbuschhornblattwespe legen ihre Eier im Frühjahr in die Nadeln der Waldkiefer *(Pinus sylvestris)* ab: Nach der Paarung schlitzen die Weibchen mithilfe des Eiablageapparates die Nadeln der Kiefer auf. Dadurch werden Leitbündel, welche für den Transport von Wasser und Nährstoffen zuständig sind, zerstört. Die Weibchen legen 10– 20 Eier pro Nadel in einem Gelege zusammen mit einem Sekret aus dem Eileiter in diese Schlitze. Die Eier sind ca. 1,5 mm groß und von außen nicht sichtbar, da die Weibchen die Schlitze mit einem Sekret aus ihrer Kitdrüse verschließen. Die Eiablage erfolgt nicht über den gesamten Baum verteilt, sondern häufig an benachbarten Zweigen. Nach ca. drei bis vier Wochen schlüpfen die Larven und ernähren sich von den Nadeln, wobei junge Larven ca. drei Tage für eine Nadel benötigen, ältere Larvenstadien bis zu 12 Nadeln pro Tag vertilgen und zudem die Rinde schädigen. Der Schaden an den Waldkiefern ist immens, führt aber selten zum Absterben der Bäume.

Material B: Die Erzwespe

In europäischen Kiefernwäldern wurde nach dem Befall von Waldkiefern mit der Kiefernbuschhornblattwespe auch das Auftreten der Erzwespe beobachtet. Die Erzwespe *(Chrysonotomyia ruforum)* legt ihre Eier in die Eier der Kiefernbuschhornblattwespe, ihre Larven ernähren sich von den Eiern der Blattwespe und töten so die sich entwickelnden Blattwespenembryonen ab. Anschließend verpuppen sich die Larven, nach ca. drei Wochen schlüpfen die Erzwespen.

Material C: Experimente zur Verweildauer von Erzwespen in Testfeldern mit Duftstoffen unterschiedlich behandelter Kiefernzweige

Um die Zusammenhänge zwischen dem Befall der Kiefer mit der Kiefernbuschhornblattwespe und dem Auftreten der Erzwespe zu ergründen, wurden verschiedene Experimente durchgeführt. In einem sogenannten Olfaktometer wurde die Aufenthaltsdauer von Erzwespen in Testfeldern gemessen, deren Luft mit den flüchtigen Duftstoffen von unterschiedlich behandelten Kiefernzweigen versetzt worden war. Im Vergleich dazu wurde die Aufenthaltsdauer der Erzwespen in ebenfalls zur Wahl stehenden Kontrollfeldern mit frischer Luft gemessen.

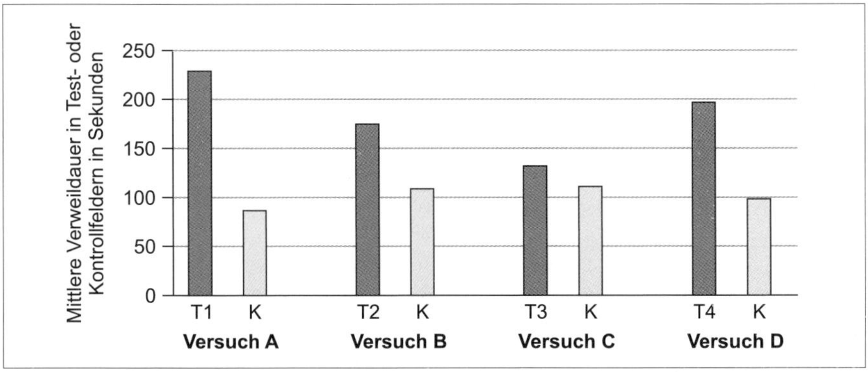

Abb. 1: Mittlere Verweildauer von Erzwespen in Testfeldern, die mit den flüchtigen Duftstoffen unterschiedlich behandelter Testzweige (T1 – T4) versetzt wurden
(Der mittleren Verweildauer in den Testfeldern ist jeweils der Mittelwert der Verweildauern in den mit frischer Luft durchströmten Kontrollfeldern (K) gegenübergestellt.)

verändert nach: Hilker et al. (2002), S. 458 f.

Versuch A
Vorbehandlung des Testzweigs T1: Der Testzweig wurde zusammen mit zwei weiblichen und zwei männlichen Kiefernbuschhornblattwespen in eine Plastikbox verbracht. Nach 72 h befanden sich auf dem Zweig 8 – 12 Ei-Gelege.

Versuch B
Vorbehandlung des Testzweigs T2: Dieser Zweig wurde ebenso wie in Versuch A behandelt. Hierbei wurde jedoch der obere Teil des Zweiges in eine Folie eingewickelt, um hier eine Eiablage zu unterbinden. Nach 72 h befanden sich auf dem unteren Teil des Zweiges 8 – 11 Ei-Gelege. Dieser Teil wurde dann abgeschnitten und der obere Teil wurde, nachdem die Folie entfernt worden war, als Testzweig verwendet.

Versuch C
Vorbehandlung des Testzweigs T3: Die Nadeln des Testzweigs wurden mit einem Skalpell so angeritzt, wie eine weibliche Kiefernbuschhornblattwespe sie mit ihrem Eiablageapparat anritzen würde.

Versuch D
Vorbehandlung des Testzweigs T4: Die Nadeln des Testzweigs wurden wie in Versuch C angeritzt und zusätzlich wurde das Eileitersekret der Kiefernbuschhornblattwespe in diese Schlitze gegeben.

Material D: Signalkaskade der Abwehrreaktionen bei Fraßschädigung durch Insekten

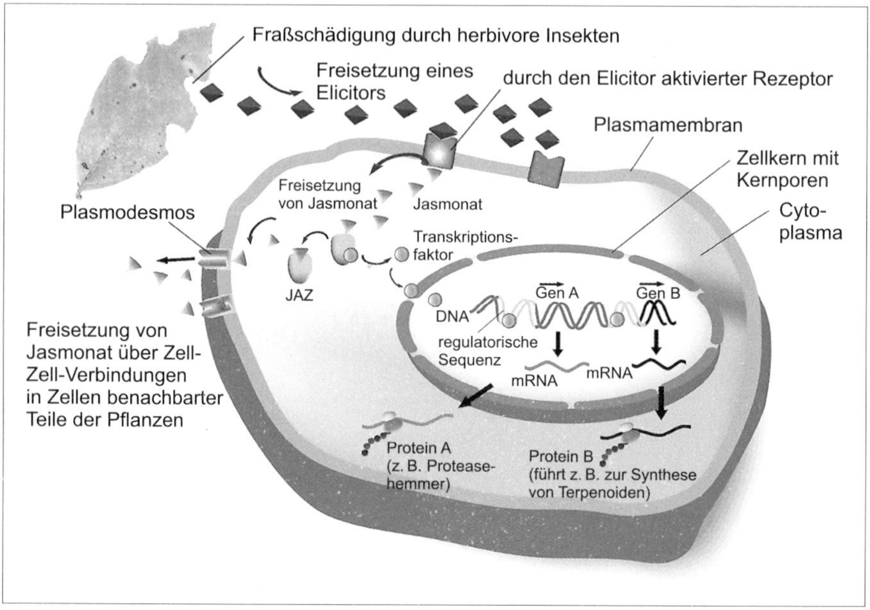

Abb. 2: Signalkaskade der Abwehrreaktionen bei Fraßschädigung durch Insekten. (Plasmodesmos: Zell-Zell-Verbindung, Elicitor: Signalmolekül, JAZ: Inhibitorprotein, Jasmonat: Phytohormon, Proteasehemmer: hier: Protein, welches die Verdauungsenzyme herbivorer Insekten hemmt, Terpenoide: Pheromone (Boten-/Lockstoffe))

verändert nach: Sadava et al. (2011), S. 1 068

Material E: Bekämpfung der Kiefernbuschhornblattwespe im Ökosystem Wald

Die Forstliche Versuchs- und Forschungsanstalt Baden-Württemberg (FVA) beschreibt, dass breitenwirksame Insektizide zur Bekämpfung der Kiefernbuschhornblattwespe zur Verfügung stehen, deren Ausbringung aber nur aus der Luft erfolgen kann. Solche Einsätze müssen von der zuständigen Behörde genehmigt werden. Biologische Präparate zur Eindämmung eines großflächigen Befalls von Kiefernwäldern durch die Kiefernbuschhornblattwespe wurden bisher nicht entwickelt.

weitere Materialgrundlage:

Baldwin, I. T. (2004). Überlebensstrategien in freier Natur. Max-Planck-Institut für chemische Ökologie, Jena
www.mpg.de/487337/pressemitteilung20040702 (Zugriff: 22. 04. 16)

Hilker, M. et al. (2002). Insect egg deposition induces Pinus sylvestris to attract egg parasitoids. Journal of Experimental Biology 205, S. 445–461

Kessler, A., Halitschke, R. & Baldwin, I. T. (2004). Silencing the jasmonate cascade: Induced plant defenses and insect populations. Science 305, S. 665–668

Köpke, D. (2010). Molecular characterization of pine response to insect egg deposition. Dissertation, Freie Universität Berlin
verfügbar unter: www.diss.fu-berlin.de/diss/receive/FUDISS_thesis_ 000000020645
(Zugriff: 22. 04. 2016)

Sadava, D. et al. (Hrsg. J. Markl, Übers.: Niehaus-Osterloh, M., Seidler, L., Wink, C., Jarosch, B.) (2011). Purves – Biologie (9. überarb. Aufl.). Spektrum Akademischer Verlag, Heidelberg

Schaller, A. (2002). Die Abwehr von Fressfeinden: Selbstverteidigung im Pflanzenreich. Vierteljahrsschrift der Naturforschenden Gesellschaft in Zürich 147, S. 141–150

https://de.wikipedia.org/wiki/Gemeine_Kiefernbuschhornblattwespe (Zugriff: 22. 04. 2016)

https://de.wikipedia.org/wiki/Erzwespen (Zugriff: 22. 04. 2016)

http://pflanzenschutzdienst.rp-giessen.de/pflanzenschutzinfothek/ziergehoelze/nadelgehoelze/kiefern-und-laerchen/frassschaeden-an-nadeln/ (Zugriff: 22. 04. 2016)

www.humboldt-foundation.de/web/kosmos-humboldtianer-im-fokus-92-1.html (Zugriff: 22. 04. 2016)

www.arbofux.de/gemeine-kiefernbuschhornblattwespe.html (Zugriff: 22. 06. 2016)

www.waldwissen.net/waldwirtschaft/schaden/insekten/fva_kiefernbuschhornblatt wespe/index_DE (Zugriff: 22. 04. 2016)

http://daten.verwaltungsportal.de/dateien/meldungen/87664/pressemitteilung_kiefernbuschhornblatt wespe.pdf (Zugriff: 22. 04. 2016)

Lösungsvorschlag

In der Aufgabe thematisierte Unterrichtsinhalte sind:
ökologische Nische, Parasitismus, Symbiose, Nahrungskette, Räuber-Beute-Beziehung, Trophieebenen, Parasit, Parasitoid, Rezeptoren, Signalkaskade, Transkriptionsfaktoren, Phytohormon, Proteasehemmer, Pheromone, Inhibitorprotein, Botenstoff, Lockstoff, Abwehrreaktionen

III.1 *Wenn Sie die ökologische Nische definieren, sollten Sie versuchen, diesen ökologischen Grundbegriff möglichst genau und vollständig zu erfassen, hier sind Zusatzpunkte möglich. Ihre Skizze sollte so einfach wie möglich sein, aber die wesentlichen Beziehungen klar verdeutlichen. Die trophischen Stufen können Sie so benennen, wie Sie es jeweils gelernt haben (Primärkonsumenten/Konsumenten I. Ordnung). Sollten Sie aus dem Unterricht die Begriffe „Parasitoid" oder „Mutualismus" nicht kennen, ist das nicht weiter schlimm. Eine Beschreibung des zugrundeliegenden Sachverhalts reicht für die volle Punktzahl aus. Bei dieser Teilaufgabe kann es hilfreich sein, auch bereits die Materialien C und D zu kennen, um die Beziehung zwischen Baum und Erzwespe richtig deuten zu können. Für die gesamte Aufgabe gilt: „Kiefernbuschhornblattwespe" können Sie z. B. mit „KBB" abkürzen, nachdem Sie die Abkürzung definiert haben.*

Die ökologische Nische bezeichnet die Gesamtheit der Beziehungen, die eine Art mit ihrer belebten wie unbelebten Umwelt unterhält. Der Begriff ist nicht räumlich als Gebiet zu verstehen, das von einer Art besetzt werden kann. Vielmehr beschreibt er die Ansprüche einer Spezies an ihre Umwelt und das Beziehungsgefüge, das eine Art im Laufe der Evolution unter Einfluss der abiotischen und biotischen Faktoren entwickelt hat.
Die interspezifischen Beziehungen zwischen Kiefer, Kiefernbuschhornblattwespe und Erzwespe können folgendermaßen skizziert werden:

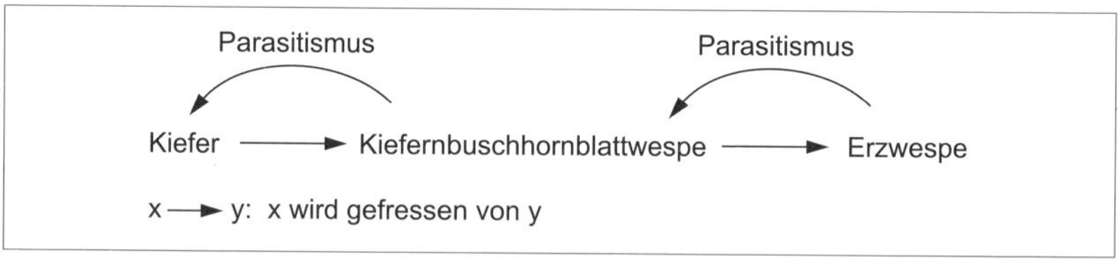

Alle drei Arten stehen in einem ökologischen Beziehungsgefüge. Ausgehend von den Nahrungsbeziehungen gehört die Kiefer als Pflanze zu den Produzenten. Auf der nächsthöheren Trophieebene ernährt sich der Primärkonsument (Konsument I. Ordnung) Kiefernbuschhornblattwespe von den Nadeln der Kiefer. Die Larven der Erzwespe sind Sekundärkonsumenten (Konsumenten II. Ordnung), die sich von den Kiefernbuschhornblattwespen ernähren.

In dem hier dargestellten biologischen Konnex existieren zwei Räuber-Beute-Beziehungen im weiteren Sinne: zum einen zwischen den Larven der Kiefernbuschhornblattwespe und der Kiefer und zum anderen zwischen den Larven der Erzwespe und den Eiern der Kiefernbuschhornblattwespe. Bei den Kiefernbuschhornblattwespen handelt es sich um Parasiten, da die Larven dieser Insekten ihre Entwicklung innerhalb der Kiefernadeln vollziehen. *Pinus sylvestris* wird dabei zwar geschädigt, stirbt aber im Normalfall nicht ab. Anders verhält es sich bei der Erzwespenentwicklung. Als Parasitoide töten die in den Eiern der Kiefernbuschhornblattwespen geschlüpften Larven von *Chrysonotomyia ruforum* ihren Wirt, indem sie sich von den Blattwespenembryonen ernähren. Die Beziehung zwischen den Waldkiefern und den Kiefernbuschhornblattwespen lässt sich als Symbiose bzw. als Mutualismus beschreiben. Da sich die Erzwespen von den Kiefernbuschhornblattwespen ernähren, profitieren die Bäume von den Erzwespen. Diese legen ihre Eier in die Eier der Kiefernbuschhornblattwespen und dämmen damit die Ausbreitung von *Diprion pini* auf den Kiefern ein.

III.2 *Gehen Sie bei der Bearbeitung systematisch vor und arbeiten Sie die einzelnen Experimente bei der Beschreibung der Ergebnisse nacheinander ab. Trennen Sie die von Ihnen gezogenen Schlussfolgerungen von den Beschreibungen der Versuche – so kommen Sie nicht durcheinander und vergessen nicht, entscheidende Sachverhalte zueinander in Beziehung zu setzen. Denken Sie daran, dass Ihnen auch konstruktive Versuchskritik Zusatzpunkte einbringen kann.*

In den Experimenten wurde die Reaktion von Erzwespen auf den Geruch von vier unterschiedlich präparierten Kiefernzweigen getestet. Dazu wurde die jeweilige Aufenthaltsdauer der Erzwespen in Testfeldern gemessen, deren Luft die flüchtigen Duftstoffe unterschiedlich behandelter Kiefernzweige enthielt. Diese wurde mit der Aufenthaltsdauer in Kontrollfeldern mit frischer Luft verglichen. Die Versuche mit unterschiedlichen Ausgangsbedingungen zeigten in Bezug auf die mittlere Verweildauer der Erzwespen in den Testfeldern die folgenden Ergebnisse:
Versuch A: Der Testzweig wurde mit weiblichen und männlichen Kiefernbuschhornblattwespen für 72 Stunden in eine Plastikbox gegeben. Auf dem Zweig befanden sich anschließend 8–12 Ei-Gelege. Im Testfeld mit den Duftstoffen dieses Zweiges hielten sich die Erzwespen durchschnittlich 225 Sekunden auf, im Kontrollfeld mit frischer Luft nur ca. 90 Sekunden.
Versuch B: Der Testzweig wurde grundsätzlich wie in Versuch A behandelt. Allerdings wurde der obere Teil des Zweiges mit Folie umwickelt, um hier eine Eiablage zu unterbinden. Im unbedeckten Teil legten die Weibchen 8–11 Ei-Gelege ab. Für den Versuch wurden die flüchtigen Duftstoffe des abgeschnittenen oberen Teils verwendet, der keinen Kontakt mit den Kiefernbuschhornblattwespen hatte. Im Testfeld mit den Duftstoffen dieses Zweiges blieb *Diprion pini* ca. 180 Sekunden, im Kontrollfeld nur ca. 110 Sekunden.

Versuch C: Die Nadeln des Testzweiges wurden mit einem Skalpell so angeritzt, wie es für Weibchen von *Chrysonotomyia ruforum* typisch ist. Im Testfeld mit den Duftstoffen dieses Zweiges hielten sich die Erzwespen ca. 130 Sekunden auf und im Kontrollfeld mit 110 Sekunden nicht wesentlich kürzer.
Versuch D: Der Testzweig wurde grundsätzlich wie in Versuch C behandelt. Die entstandenen Schlitze wurden jedoch anschließend mit dem Eileitersekret der weiblichen Kiefernbuschhornblattwespe bestrichen. Im Testfeld mit den Duftstoffen dieses Zweiges verweilte *Diprion pini* doppelt so lange wie im Kontrollfeld (ca. 200 Sekunden gegenüber 100 Sekunden).
Folgende Schlussfolgerungen über den Mechanismus zur Anlockung der Erzwespe sind möglich: Die Anwesenheit der Kiefernbuschhornblattwespen auf den Zweigen und/oder die Eiablage durch weibliche Tiere lockt Erzwespen an (Versuch A). Allerdings ist die unmittelbare Anwesenheit der Tiere oder Eier am Zweig nicht notwendig, um Erzwespen anzulocken, vielmehr genügt dafür bereits die Anwesenheit bzw. Eiablage der Tiere auf entfernteren Pflanzenteilen (Versuch B). Dies lässt die Vermutung zu, dass bei Blattwespen-Befall in der Waldkiefer Stoffwechselprozesse ablaufen, durch die z. B. Duft-Lockstoffe am gesamten Baum freigesetzt werden. Ursache für diese Prozesse könnte das Zusammenwirken von mechanischer Verletzung und einer abgegebenen Substanz der Blattwespen sein. Versuch D zeigt, dass eine Verletzung des Testzweiges zusammen mit dem Aufbringen von Eileitersekret der Kiefernbuschhornblattwespe einen fast so langen Aufenthalt der Erzwespen im Testfeld induziert wie eine direkte Eiablage auf dem verwendeten Zweig (Versuch A). Dagegen lockt das alleinige Einritzen des Testzweiges die Erzwespen kaum stärker an als die frische Luft des Kontrollfeldes (Versuch C).
Als Versuchskritik kann bei dieser Experimentreihe beispielsweise angeführt werden, dass die Reaktion der Erzwespen auf die Duftstoffe völlig unbehandelter Zweige nicht untersucht wurde.

III.3 *Die Abbildung in Material D ist die wesentliche Grundlage für diese Teilaufgabe. Das Schema wirkt zwar komplex, Sie können die Darstellung aber leicht erklären, wenn Sie systematisch vorgehen und den Pfeilen im Schema folgen. Signalkaskaden und die Funktion von Transkriptionsfaktoren kennen Sie bereits aus dem Unterricht. Wenn Sie Ihr Experiment konzipiert haben, sollten Sie auch Ihre Erwartungen bezüglich der Versuchsergebnisse formulieren. Für den Fall, dass Sie für ein Experiment mehrere plausible Ideen haben, nennen Sie diese.*

Die Mechanismen der pflanzlichen Abwehrreaktionen können wie folgt erläutert werden: Wird ein Baum von herbivoren Fraßschädlingen befallen, so kommt es aufgrund der Schädigung zu einer Freisetzung eines Signalmoleküls (Elicitors) innerhalb der Pflanze. Der Elicitor bindet an spezifische Rezeptoren in der Plasmamembran der Pflanzenzellen und löst damit die Freisetzung von Jasmonat im Zellinneren aus. Jasmonat-Moleküle binden intrazellulär an regulatorische Inhibitorproteine (JAZ). Von JAZ löst sich daraufhin ein Transkriptionsfaktor, der durch die Porenkomplexe des Zellkerns in das Kernplasma gelangt. Dort dockt

der Transkriptionsfaktor an unterschiedlichen regulatorischen Sequenzen der DNA an und löst dadurch die Transkription zweier verschiedener Gene A und B aus. Die gebildeten mRNA-Stränge gelangen aus dem Kern in das Zellplasma und werden durch Translation in die Aminosäuresequenzen zweier Eiweiße übersetzt. Diese Proteine wirken als Abwehrstoffe der Pflanze gegen Schädlinge. Es sind einerseits Proteasehemmer, die Verdauungsenzyme herbivorer Insekten hemmen, und andererseits Proteine, die Terpenoide synthetisieren können, welche als Boten- oder Lockstoffe Fressfeinde bzw. Parasiten oder Parasitoide der herbivoren Insekten anlocken. Das Phytohormon Jasmonat gelangt aus dem Cytoplasma auch mittels Plasmodesmen in der Zellwand in benachbarte Zellen. Damit verbreitet es sich rund um den von herbivoren Insekten befallenen Bereich – und darüber hinaus – und kann dort jeweils die intrazellulären Abwehrreaktionen des Baumes auslösen.
Anhand der hier beschriebenen Signalketten kann die Bedeutung von Transkriptionsfaktoren bei der Genregulation von Eukaryoten gut verdeutlicht werden. Transkriptionsfaktoren sind Proteine, die an die DNA binden und damit die Transkriptionsrate bestimmter Gene sowohl positiv als auch negativ beeinflussen und so regulieren können. Transkriptionsfaktoren sind wichtig für die Initiation der Transkription, indem sie an Bereiche des Promotors binden, z. B. an die TATA-Box, an die auch das TATA-Bindeprotein andockt. Erst durch die Anlagerung der Transkriptionsfaktoren wird die Bindung der RNA-Polymerase an den Promotor bewirkt und die Transkription eines Gens in Gang gesetzt. Spezifische Transkriptionsfaktoren binden an Enhancer- und Silencer-Regionen der DNA. Je nach Spezifität können Transkriptionsfaktoren dadurch die Transkriptionsrate um ein Vielfaches erhöhen oder die Expression vermindern oder abschalten. Im beschriebenen Fall sorgt das Phytohormon Jasmonat dafür, dass sich der Transkriptionsfaktor vom Inhibitorprotein JAZ löst. Im Zellkern bewirkt der Transkriptionsfaktor dann durch Bindung an regulatorische DNA-Sequenzen, dass die Gene für Protein A und Protein B (in erhöhtem Maße) transkribiert werden. Die entsprechenden Genprodukte spielen dann im Rahmen von Abwehrmaßnahmen der Pflanze gegen Fraßschädlinge eine Rolle.
Um den Einfluss von Terpenoiden auf das Auftreten der Erzwespe zu überprüfen, könnte folgende experimentelle Vorgehensweise angewandt werden: In Anlehnung an den in Material C beschriebenen Versuchsaufbau könnten zunächst Kiefernzweige mit Terpenoiden behandelt werden. Dabei wäre es sinnvoll, mehrere Zweige mit verschiedenen Terpenoid-Konzentrationen zu versetzen. Die flüchtigen Duftstoffe dieser Zweige müssten dann aufgefangen und in Testfelder eingeleitet werden. Anschließend wird die jeweilige Aufenthaltsdauer von Erzwespen in den Testfeldern gemessen. Parallel dazu ist es auch hier notwendig, deren Verweildauer in einem Testbereich mit frischer Luft bzw. mit den flüchtigen Duftstoffen eines unbehandelten Zweigs zu überprüfen (Kontrollversuche). Generell ist für eine statistische Auswertung und für die Belastbarkeit der Ergebnisse auf eine mehrfache Wiederholung der Versuche sowie auf eine ausreichende Anzahl an Testtieren zu achten. Sollten die Terpenoide als Lockstoffe auf die

Erzwespen wirken, so ist zu erwarten, dass die Verweildauer von *Chrysonotomyia ruforum* in den Testfeldern mit Terpenoiden signifikant höher liegt als in den Kontrollfeldern.

III.4 *Für die Darlegung und Bewertung der ökologischen Folgen des Insektizideinsatzes im Ökosystem Wald müssen Sie die Aussagen in Material E klar gewichten. Denken Sie dabei auch an Ihnen bekannte ökologische Regeln zu Populationsbeziehungen, die LOTKA-VOLTERRA-Regeln. Bei der Bearbeitung des zweiten Teils ist es hilfreich, sich an die (biologischen) Bekämpfungsmöglichkeiten zu erinnern, die im Unterricht besprochen wurden. Das sollte normalerweise ausreichen, um mehrere gute Ideen zu entwickeln; drei Alternativen sind für die maximale Punktzahl gefordert.*

Zu den Äußerungen der FVA Baden-Württemberg zum Vorgehen bei der Bekämpfung der Kiefernbuschhornblattwespe lässt sich durchaus kritisch Stellung nehmen. Der Einsatz breitenwirksamer Insektizide ist zwar möglich und wird vermutlich dazu führen, dass der Befall mit den Tieren kurzfristig zurückgeht. Für eine langfristige Bekämpfung wird jedoch ein dauerhafter Einsatz insektenvernichtender Mittel notwendig. Außerdem werden durch die großflächige Ausbringung breitenwirksamer Insektizide viele Insektenarten unspezifisch dezimiert, darunter auch Erzwespen, die natürlichen Feinde der Kiefernbuschhornblattwespe. Dies kann gemäß der dritten LOTKA-VOLTERRA-Regel (Störung einer Räuber-Beute-Beziehung) beispielsweise dazu führen, dass die Population von *Diprion pini* wieder drastisch zunimmt, sobald der Insektizideinsatz beendet wird. Durch die Ausbringung der Chemikalien aus der Luft ist eine große Fläche betroffen, sodass auch der Boden und ggf. benachbarte Gewässer kontaminiert werden können. Eine Anreicherung der Giftstoffe im Ökosystem, auch über Nahrungsketten und -netze, ist möglich. Dies kann zu einer Verschiebung des biologischen Gleichgewichts im gesamten Ökosystem Wald führen.
Folgende Alternativen zum Einsatz von Insektiziden sind denkbar: Eine relativ einfache Möglichkeit ist das Aufstellen von Pheromonfallen, die Exemplare von *Diprion pini* anlocken und deren Population so dezimieren. Darüber hinaus könnten im Kiefernwald spezifische natürliche Feinde der Kiefernbuschhornblattwespe ausgesetzt werden. Auch dies könnte zu einer Eindämmung der Kiefernschädlinge führen. Das Ausbringen von Erzwespen wäre wahrscheinlich besonders effektiv, da geschädigte Waldkiefern Lockstoffe aussenden, die Erzwespen zu befallenen Pflanzenteilen führen. Prinzipiell denkbar, aber sehr aufwendig und daher vermutlich kaum praktikabel, wäre der Einsatz gentechnisch veränderter Pflanzen. Die Erzeugung und der Anbau transgener Kiefern, die resistent gegen Insektenbefall sind, würde Kiefernbuschhornblattwespen ihrer Nahrungsgrundlage berauben.

Leistungskurs Biologie (NRW) – Abiturprüfung 2018
Aufgabe 1: Ökologie

Aufgabenstellung: Punkte

Thema: Grundeln im Rhein auf dem Vormarsch

I.1 Erläutern Sie auf Basis von Tabelle 1 und bekannter ökologischer Konzepte differenziert, inwiefern eine Koexistenz der drei Grundelarten im Rhein möglich ist (Material A). 18

I.2 Leiten Sie wesentliche Nahrungstrends von Flussbarsch und Zander aus Abbildung 1 ab (Material B) und werten Sie auf dieser Grundlage und mithilfe von Tabelle 1 weitere ökologische Beziehungen zwischen allen aufgeführten Fischarten aus (Materialien A und B). 16

I.3 Erklären Sie an jeweils einem Beispiel den Unterschied zwischen dichteabhängigen und dichteunabhängigen Faktoren. Begründen Sie ausführlich die populationsökologischen Auswirkungen einer hohen Grundeldichte auf die heimischen Raubfischpopulationen auf Grundlage von Material C sowie der herrschenden Nahrungsbeziehungen (Materialien A bis C). Beurteilen Sie das jeweilige ökologische Potenzial der aufgeführten Grundelarten im Rhein (Materialien A bis C). 22

I.4 Fassen Sie die Ergebnisse aus Abbildung 2 zusammen (Material D) und nehmen Sie kritisch Stellung, inwiefern die Analyse von eDNA Aussagen über das Vorkommen und die Abundanz der Grundelarten in einem Fließgewässerabschnitt ermöglicht (Material D). 10

Material A: Schwarzmeergrundeln im Rhein

In deutschen Flüssen, u. a. im Rhein, leben mittlerweile zahlreiche eingewanderte Tiere. Etwa ein Viertel der aquatischen Arten stammen aus dem Schwarzmeerraum und dem Kaspischen Meer. Dabei wurden die Tiere durch Ballastwasser von Schiffen eingeschleppt. In großer Zahl kommen dabei zunehmend Grundeln der Gattungen *Neogobius* und *Ponticola* im Rhein vor. Ein gemeinsames Merkmal der ca. 20 cm großen, am Gewässergrund lebenden Fische ist, dass die Bauchflossen eine trichterförmige Saugscheibe bilden, mit der sich die Grundeln an harten Oberflächen, zum Beispiel an Steinen oder Schiffsrümpfen, anheften können. Die Farbe der Grundeln ist meist unauffällig sandfarben mit einem tarnenden Muster. Die Grundeln tolerieren sowohl Süß- als auch bestimmte Konzentrationen an Salzwasser. Zudem haben sie Gelege von mehreren Hundert bis Tausenden Eiern, die von den Männchen bewacht und verteidigt werden. Als Laichräuber ernähren sich die Grundeln u. a. auch von der Brut heimischer Fische.

wissenschaftlicher Name	*Neogobius melanostomus*	*Ponticola kessleri*	*Neogobius fluviatilis*
deutscher Name	Schwarzmaulgrundel	Kesslergrundel	Flussgrundel
Größe	bis 22 cm	bis 20 cm	bis 20 cm
Fortpflanzung	mehrmals im Jahr, Schlupfereignisse der Jungfische über mehrere Monate zeitlich verteilt	einmal im Jahr, Schlupfereignisse der Jungfische konzentriert auf einen Monat	mehrmals im Jahr, Schlupfereignisse der Jungfische über mehrere Monate zeitlich verteilt
Laichzeit	Mai bis September	März bis Mai	April bis September
Habitat	besiedelt Uferbefestigungen aus Blocksteinen, an denen sie sich mit der Saugscheibe anheften kann und die Schutz bei Wellengang, Strömung und vor Räubern bieten sowie als Laichplatz dienen		besiedelt sandigen Boden, der auch als Laichplatz dient
Hauptnahrung nach Körpergröße der Grundeln	bis 10 cm: Krebstiere ab 10 cm: Schnecken, Muscheln, Krebstiere	bis 10 cm: Krebstiere und Insekten ab 10 cm: kleine Fische und Krebstiere	

Tab. 1: Eingewanderte Grundelarten im Rhein und seinen größeren Zuflüssen
verändert nach: Gertzen (2016), Tab. 2, S. 42, Wiesner et al. (2010)

Material B: Nahrungszusammensetzung von jungen heimischen Raubfischen im Rhein

Im Rhein sind Flussbarsch *(Perca fluviatilis)* und Zander *(Sander lucioperca)* heimische Raubfische, die auch als Speisefische von Anglern gerne befischt werden. Grundsätzlich ist der Rhein ein nahrungslimitiertes Ökosystem. Im Rahmen von ökologischen Freilandstudien wurden im Niederrhein in den Jahren 2011 bis 2014 Flussbarsche und Zander zu Forschungszwecken gefangen und deren Mageninhalte untersucht. Die Daten sind in der folgenden Abbildung veranschaulicht.

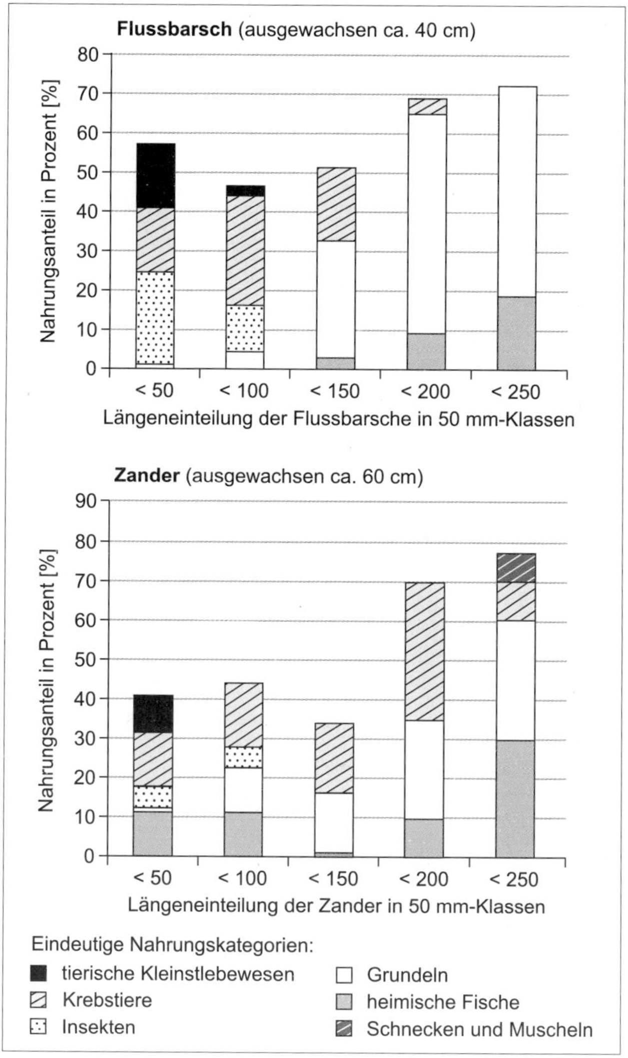

Abb. 1: Nahrungszusammensetzung von jungen Flussbarschen (oben) und Zandern (unten) in Abhängigkeit von der Körpergröße basierend auf Fangdaten im Niederrhein von 2011 bis 2014 (Unterschiede zu 100 % resultieren aus nicht eindeutig zuzuordnenden Nahrungskategorien.)

verändert nach: Gertzen (2016), Fig. 1, S. 181

Material C: Konkurrenzstärke verschiedener Fischarten

Basierend auf den Magenuntersuchungen haben die Forscher mithilfe eines mathematischen Modells die Konkurrenzstärke verschiedener Fische berechnet. Diese gibt an, wie viel Prozent der gewünschten Nahrungsmenge tatsächlich aufgenommen wurde. Die Angaben in Tabelle 2 beziehen sich auf gerade geschlüpfte Fische, die gemeinsam in den Uferregionen des Rheins vorkommen.

	Schwarzmaulgrundel	Flussgrundel	Kesslergrundel	Flussbarsch	Zander
Konkurrenzstärke in Bezug auf die Nahrung	58	48	40	32	19

Tab. 2: Konkurrenzstärke verschiedener Fischarten
verändert nach: Gertzen (2016), S. 156–157

Material D: Analyse von eDNA statt Fischfallen

Um Aussagen über die Abundanz von Fischbeständen treffen zu können, war bisher der Einsatz von Fischereimethoden üblich (siehe Abbildung 2 A). An der Universität Basel wurde nun ein Test entwickelt, mit dem sich das Vorhandensein von Fischen in fließenden oder stehenden Gewässern aus Wasserproben nachweisen lässt. Das neue Verfahren beruht auf der Analyse von Umwelt-DNA, eDNA (e = environmental). Diese eDNA ist z. B. die DNA, die über den Kot oder die Schuppen der Fische ins Wasser gelangt, wo sie mit der Strömung mitgetragen wird. Im Labor kann die eDNA aus Wasserproben vom Gewässergrund isoliert und mit entsprechenden Verfahren, PCR und Gelelektrophorese, nachgewiesen werden. Der zur Analyse des Grundelbestandes entwickelte Test reagiert durch den gezielten Einsatz artübergreifender Primer ausschließlich auf die Erbsubstanz der Grundeln aus dem Schwarzmeerraum, auf einheimische Fischarten jedoch nicht. Die Ergebnisse sind in Abbildung 2 B dargestellt.

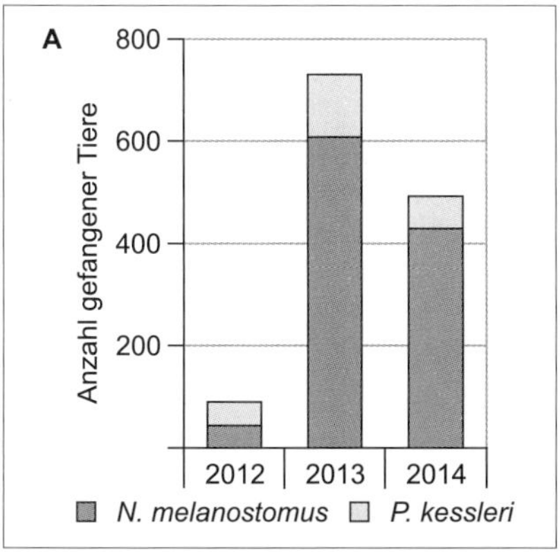

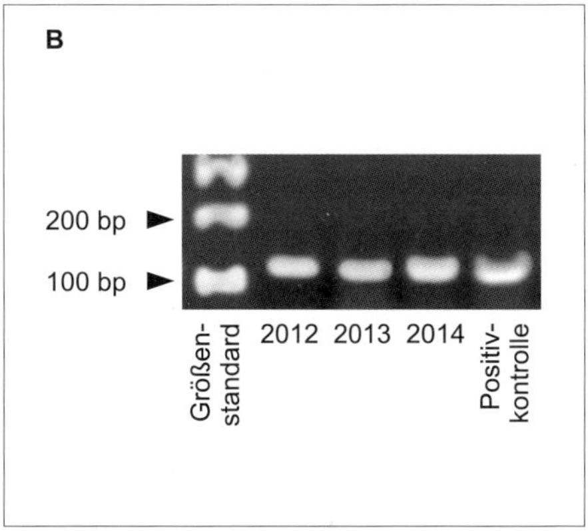

Abb. 2 A: Abundanzbestimmungen durch Fangdaten von 2012 bis 2014 aus dem Rhein bei Basel
(Als Fangmethode wurde eine Fischfalle mit Hundetrockenfutter präpariert, auf dem Gewässergrund platziert und in regelmäßigen Abständen geleert.)

Abb. 2 B: Gelelektrophoretische Darstellung von eDNA-Proben von 2012 bis 2014 aus dem Rhein bei Basel
(Die eDNA wurde zuvor durch PCR vervielfältigt. Dabei wurden artübergreifende Primer für Grundeln aus dem Schwarzmeerraum verwendet. Positivkontrolle: *N. melanostomus*-DNA)

verändert nach: Adrian-Kalchhauser & Burkhardt-Holm (2016), Fig. 8, S. 14

weitere Materialgrundlage:

Adrian-Kalchhauser, I. & Burkhardt-Holm, P. (2016). An eDNA assay to monitor a globally invasive fish species from flowing freshwater. PLOS ONE 11

Gertzen, S. (2016). The ecological niche of invasive gobies at the Lower Rhine in intra- and interspecific competitive and predatory interactions. Dissertation, Universität zu Köln

Schmidt, B. R. & Ursenbacher, R. (2015). Umwelt-DNA als neue Methode zum Artnachweis in Gewässern. Zeitschrift für Feldherpetologie 22, S. 1–10

Wiesner, C. et al. (2010). Gebietsfremde Fische in Deutschland und Österreich und mögliche Auswirkungen des Klimawandels. Bonn-Bad Godesberg: Bundesamt für Naturschutz (BfN-Skripten, 279)

https://www.unibas.ch/de/Aktuell/News/Uni-Research/Neuer-Test-fuer-GrundelInvasion.html (Zugriff: 05. 05. 2017)

Lösungsvorschlag

In der Aufgabe thematisierte Unterrichtsinhalte sind:
inter- und intraspezifische Konkurrenz, Konkurrenzvermeidungsprinzip, Koexistenz, ökologische Nische, Habitat, invasive Tierart, dichteabhängige und -unabhängige Faktoren, Population, ökologisches Potenzial, Konkurrenzstärke, Fließgewässer, Fortpflanzungsstrategie, gelelektrophoretische Darstellung

I.1 *Hier gilt es, die Informationen aus Text und Tabelle genau im Blick zu haben und (bei Koexistenz bzw. bei Konkurrenz der drei Grundelarten) zueinander in Beziehung zu setzen. Denken Sie bei Betrachtung der Konkurrenz nicht nur an die inter- sondern auch an die intraspezifische Konkurrenz. Der übersichtliche Aufbau der Tabelle hilft Ihnen bei Ihrer Analyse. Vermeiden Sie unbedingt oberflächliche Darstellungen und strukturieren Sie Ihren Text, indem Sie zuerst auf den Begriff „Koexistenz" eingehen, danach z. B. die Ernährungsunterschiede abarbeiten und abschließend auf die Fortpflanzungsunterschiede eingehen. Damit Sie die Artnamen nicht immer ausschreiben müssen, empfiehlt sich nach einmaliger vollständiger Nennung des Namens die Verwendung einer definierten, sinnvollen Abkürzung (N. melanostomus oder N.m.).*

Alle drei Grundelarten können dann im Rhein koexistieren, wenn sie durch unterschiedliche ökologischen Nischen charakterisiert sind und wenn daher das Konkurrenzvermeidungsprinzip zur Anwendung kommt. *Neogobius melanostomus*, *Ponticola kessleri* und *Neogobius fluviatilis* weichen einander durch ihre Lebensweise aus und vermeiden damit eine interspezifische Konkurrenz um limitierende Ressourcen, die die Populationsdichte begrenzen.
Dies wird zum einen an den unterschiedlichen Nahrungsansprüchen deutlich, bei denen die Körpergröße der Tiere entscheidend ist: Bis zu einer Größe von 10 cm herrscht zwischen den drei Arten noch eine interspezifische Konkurrenz um Krebstiere, wobei *P. kessleri* und *N. fluviatilis* als zusätzliche Nahrungsquelle auch Insekten nutzen. Sind die Individuen der Grundelarten größer als 10 cm, so greift bei *N. melanostomus* das Konkurrenzvermeidungsprinzip, da diese Art (neben Krebstieren) Schnecken und Muscheln frisst, während sich die anderen Grundelarten außer von Krebstieren nur von kleinen Fischen ernähren. *P. kessleri* und *N. fluviatilis* geraten dennoch nicht in interspezifische Konkurrenz, da sie in unterschiedlichen Habitaten (Uferbefestigungen bzw. sandiger Boden) leben.
Darüber hinaus ist bei jeder Art auch eine Senkung der intraspezifischen Konkurrenz zu beobachten: Die Jungfische der Schwarzmaulgrundel fressen zunächst Krebstiere und ab einer Körpergröße von 10 cm zusätzlich Schnecken und Muscheln. Für die anderen Arten gilt Ähnliches: Jungfische von Kessler- und Flussgrundel ernähren sich bis 10 cm Länge von Krebstieren und Insekten und danach neben Krebstieren von kleinen Fischen.
Allen drei Grundelarten gemeinsam ist zudem, dass sie als Laichräuber auch auf die Brut anderer Fische zurückgreifen.

Die drei Arten vermeiden es darüber hinaus auch, hinsichtlich des Zeitpunkts Ihrer Fortpflanzung miteinander zu stark zu konkurrieren: So laichen *N. melanostomus* und *P. kessleri* von Mai bis September bzw. von März bis Mai im gleichen Habitat. Im Monat Mai herrscht daher eigentlich eine interspezifische Konkurrenz um die besten Laichplätze. Die Arten weisen aber jeweils unterschiedliche Fortpflanzungsstrategien auf: Die Kesslergrundel laicht nur einmal im Jahr, die Schlupfereignisse der Jungfische sind daher auf einen Monat konzentriert. Schwarzmaulgrundeln paaren sich hingegen mehrmals im Jahr, sodass ihre Jungtiere über mehrere Monate zeitlich verteilt schlüpfen. *N. fluviatilis* stellt für die beiden anderen Grundelarten diesbezüglich keine Konkurrenz dar, da sie auf sandigem Boden und damit in einem anderen Habitat laicht (mehrmals im Jahr, über Monate verteilt).

I.2 *Lassen Sie sich nicht von den komplex wirkenden Diagrammen abschrecken. Es kommt auf die „wesentlichen Nahrungstrends" an. Eine genaue prozentuale Angabe der Nahrungsanteile ist nicht notwendig, Sie können mit Schätzungen arbeiten. Eine Beschreibung der Diagramme ist laut Aufgabenstellung ebenfalls nicht erforderlich. Bei der Auswertung „weiterer ökologischer Beziehungen" müssen Sie die Informationen aus den Materialien A und B verbinden und zueinander in Beziehung setzen. Vermeiden Sie dabei jedoch, sich in Bezug auf die interspezifische Konkurrenz der Grundeln zu wiederholen (Teilaufgabe I.1). Üben Sie, wenn nötig, berechtigte Versuchskritik, dies kann Zusatzpunkte einbringen.*

Anhand der untersuchten Mageninhalte gefangener Flussbarsche und Zander bis 250 mm Länge können wesentliche Nahrungstrends abgelesen werden. Beide Fischarten bevorzugen, abhängig von ihrer Länge, unterschiedliche Nahrungskategorien. Für Flussbarsche unter 100 mm Länge stellen Insekten und Krebstiere mit insgesamt ca. 40 % Nahrungsanteil die Hauptnahrungsquelle dar, wobei sich kleine Flussbarsche unter 50 mm auch noch zu ca. 15 % von tierischen Kleinstlebewesen ernähren. Insekten spielen bei größeren Tieren keine, Krebstiere bei Tieren bis 200 mm Länge nur noch eine untergeordnete Rolle (ca. 5 %). Mit zunehmender Größe wird hingegen die Grundel als Beutetier wichtiger, ihr Anteil am Nahrungsspektrum steigt von ca. 5 % bei den kleinsten Barschen bis auf ca. 55 % bei 250 mm langen Barschen. Auch andere Fische werden ab einer Körperlänge von 100 mm zunehmend erbeutet, sie machen schließlich knapp 20 % der Nahrung der größten Flussbarsche aus.
Das Nahrungsspektrum der Zander ist etwas heterogener, wobei Krebstiere von Fischen jeder Länge gefressen werden. Bis zu einer Größe von 50 mm besteht die Nahrung der Zander zu ähnlichen Teilen aus tierischen Kleinstlebewesen, einheimischen Fischen und Krebstieren (jeweils ca. 10 %) sowie aus Insekten (ca. 5 %). Ab einer Länge von 100 mm bis zu einer Länge von 250 mm steigt sowohl der Anteil von Grundeln an der Nahrung als auch prinzipiell derjenige einheimischer Fische (von ca. 10 % bis auf 30 %), wobei in den Mägen von Jung-

zandern mittlerer Größe (< 150 mm) kaum heimische Fische gefunden wurden (< 2 %). Die größten Zander ernähren sich darüber hinaus auch von Schnecken und Muscheln (ca. 5 %).
Als Versuchskritik kann angeführt werden, dass bei der Angabe der Nahrungsbestandteile insbesondere beim Zander ein sehr hoher Anteil nicht eindeutig zugeordnet werden konnte, was das Ergebnis verfälschen kann. Diesbezüglich verwundert beispielsweise der sehr geringe Anteil einheimischer Fische am Nahrungsspektrum der mittelgroßen Jungzander.
Anhand der vorliegenden Materialien können weitere ökologische Beziehungen zwischen allen aufgeführten Fischarten aufgezeigt werden. So treten die Arten abhängig von ihrer Körpergröße mehrfach in interspezifische Konkurrenz. Dabei spielt die Nahrungskategorie Krebstiere bei allen Fischen eine bedeutende Rolle. Das gilt für die Grundelarten sowie für Flussbarsche bis ca. 15 cm und Zander bis ca. 20 cm Länge. Darüber hinaus sind kleinere einheimische Fische sowohl für die Ernährung von *P. kessleri* und *N. fluviatilis* wichtig, als auch für Flussbarsche ab 15 cm Körpergröße sowie für Zander. Eine Konkurrenzsituation besteht auch zwischen jungen Flussbarschen ab 10 cm und Zandern ab einer Körpergröße von 10 cm, da beide sehr ähnliche Nahrungsspektren aufweisen.
Eine weitere ökologische Beziehung unter den fünf Fischarten ist die Räuber-Beute-Beziehung: Die einheimischen Raubfische Zander und Flussbarsch ernähren sich ab einer bestimmten Größe (Zander ab 10 cm, Flussbarsch ab 15 cm) zunehmend von Grundeln. Umgekehrt können Zander und Flussbarsche – als Brut oder Jungtiere – Beute für *P. kessleri* und *N. fluviatilis* darstellen, da beide Grundelarten Laichräuber sind und kleine Fische fressen.

I.3 *Zunächst sollten Sie die beiden Begriffe erklären/definieren und dann an einem Beispiel verdeutlichen. Es wird nur die Erklärung eines Beispiels verlangt. Zusätzliche Beispiele können Sie ggf. erwähnen (Zusatzpunkte sind möglich). Bei der weiteren Bearbeitung der Teilaufgabe müssen Sie die Materialien A bis C im Blick haben und – je nach Operator – zueinander in Beziehung setzen. Greifen Sie dabei auch auf Ihre Sachkenntnisse aus dem Unterricht zurück.*

Dichteabhängige und dichteunabhängige Faktoren beeinflussen und regulieren die Größe einer Population. Dichteabhängig sind dabei alle Umweltfaktoren, die sich je nach Populationsdichte unterschiedlich auswirken und daher in einem unmittelbaren Zusammenhang mit der Individuendichte der Population stehen. Ein Beispiel ist das Nahrungsangebot. Bei geringer Populationsdichte führt ein gutes Nahrungsangebot mittelfristig zur Vergrößerung der Populationsdichte. Bei hoher Populationsdichte ist dieses Nahrungsangebot nicht (mehr) ausreichend und die Individuenzahl pro Fläche sinkt mittelfristig. Weitere dichteabhängige Faktoren sind z. B. Fressfeinde, ansteckende Krankheiten oder Parasiten.
Dichteunabhängig sind solche Umweltfaktoren, die in keinem direkten Zusammenhang mit der Individuenzahl pro Fläche stehen. Sie beeinflussen je nach ihrer

Ausprägung die Populationsdichte, ohne jedoch selbst von der Dichte der Population abhängig zu sein. Als Beispiel kann die Verunreinigung eines Biotops durch den Menschen dienen. Unabhängig davon, wie groß eine Population ist, hat die Verunreinigung (z. B. das Einleiten von Abwasser in einen Fluss oder See) negative Auswirkungen auf die Populationsgröße. Weitere dichteunabhängige Faktoren sind z. B. Klimaeinflüsse wie Kälte- oder Hitzeperioden und Bodenverhältnisse.

Unter Berücksichtigung der herrschenden Nahrungsbeziehungen führt eine hohe Grundeldichte zu zwei gegenläufigen, größenabhängigen Auswirkungen auf die heimischen Raubfischpopulationen. Einerseits sind junge Grundeln ausgehend von ihrer Konkurrenzstärke in Bezug auf die Nahrung (Tab. 2) klar im Vorteil: Während junge Flussbarsche und Zander nur Werte von 32 und 19 aufweisen, erreichen junge Kesslergrundeln 40 und gerade geschlüpfte Fluss- und Schwarzmaulgrundeln sogar 48 und 58 Prozent. Der Rhein ist ein nahrungslimitiertes Ökosystem. Das bedeutet, dass das Nahrungsangebot für junge heimische Raubfische – vor allem hinsichtlich der Krebstiere und Insekten – zusätzlich reduziert wird, wenn die Populationsdichte der Grundeln besonders hoch ist. Die Überlebensrate junger Zander und Flussbarsche wird daher vermutlich sinken, wenn diese Fische nicht genügend Nahrung aufnehmen (verminderte Fitness durch Mangelernährung). Erreichen dann deutlich weniger einheimische Raubfische eine Größe von über 5 cm, so nimmt die Zahl der Fressfeinde der Grundelpopulation ab. Darüber hinaus sind Grundeln selbst Laichräuber und ernähren sich teilweise auch von einheimischen jungen Raubfischen. Somit können Grundeln die Populationsgröße von Zandern und Flussbarschen direkt und indirekt limitieren – durch Bejagung und als Nahrungskonkurrenten.

Andererseits führt das vermehrte Vorkommen der Grundeln im Rhein dazu, dass sich die Raubfischpopulationen von Zander und Flussbarsch ab einer Individuengröße von 10 cm stabilisieren. Ab dieser Größe ernähren sich die Raubfische zunehmend von Grundeln. Das Vorkommen vieler Grundeln bedeutet damit für Zander und Flussbarsch eine Verbesserung des Nahrungsangebots.

Das jeweilige ökologische Potenzial der aufgeführten Grundelarten im Rhein kann wie folgt beurteilt werden: Zunächst steht fest, dass *N. melanostomus, P. kessleri* und *N. fluviatilis* eine hohe Angepasstheit an ihren Lebensraum Fließgewässer zeigen (z. B. durch Saugscheibe als Halteorgan in der Flussströmung, Tarnung, Habitat). Dies ermöglichte den „Einwanderern" eine differenzierte Einnischung in ihren neuen Lebensraum im Rhein. Für eine weitere Verbreitung der Grundeln könnte die Toleranz der Fische gegenüber Süß- und Salzwasser förderlich sein. Grundeln sind Neozoen, die mit einheimischen Fischarten in Nahrungskonkurrenz und in Räuber-Beute-Beziehungen (als Laichräuber) treten. Insofern sie diese Arten eindämmen oder sogar verdrängen können, kann man die Grundeln als invasiv bezeichnen. Von allen Grundelarten besitzt dabei vermutlich die Schwarzmaulgrundel das größte invasive Potenzial, da sie zum einen am konkurrenzstärksten bei der Nahrungsbeschaffung ist und ab einer Länge von

10 cm nur geringfügig um Nahrung konkurrieren muss. Zum anderen hat *N. melanostomus* mit mehreren Gelegen pro Jahr eine äußerst effektive Fortpflanzungsstrategie.

I.4 *Auch hier ist keine detaillierte Beschreibung der Abbildungen verlangt, sondern nur eine Zusammenfassung der Ergebnisse. Die ungefähren Fangzahlen lassen sich übersichtlich in einer kleinen Tabelle zusammenstellen. Wenn Sie den PCR-Einsatz hinsichtlich einer quantitativen Bestimmung von DNA kritisch hinterfragen, können Sie Zusatzpunkte erhalten.*

Abb. 2 A gibt für *P. kessleri* und *N. melanostomus* die folgenden Fangzahlen im Rhein bei Basel in den Jahren 2012 bis 2014 an:

Jahr	*P. kessleri*	*N. melanostomus*
2012	ca. 45	ca. 45
2013	ca. 150	ca. 600
2014	ca. 50	ca. 430

Die gelelektrophoretische Darstellung von eDNA-Proben aus derselben Region und für den gleichen Zeitraum zeigt für alle drei Jahre eine DNA-Bande bei etwas mehr als 100 bp. Da diese Größe derjenigen Bande entspricht, die beim Einsatz bekannter DNA von *N. melanostomus* auftritt (Positivkontrolle), bedeutet dies, dass Schwarzmeerraum-Grundeln im Rhein bei Basel in allen drei Jahren vorkamen.
Zur Frage, inwiefern die Analyse von eDNA Aussagen über das Vorkommen und die Abundanz der Grundelarten in einem Fließgewässerabschnitt ermöglicht, kann kritisch Stellung genommen werden: Obwohl die gelelektrophoretische Untersuchung der eDNA-Proben eindeutig belegt, dass Grundeln im Rhein bei Basel vorkamen, ist der Einsatz artübergreifender Primer problematisch, da keine spezifische Art identifiziert werden kann. Dies wäre nur mit artspezifischen Primern möglich. Auch Aussagen über die Abundanz der einzelnen Grundelarten sind anhand der Ergebnisse der gelelektrophoretischen Untersuchung nicht möglich. Deutlich wird dies beispielsweise daran, dass sich der 2013 durch die Fangmethode verifizierte hohe Abundanzwert nicht im Elektrophoresegel widergespiegelt, etwa in einer entsprechenden Bandendicke. Dabei ist anzumerken, dass die eDNA vor der Gelelektrophorese mittels klassischem PCR-Verfahren vervielfältigt wurde, sodass sich aus der Bandenstärke grundsätzlich kein Rückschluss auf die ursprünglich eingesetzte DNA-Menge ziehen lässt. Es ist lediglich der Nachweis der DNA möglich.
Ein weiterer Aspekt, der die Aussagekraft der eDNA-Untersuchung mindert, betrifft das Habitat der Fische. Im Fließgewässer Rhein verdriften Kot und Schuppen mit der Strömung, anders als in stehenden Gewässern. Somit gibt die in den Wasserproben nachgewiesene DNA nicht zwingend das tatsächliche Vorkommen und die Häufigkeit der Fische wieder.

Leistungskurs Biologie (NRW) – Abiturprüfung 2018
Aufgabe 2: Ökologie/Genetik

Aufgabenstellung: Punkte

Thema: Regulation der Entwicklung und Funktion von pflanzlichen Schließzellen

II.1 Erklären Sie die Bedeutung des Gasaustauschs durch die Spaltöffnungen für die Fotosynthese und begründen Sie die unterschiedlichen Wirkungen der in Tabelle 1 genannten Einflussfaktoren auf die Öffnungsweite der Spaltöffnungen bei der Modellpflanze *Arabidopsis thaliana* (Material A). 12

II.2 Erklären Sie die Bedeutung von Transkriptionsfaktoren für die Genregulation von Eukaryoten und deren Funktion für die Schließzellendifferenzierung (Material B). 10

II.3 Beschreiben Sie die in Abbildung 3 A gezeigten Phänotypen der beiden Mutanten und leiten Sie ab, welcher Schritt der Schließzellendifferenzierung bei den Mutanten jeweils betroffen ist (Materialien B und C). Erläutern Sie anhand der Abbildungen 2 und 3 B die Entstehung der unterschiedlichen Phänotypen von *speechless* und *yoda* (Materialien B und C). 18

II.4 Fassen Sie die bei Eukaryoten für die Bildung der reifen mRNA notwendigen Schritte zusammen. Erläutern Sie differenziert das Zustandekommen der unterschiedlich langen mRNA-Moleküle beim Wildtyp und bei der *mute*-Mutante und leiten Sie die Auswirkungen der Mutation auf das gebildete Polypeptid ab (Material D). Entwickeln Sie auch auf der Grundlage der Experimente mit dem MUTE-GFP-Fusionsprotein eine Hypothese zum zu erwartenden Phänotyp der mute-Mutante (Materialien B und D). 26

Material A: Aufbau und Funktion von Spaltöffnungen

Höhere Pflanzen besitzen auf ihren Blättern und Stängeln Spaltöffnungen (Abb. 1). Dies sind Poren im Abschlussgewebe (Epidermis), die insbesondere den Gasaustausch der Pflanzen regulieren. Die Öffnungsweite der Spaltöffnung wird durch eine Volumenveränderung der Schließzellen reguliert. Eine Öffnung der Spaltöffnung erfolgt infolge des Transports von osmotisch aktiven Stoffen in die Vakuolen der Schließzellen durch den nachfolgenden Einstrom von Wasser.

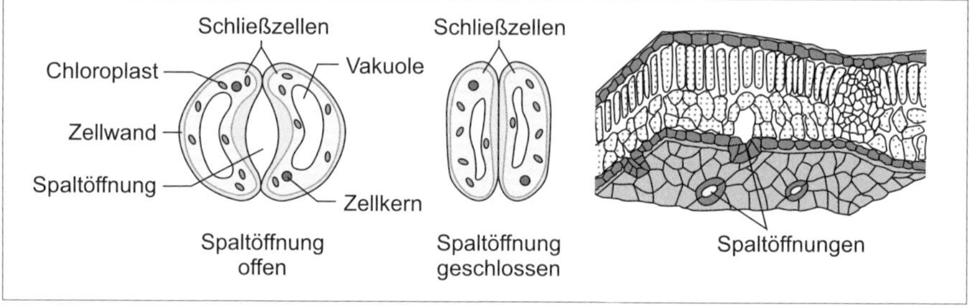

Abb. 1: Schematischer Aufbau und Lage der Spaltöffnungen
verändert nach: www.everythingmaths.co.za und www.digitalefolien.de

Bezüglich der Faktoren, welche die Öffnungsweite der Spaltöffnungen beeinflussen, wurden bei der Modellpflanze *Arabidopsis thaliana* verschiedene Untersuchungen durchgeführt. Danach kommt den in Tabelle 1 aufgeführten Einflussfaktoren eine besondere Bedeutung zu.

Öffnungsweite der Spaltöffnungen erhöht sich z. B. bei	Öffnungsweite der Spaltöffnungen verringert sich z. B. bei
• geringer CO_2-Konzentration in den Zellen • ausreichender Bestrahlung (insbesondere mit blauem Licht) • ausreichender Wasserversorgung der Zellen	• hoher CO_2-Konzentration in den Zellen • Dunkelheit • Wassermangel in den Zellen

Tab. 1: Einflussfaktoren auf die Öffnungsweite der Spaltöffnungen bei *Arabidopsis thaliana*
zusammengestellt aus: Vahisalu et al. (2008) und Eisenach & De Angeli (2017)

Material B: Schritte der Schließzellendifferenzierung

Die Zellen des Spaltöffnungsapparats entstehen während der Blattentwicklung aus embryonalen Zellen in der Epidermis (protodermale Zellen, Abbildung 2). Die einzelnen Differenzierungsschritte ausgehend von der protodermalen Zelle werden durch verschiedene Transkriptionsfaktoren reguliert, die jeweils in unterschiedlichen Differenzierungsstadien aktiv sind. Je nachdem, welche Transkriptionsfaktoren in der protodermalen Zelle aktiv sind, erfolgt eine schrittweise Differenzierung entweder in Epidermiszellen oder in Schließzellen.

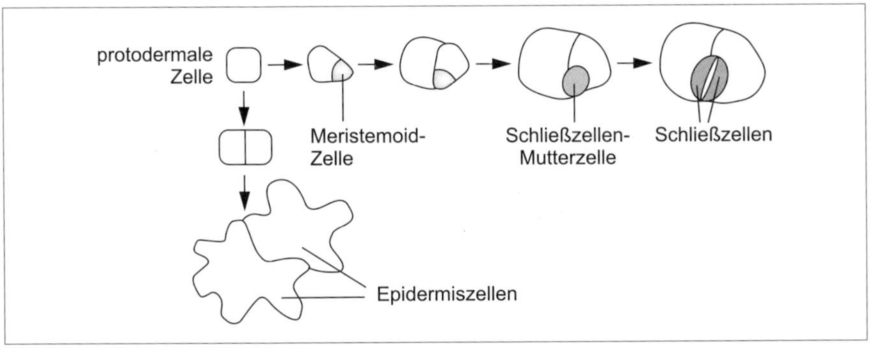

Abb. 2: Schritte der Differenzierung der Schließzellen bzw. der Epidermiszellen aus einer protodermalen Zelle

verändert nach: Torii et al. (2007), Fig. 1

Material C: Genetische Regulation der Schließzellendifferenzierung

Viele der an der Differenzierung der Schließzellen beteiligten Gene wurden in den vergangenen Jahren bei *Arabidopsis thaliana* identifiziert. Wissenschaftler entdeckten verschiedene Mutanten mit einer veränderten Anzahl an Spaltöffnungen, darunter die Mutanten *speechless* und *yoda* (Abbildung 3 A). Durch weitere Forschungen konnte man zeigen, dass das YODA-Protein und das SPEECHLESS-Protein Teile einer Signalkaskade sind, welche die Differenzierung der Schließzellen reguliert (Abbildung 3 B). Das SPEECHLESS-Protein ist ein Transkriptionsfaktor.

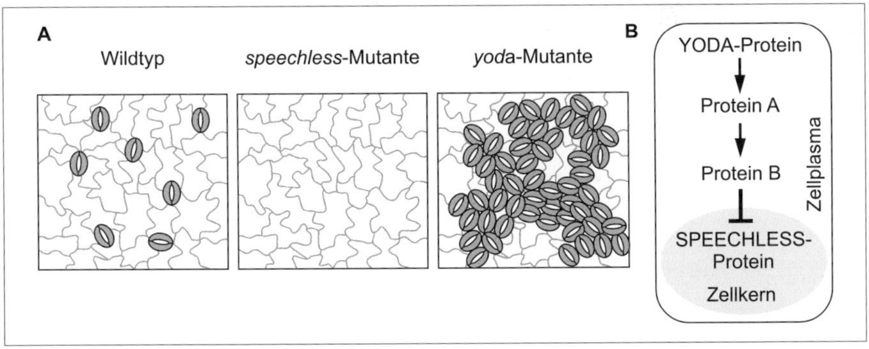

Abb. 3: (A) schematische Darstellung der Phänotypen der *speechless*- und *yoda*-Mutanten im Vergleich zum Wildtyp; (B) vom YODA-Protein ausgehende Signalkaskade
(→ = Aktivierung ⊣ = Hemmung)

Abbildung 3 A verändert nach: Bergmann & Sack (2007), Fig. 2
Abbildung 3 B verändert nach: Lampard et al. (2008), Fig. 4 A

Material D: Transkriptionsfaktor MUTE

Der Transkriptionsfaktor MUTE ist ebenfalls an der Schließzellendifferenzierung beteiligt. In einem Experiment wurde das MUTE-Protein mit dem grün-fluoreszierenden Protein (GFP) fusioniert, sodass ein funktionstüchtiges MUTE-GFP-Fusionsprotein entstand. GFP kann durch UV-Licht angeregt und mit einem Fluoreszenzmikroskop sichtbar gemacht und auf diese Weise lokalisiert werden. Es zeigte sich, dass das MUTE-Protein in den Zellkernen von Meristemoid-Zellen und (schwächer) von Schließzellen-Mutterzellen und Schließzellen vorhanden ist.

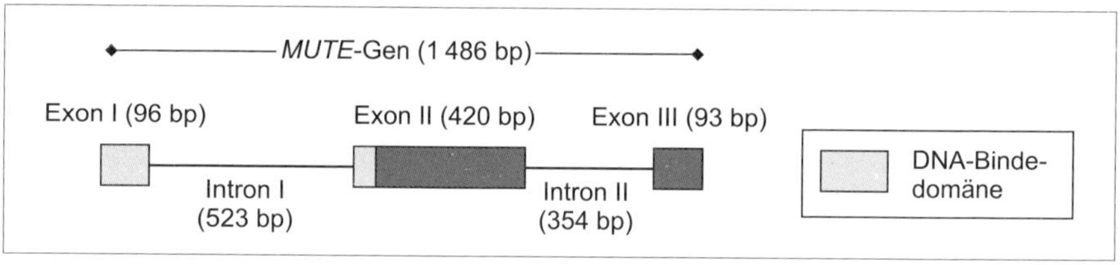

Abb. 4: Schematische Darstellung des *MUTE*-Gens von *A. thaliana*
(Die jeweiligen Längen der Exons und Introns sind in Basenpaaren (bp) angegeben.)
verändert nach: Pillitteri et al. (2007), Fig. 3

Durch eine Sequenzanalyse konnte gezeigt werden, dass in der *mute*-Mutante eine Nukleotidsubstitution (G→A) bei der ersten Base des Introns I stattgefunden hat. Um die Auswirkungen dieser Mutation zu untersuchen, wurde reife *MUTE*-mRNA aus Wildtyp-Pflanzen und *mute*-Mutanten isoliert und mittels Gelelektrophorese analysiert. Im Gegensatz zum Wildtyp (609 bp) konnte man bei der *mute*-Mutante eine in ihrer Länge veränderte mRNA-Bande nachweisen (1 132 bp).

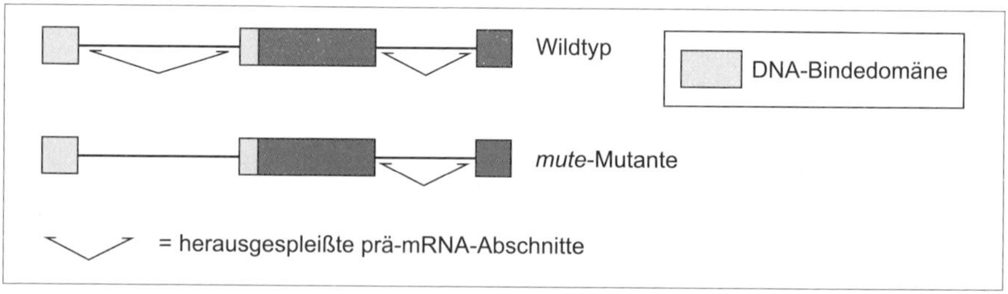

Abb. 5: Schematische Darstellung der Auswirkungen der mute-Mutation auf den Spleißprozess
(Die Längen der einzelnen Abschnitte entsprechen denen aus Abbildung 4.)
verändert nach: Pillitteri et al. (2007), Fig. S2

weitere Materialgrundlage:

Barton, M. K. (2007). Making holes in leaves: Promoting cell state transitions in stomatal development. The Plant Cell 19, S. 1 140–1 143

Bergmann, D. C. et al. (2004). Stomatal development and pattern controlled by a MAPKK kinase. Science 304, S. 1 494–1 497

Bergmann, D. C. & Sack, F. D. (2007). Stomatal Development. Annual Review of Plant Biology 58, S. 163–181

Eisenach, C. & De Angeli, A. (2017). Ion transport at the vacuole during stomatal movements. Plant Physiology 174, S. 520–530

Hetherington, A. M. & Woodward, F. I. (2003). The role of stomata in sensing and driving environmental change. Nature 424, S. 901–908

Lampard, G. R. et al. (2008). Arabidopsis stomatal initiation is controlled by MAPK-mediated regulation of the bHLH SPEECHLESS. Science 322, S. 1 113–1 116

Lampard, G. R. et al. (2009). Novel and expanded roles for MAPK signaling in arabidopsis stomatal cell fate revealed by cell type-specific manipulations. The Plant Cell 21, S. 3 506–3 517

Lampard, G. R. (2009). The missing link? Arabidopsis SPCH is a MAPK specificity factor that controls entry into the stomatal lineage. Plant Signaling & Behavior 4, S. 425–427

Lampard, G. R. et al. (2014). Manipulation of mitogen-activated protein kinase kinase signaling in the Arabidopsis stomatal lineage reveals motifs that contribute to protein localization and signaling specificity. The Plant Cell 26, S. 3 358–3 371

Lau, O. S. et al. (2014). Direct roles of SPEECHLESS in the specification of stomatal self-renewing cells. Science 345, S. 1 605–1 609

Pillitteri, L. J. et al. (2007). Termination of asymmetric cell division and differentiation of stomata. Nature 445, S. 501–505

Torii, K. U. et al. (2007). Stomatal development – three steps for cell-type differentiation. Plant Signaling & Behavior 2, S. 311–313

Vahisalu, T. et al. (2008). SLAC1 is required for plant guard cell S-type anion channel function in stomatal signalling. Nature 452, S. 487–491

Yang, K. Z. et al. (2015). Phosphorylation of serine 186 of bHLH transcription factor SPEECHLESS promotes stomatal development in Arabidopsis. Molecular Plant 8, S. 783–795

www.everythingmaths.co.za/science/lifesciences/grade-10/05-support-and-transportsystems-in-plants/images/400ba40c937bce0d2766684aa3882c16.png (Zugriff: 21. 10. 2016)

www.digitalefolien.de/biologie/pflanzen/aufbau/blattq.html (Zugriff: 19. 10. 2017)

Lösungsvorschlag

In der Aufgabe thematisierte Unterrichtsinhalte sind:
Spaltöffnungen, Schließzellen, Kohlenstoffdioxid, Sauerstoff, Gasaustausch, Fotoreaktion, Synthesereaktion, DNA, Transkription, Transkriptionsfaktoren, Promotor, Enhancer- und Silencer-Region, Signalkaskade, RNA-Polymerase, mRNA, Spleißen, Spleißosom, RNA-Prozessierung, Introns, Exons

II.1 *Bei dieser Teilaufgabe müssen Sie Ihr Unterrichtswissen mit den Fakten aus Material A verbinden und in einem logischen Zusammenhang erläutern.*

Der Gasaustausch durch die Spaltöffnungen ist für höhere Pflanzen von essenzieller Bedeutung, da für den Fotosyntheseprozess Kohlenstoffdioxid aufgenommen und der gebildete Sauerstoff abgegeben werden muss. Das über die Stomata aufgenommene CO_2 wird während des Calvinzyklus in der lichtunabhängigen Synthesereaktion auf Ribulose-1,5-bisphosphat übertragen und anschließend in Phosphoglycerinsäure fixiert. O_2 entsteht in der Pflanzenzelle als „Abfallprodukt" bei der Wasserspaltung in der lichtabhängigen Fotoreaktion. Das Gas wird über die Spaltöffnungen an die Umgebung abgegeben.
Die Öffnungsweite der Spaltöffnungen wird bei *Arabidopsis thaliana* von unterschiedlichen ökologischen Faktoren beeinflusst: der CO_2-Konzentration, der Bestrahlung mit Licht und der Wasserversorgung. Ist in den fotosynthetisch aktiven Pflanzenzellen der CO_2-Gehalt zu gering, öffnen sich die Stomata, damit CO_2 aus der Umgebungsluft aufgenommen werden kann. Umgekehrt werden die Spaltöffnungen bei einer hohen CO_2-Konzentration in den Zellen geschlossen. So kann verhindert werden, dass durch austretenden Wasserdampf der Wasserverlust der Pflanze zu groß wird. Ist eine ausreichende Bestrahlung, insbesondere mit blauem Licht, gegeben, so erhöht sich die Öffnungsweite der Stomata, da bei hoher Fotosyntheserate (infolge maximaler Absorption der Chlorophylle bei Licht blauer Wellenlänge) ein erhöhter Bedarf an CO_2 zur Fixierung besteht. Da *A. thaliana* im Dunkeln keine Fotosynthese betreibt, schließt die Pflanze bei Dunkelheit ihre Spaltöffnungen, damit kein Wasser über die Stomata verloren geht. Ist in den Pflanzenzellen aufgrund Wassermangels der Innendruck der Zellen (Turgordruck) zu gering, schließen sich die Stomata ebenfalls. Dies dämmt weiteren Wasserverlust und die Austrocknung der Pflanze ein. Bei ausreichender Wasserversorgung erhöht sich der Innendruck der Schließzellen (nach Transport osmotisch aktiver Stoffe und von Wasser in die Zelle) und dadurch die Öffnungsweite der Stomata.

II.2 *Definieren Sie zunächst, was Transkriptionsfaktoren sind, und erklären Sie danach ihre Bedeutung für die Regulation der Genexpression bei Eukaryoten. Vergegenwärtigen Sie sich dabei die einleitenden Schritte der Transkription und setzen Sie diese zu den Transkriptionsfaktoren in Beziehung. Die Bedeutung der Faktoren für die Differenzierungsprozesse der Pflanzenepidermis können Sie Material B entnehmen.*

Bei den Transkriptionsfaktoren handelt es sich um Proteine, die meist an DNA binden können und die Transkriptionsrate von Genen regulieren, indem sie das Ablesen der Gene positiv oder negativ beeinflussen.
Bei der Initiation der Transkription binden allgemeine Transkriptionsfaktoren an den Promotor des Gens, das abgelesen werden soll. Erst dadurch ist es der RNA-Polymerase möglich, an den Promotor zu binden.
Darüber hinaus gibt es spezifische Transkriptionsfaktoren, die die Transkriptionsrate ganz bestimmter Gene (um ein Vielfaches) steigern oder hemmen. Dies geschieht dadurch, dass sie an spezielle Enhancer- oder Silencer-Elemente der DNA binden. Spezifische Transkriptionsfaktoren ermöglichen also der Zelle, nur diejenigen Gene zu aktivieren, deren Genprodukte physiologisch benötigt werden. Die Zelle kann somit äußerst ökonomisch „arbeiten", da immer nur die Auswahl an Genen aktiv ist, die für die jeweilige Zellfunktion notwendig sind.
Auch bei der Entstehung der Zellen des Spaltöffnungsapparats aus embryonalen Zellen in der Epidermis spielen Transkriptionsfaktoren eine entscheidende Rolle. Diese Faktoren steuern die Schließzellendifferenzierung aus undifferenzierten protodermalen Zellen. Nur wenn spezifische Transkriptionsfaktoren in den protodermalen Zellen aktiv sind, erfolgt die weitere schrittweise Differenzierung in Schließzellen. Die einzelnen nachfolgenden Differenzierungsschritte werden ebenfalls über verschiedene Transkriptionsfaktoren reguliert.

II.3 *Werten Sie die Informationen der beiden Materialien gründlich aus. Sie ermöglichen es Ihnen, Ihre Argumentationskette über die Schritte der Schließzellendifferenzierung und deren Defekte aufzubauen. Achten Sie auch auf die Lokalisation der beiden entscheidenden Proteine in der Zelle.*

Bei *Arabidopsis thaliana* gibt es neben dem Wildtyp zwei mutierte Phänotypen: die *speechless*- und die *yoda*-Mutante. Der *speechless*-Mutante fehlen alle Spaltöffnungen, d. h., die protodermalen Zellen haben sich ausnahmslos zu Epidermiszellen differenziert. Bei der *yoda*-Mutante wurden im Vergleich zum Wildtyp ein Vielfaches an Schließzellen und nur wenige Epidermiszellen gebildet.
Aus den Angaben in den Materialien B und C kann der Schritt erschlossen werden, der bei den Mutanten in Bezug auf die Schließzellendifferenzierung betroffen ist: Nach Abb. 3 B gehören die Wildtypproteine zu einer Signalkaskade, wobei YODA im Zytoplasma und SPEECHLESS im Zellkern lokalisiert ist. Bei der Differenzierung der Schließzellen wird (mindestens) einer der dafür notwendigen Schritte von dieser Signalkaskade reguliert. *Speechless*-Mutanten weisen weder Vorläuferzellen noch Schließzellen auf und die *yoda*-Mutante besitzt viel mehr Schließzellen als der Wildtyp. Aus diesen Phänotypen lässt sich schließen, dass jeweils ein früher Differenzierungsschritt beeinträchtigt sein muss. Abb. 2 verdeutlicht, dass bei beiden Mutanten eine Störung bei der Differenzierung der protodermalen Zellen vorliegt. Ist die Entwicklung von Meristemoid-Zellen gestört, bilden sich nur Epidermiszellen, es entsteht die *speechless*-Mutante. Liegt ein Defekt bei der Bildung von Epidermis-Vorläuferzellen vor, differenzieren

sich überdurchschnittlich viele protodermale Zellen zu Schließzellen und es entsteht die *yoda*-Mutante.

Auf dieser Grundlage ergibt sich für die Entstehung der unterschiedlichen Phänotypen Folgendes: Beide Mutanten weisen entgegengesetzte Phänotypen auf, die letztlich auf das Fehlen oder die Funktionslosigkeit von Proteinen der Signalkette zurückgeführt werden können. Da bei der *speechless*-Mutante ein früher Differenzierungsschritt betroffen ist, muss das SPEECHLESS-Protein zu einem frühen Zeitpunkt (als Transkriptionsfaktor im Zellkern) aktiv sein. Ist dieses Protein durch Mutation defekt oder fehlt ganz, erfolgt keine Differenzierung in Meristemoid-Zellen. Als Folge davon werden aus allen protodermalen Zellen nur Epidermiszellen gebildet.

Wie Abb. 3B zeigt, startet die Protein-Signalkette im Zellplasma mit dem YODA-Protein. Über zwei Zwischenstufen, ein aktivierendes Protein A und ein hemmendes Protein B, wirkt das YODA-Protein indirekt auf den SPEECHLESS-Transkriptionsfaktor und hemmt dessen Aktivität. Für den Fall, dass das YODA-Protein durch Mutation funktionslos ist oder ganz fehlt, kann es seine hemmende Wirkung auf das Endglied der Signalkette, das SPEECHLESS-Protein, nicht mehr ausüben. Ohne Hemmung des SPEECHLESS-Proteins erfolgt dann eine verstärkte Entwicklung der protodermalen Zellen in Meristemoid-Zellen, die eine vermehrte Ausbildung von Schließzellen nach sich zieht.

II.4 *Arbeiten Sie zunächst reproduktiv die Prozessierungsschritte ab. Eine detaillierte Darstellung kann Ihnen Zusatzpunkte einbringen. „Differenziert erläutern" bedeutet für Sie, dass Sie auf alle wesentlichen Einzelheiten (auch mit Zahlenwerten) eingehen müssen. Halten Sie sich bei Ihrer Hypothesenbildung konsequent an die Informationen in den Materialien B und D und verbinden Sie deren Aussagen zu einer logischen Schlussfolgerung.*

Die Bildung der reifen mRNA läuft bei Eukaryoten in mehreren Schritten ab. Während der Transkription „liest" die RNA-Polymerase den codogenen DNA-Strang ab und erstellt dabei eine komplementäre Kopie in Form von einsträngiger RNA. Diese prä-mRNA enthält sowohl Exons, codierende Gensequenzen, als auch Introns, nicht-codierende Bereiche. Sofort nach dem Beginn der Transkription wird am neu entstandenen 5'-Ende der RNA eine Kappe aus einem methylierten Guan(os)in hinzugefügt (Capping). Nach dem Abschluss der Transkription erfolgen weitere Prozessierungsschritte. Hier werden durch den Vorgang des Spleißens mithilfe von Spleißosomen zum einen die Introns aus der prä-mRNA entfernt und zum anderen die Exons zusammengefügt. In einem parallel ablaufenden Arbeitsschritt erfolgt auch eine Veränderung des 3'-Endes des neu synthetisierten Einzelstrangs: Hier wird ein Poly-A-Schwanz angefügt, eine Kette aus (80–250) Adenin-Nukleotiden (Polyadenylierung), die – u. a. zum Schutz vor enzymatischem Abbau – von Proteinen umhüllt werden. Dieser reife mRNA-Strang kann ins Zytoplasma transportiert und dort translatiert werden.

Die unterschiedlich langen mRNA-Moleküle beim Wildtyp und bei der *mute*-Mutante kommen folgendermaßen zustande: Die reife *MUTE*-mRNA des Wildtyps ist 609 bp lang und setzt sich aus den drei Exons mit 96 bp (I), 420 bp (II) und 93 bp (III) Länge zusammen. Eine Mutation an der ersten Exon/Intron-Grenze des Gens bei der *mute*-Mutante führt zu einem veränderten Spleißprozess und -ergebnis: Die Nukleotidsubstitution (G → A) bei der ersten Base des Introns I bewirkt, dass das erste, 523 bp lange Intron nicht durch die Spleißosomen aus der mRNA herausgeschnitten wird. Dadurch ist die reife mRNA mit 1 132 bp um 523 bp länger als die Wildtyp-mRNA.
Auf die Bildung des Polypeptids aus der mRNA hat diese Mutation enorme Auswirkungen: Dadurch, dass Intron I in der reifen mRNA verbleibt, wird es bei der Translation berücksichtigt und es entsteht ein auch durch die Verschiebung des Leserasters verändertes, vermutlich längeres Polypeptid. Bei der *mute*-Mutante ist außerdem die DNA-Bindedomäne, die aus Exon I und dem ersten Teil von Exon II gebildet wird, durch die Intron-I-Sequenz unterbrochen. Dies verändert die Funktionsfähigkeit des Transkriptionsfaktors, da er nicht mehr an die spezifische DNA-Sequenz des Promotors der Zielgene binden und die Transkription initiieren kann.
Die Mutation in der DNA-Sequenz des MUTE-Proteins könnte auch zu einer deutlich kürzeren, ebenfalls funktionslosen Aminosäurekette führen: Falls sich in der Sequenz des Introns I ein Stopp-Codon befindet, bricht die Translation an dieser Stelle ab. Das gebildete Polypeptid ist dann erheblich kürzer und wird eine Länge von 207 Aminosäuren (Exon I + Intron I) nicht überschreiten.
Zum erwarteten Phänotyp der *mute*-Mutante ist folgende Hypothese möglich: Die an *Arabidopsis thaliana* durchgeführten Experimente haben gezeigt, dass das MUTE-Protein in den Zellkernen von Meristemoid-Zellen vorhanden ist und noch nicht in den protodermalen Zellen. Das Protein könnte daher dazu beitragen, Meristemoid-Zellen weiter zu Schließzellen zu differenzieren. Ist das MUTE-Protein funktionslos oder fehlt, könnten sich Meristemoid-Zellen nicht mehr weiterentwickeln und würden in diesem Stadium verbleiben. Damit kann die Hypothese aufgestellt werden, dass die *mute*-Mutante zwar Meristemoid-Zellen aufweist, aber keine vollständig entwickelten und funktionstüchtigen Schließzellen.

Leistungskurs Biologie (NRW) – Abiturprüfung 2018
Aufgabe 3: Evolution / Neurobiologie

Aufgabenstellung: Punkte

Thema: Der Giftapparat der Hundertfüßer

III.1 Stellen Sie die Homologiekriterien dar und prüfen Sie auf dieser Basis, ob die in Abbildung 2 gezeigten Strukturen homolog sind (Materialien A und B). Entwickeln Sie unter Berücksichtigung von Abbildung 3 eine Hypothese zur Evolution des Giftapparates der Hundertfüßer (Materialien A und B). 18

III.2 Beschreiben Sie die Ergebnisse der Patch-Clamp-Messungen in Abbildung 4 und erläutern Sie die Wirkungsweise des Toxins ST2 bei Ratten (Materialien A und C). Skizzieren Sie den zu erwartenden zeitlichen Verlauf des Membranpotenzials am Axon bei überschwelliger Reizung allgemein und mit hoher ST2-Toxinwirkung (Material C). 20

III.3 Erklären Sie die Rolle von Ca^{2+}-Ionen bei der synaptischen Signalübertragung und erläutern Sie anhand von Abbildung 5 die Wirkungsweise des Toxins ST5 bei Ratten (Materialien A und C). 14

III.4 Fassen Sie die in Abbildung 6 gezeigten Ergebnisse zusammen (Material C). Werten Sie Material C im Hinblick auf die jeweilige Funktion aller drei untersuchten Toxine für den Chinesischen Rotkopfhundertfüßer aus und erklären Sie deren Vorteile aus evolutionsbiologischer Sicht (Materialien A und C). 14

Material A: Hundertfüßer und ihre Gifte

Die Klasse der Hundertfüßer (Chilopoda) umfasst über 3 000 Arten und gehört wie die Insekten zum Stamm der Gliederfüßer (Arthropoda), die sich u. a. durch einen in Segmente gegliederten Körperbau und ein Außenskelett aus Chitin auszeichnen. Hundertfüßer sind überwiegend bodenbewohnende und nachtaktive Räuber. Dazu zählen auch die Skolopender. Die größte Art, *Scolopendra gigantea*, kann eine Länge von bis zu 30 cm erreichen. Zur Beute der Skolopender gehören neben Schnecken, Regenwürmern, Insekten und weiteren Gliederfüßern auch Wirbeltiere wie z. B. Frösche, Schlangen, Mäuse oder Fledermäuse. Skolopender verfügen über ein breites Spektrum verschiedener Toxine, die unter anderem neurotoxisch wirken. Sie werden mithilfe zweier seitlich am Kopf sitzender Giftklauen in den Körper der Beute injiziert und lähmen bzw. töten diese. Manche der Neurotoxine binden an spannungsgesteuerte Ionenkanäle. Neben der Jagd werden die Toxine auch zur Verteidigung gegen Fressfeinde (insbesondere Vögel und Schlangen) eingesetzt. Für den Menschen ist ein Biss normalerweise nicht lebensbedrohlich, wird jedoch als brennend und äußerst schmerzhaft beschrieben.

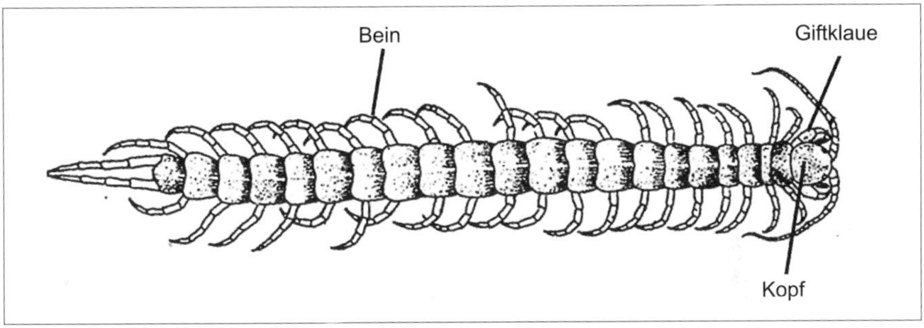

Abb. 1: Aufsicht auf den Körperbau eines Skolopenders *(Scolopendra spec.)*

verändert nach: Jain, K. (o. J.). Study Notes on Scolopendra. Verfügbar unter: www.biologydiscussion.com/invertebrate-zoology/phylum-arthropoda/studynotes-on-scolopendra/33365 (Zugriff: 06. 05. 2017), und Wehner, R. & Gehring, W. (1995). Zoologie (23. Aufl.). Thieme Verlag: Stuttgart, New York, Abb. 12.43 D

Material B: Evolution des Giftapparates

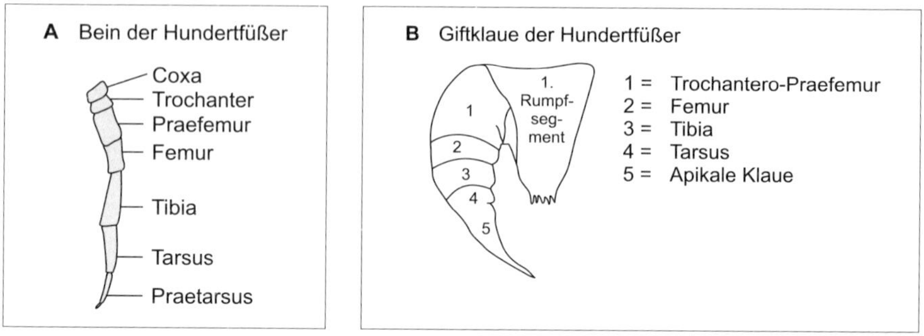

Abb. 2: Schematischer Aufbau der Extremitäten (Bein und Giftklaue) von Hundertfüßern
(Die angeführten Fachbegriffe benennen die einzelnen Segmente der Extremitäten, von denen einige auch verwachsen sein können.)

Abbildung 2A verändert nach: spektrum.de
Abbildung 2B verändert nach: Dugon & Arthur (2012), Fig. 1

Die Giftdrüse im Inneren der Giftklaue wird von einem Gift produzierenden Gewebe gebildet, das einen Sammel- und Ausführungskanal umschließt, durch den das von der Drüse abgesonderte Gift bis in die Spitze der Giftklaue gepumpt wird (Abbildung 3).

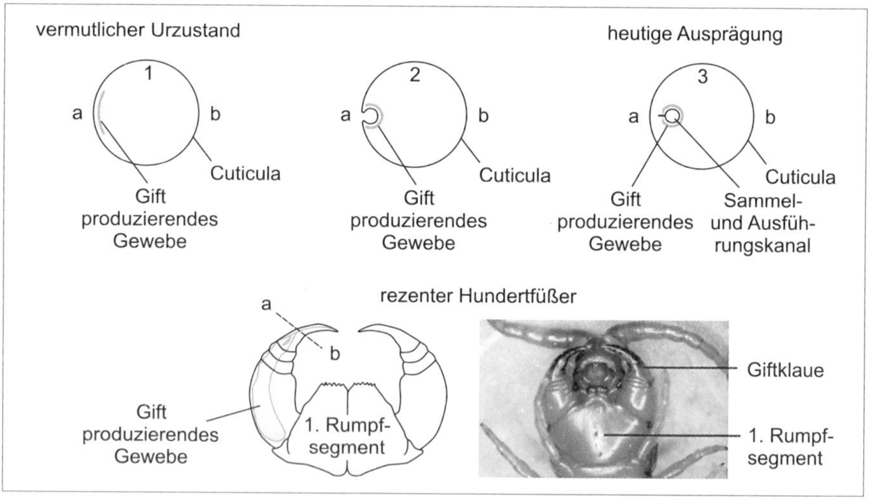

Abb. 3: Mögliche evolutive Entwicklung des Giftapparates bei Hundertfüßern
(Die Schemata 1 bis 3 zeigen mögliche Schritte vom vermutlichen Urzustand bis hin zur heutigen Ausprägung. Dargestellt ist jeweils ein Querschnitt durch das vordere Segment der Giftklaue. Die Buchstaben a und b kennzeichnen in allen Abbildungen die beiden Seiten der Giftklaue.
Das Schema und das Foto eines rezenten Hundertfüßers zeigen jeweils die Körperunterseite.)

verändert nach: Knoflach (2010), Fig. 9 und 11, Dugon & Arthur (2012), Fig. 9
Foto: © Barbara Knoflach

Material C: Untersuchungen zur Wirkungsweise von Toxinen des Chinesischen Rotkopfhundertfüßers

Wissenschaftler untersuchten die Wirkung der drei Toxine κ-SLPTX-Ssm1a (ST2), ω-SLPTX-Ssm1a (ST5) und RhTx des Chinesischen Rotkopfhundertfüßers *(Scolopendra subspinipes mutilans)*.
Die Wissenschaftler ermittelten mithilfe der Patch-Clamp-Technik den K^+-Strom (I_{K^+}) durch spannungsabhängige K^+-Kanäle der Axonmembran von Ratten *(Rattus spec.)* während eines künstlichen Reizes nach der Zugabe unterschiedlicher Konzentrationen des Toxins ST2. Die Ergebnisse dieser Untersuchungen sind in Abbildung 4 dargestellt.

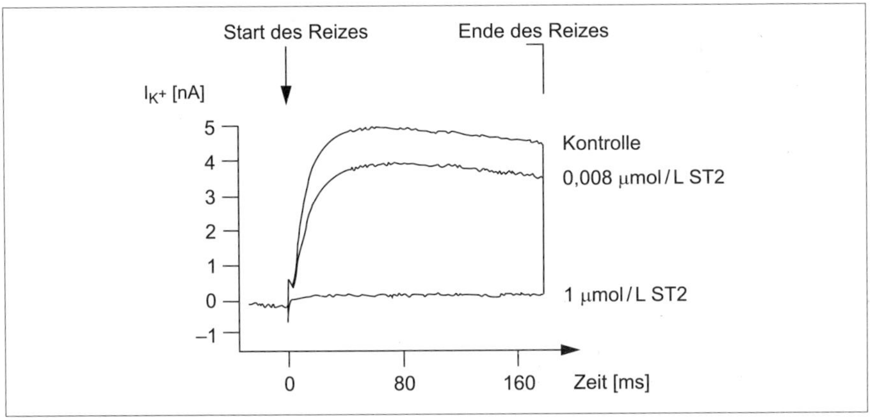

Abb. 4: Patch-Clamp-Messungen an spannungsabhängigen K^+-Kanälen an Neuronen von Ratten nach Einwirkung des Toxins ST2
(Die Kurven zeigen die Stärke des K^+-Stroms (I_{K^+}) während eines künstlichen Reizes bei zwei unterschiedlichen Toxinkonzentrationen (untere Kurven). Die obere Kurve zeigt die Kontrollmessung ohne Toxin. Der Ionenfluss durch die K^+-Kanäle wurde in nA (Nanoampere) gemessen.)

verändert nach: Yang et al. (2012), Fig. 3

In einem weiteren Experiment ermittelten die Forscher die Auswirkungen des Toxins ST5 auf spannungsabhängige Ca^{2+}-Ionenkanäle an Synapsen. Auch hier wurden Patch-Clamp-Messungen an Neuronen von Ratten durchgeführt. Die Ergebnisse sind in Abbildung 5 dargestellt.

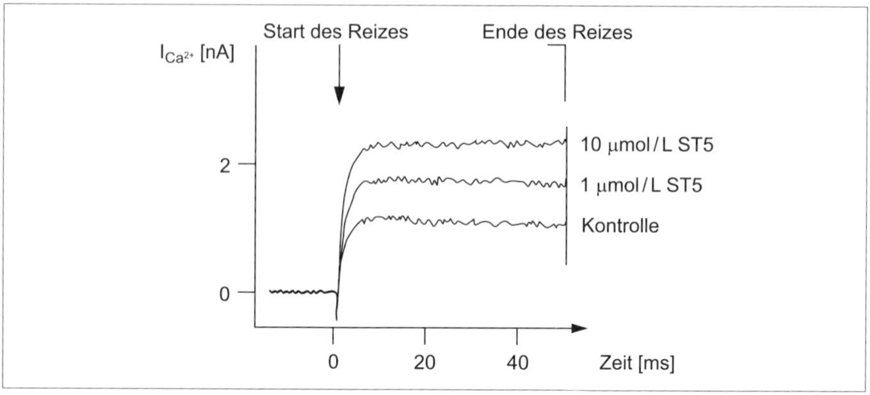

Abb. 5: Patch-Clamp-Messungen an spannungsabhängigen Ca^{2+}-Kanälen an Neuronen von Ratten nach Einwirkung des Toxins ST5
(Die Kurven zeigen die Stärke des Ca^{2+}-Stroms ($I_{Ca^{2+}}$) während eines künstlichen Reizes bei zwei unterschiedlichen Toxinkonzentrationen (obere Kurven). Die untere Kurve zeigt die Kontrollmessung ohne Toxin. Der Ionenfluss durch die Ca^{2+}-Kanäle wurde in nA (Nanoampere) gemessen.)
verändert nach: Yang et al. (2012), Fig. 5

Um zu überprüfen, ob die Toxine ST2 bzw. ST5 auf mögliche Beuteinsekten der Hundertfüßer eine entsprechende Wirkung haben, injizierten die Forscher beide Toxine in unterschiedlichen Dosen verschiedenen Insektenarten. In Abbildung 6 sind beispielhaft die Ergebnisse der Experimente mit Amerikanischen Großschaben *(Periplaneta americana)* gezeigt, die Experimente mit anderen Insektenarten ergaben vergleichbare Ergebnisse.

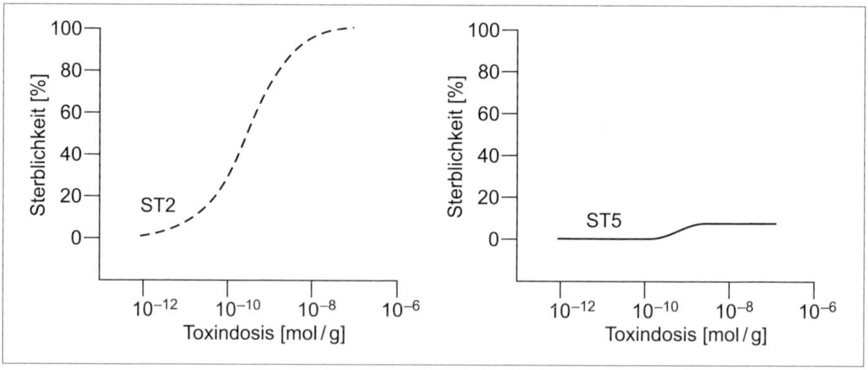

Abb. 6: Sterblichkeit von Amerikanischen Großschaben in Abhängigkeit der Konzentration der Toxine ST2 bzw. ST5
(Berechnet wurde die Toxindosis in Mol pro Gramm Körpergewicht.)
verändert nach: Yang et al. (2012), Fig. 8

Zusätzlich untersuchten die Forscher die Wirkungsweise des Toxins RhTx. Dabei konnte gezeigt werden, dass das Toxin bei Mäusen den Schmerzrezeptor TRPV1 aktiviert. Menschen, Vögel und Reptilien verfügen ebenfalls über einen TRPV1-Rezeptor. Die Forscher gehen davon aus, dass alle drei untersuchten Toxine ST2, ST5 und RhTx auch bei anderen Wirbeltieren wirken.

weitere Materialgrundlage:

Dugon, M. M. & Arthur, W. (2012). Comparative studies on the structure and development of the venom-delivery system of the centipedes, and a hypothesis on the origin of this evolutionary novelty. Evolution & Development 14, S. 128–137

Dugon, M. M. et al. (2012). Development of the venom ducts in the centipede Scolopendra: An example of recapitulation. Evolution & Development 14, S. 515–521

Dugon, M. M. (2015). Evolution, morphology and development of the centipede venom system. In: Evolution of venomous animals and their toxins. Springer Science + Business Media, Dordrecht

Edgecombe, G. D. & Giribet, G. (2007). Evolutionary biology of centipedes (Myriapoda: Chilopoda). Annual Review of Entomology 52, S. 151–170

Frias, B. & Merighi, A. (2016). Capsaicin, Nociception and Pain. Molecules 21, S. 1–33

Hakim, M. A. et al. (2015). Centipede venoms and their components: Resources for potential therapeutic applications. Toxins 7, S. 4 832–4 851

Jain, K. (o. J.). Study Notes on Scolopendra. Verfügbar unter: www.biologydiscussion.com/invertebrate-zoology/phylum-arthropoda/studynotes-on-scolopendra/33365 (Zugriff: 06. 05. 2017)

Knoflach, B. (2010). Hundert- und Tausendfüßer und ihre humanmedizinische Bedeutung. Denisia 30, S. 365–380

Undheim, E. A. B. & King, G. F. (2011). On the venom system of centipedes (Chilopoda), a neglected group of venomous animals. Toxicon 57, S. 512–524

Undheim, E. A. B. et al. (2014). Clawing through evolution: toxin diversification and convergence in the ancient lineage Chilopoda (Centipedes). Molecular Biology and Evolution 31, S. 2 124–2 148

Undheim, E. A. B. et al. (2015). Centipede venom: Recent discoveries and current state of knowledge. Toxins 7, S. 679–704

Wehner, R. & Gehring, W. (1995). Zoologie (23. Aufl.). Thieme Verlag: Stuttgart, New York

Yang, S. et al. (2012). Chemical punch packed in venoms makes centipedes excellent predators. Molecular & Cellular Proteomics 11, S. 640–650

Yang, S. et al. (2015). A pain-inducing centipede toxin targets the heat activation machinery of nociceptor TRPV1. Nature Communications 6, S. 8 297

www.spektrum.de/lexika/images/biok/fff424_w.jpg (Zugriff: 04. 02. 2017)

Lösungsvorschlag

In der Aufgabe thematisierte Unterrichtsinhalte sind:
Homologiekriterien, Selektionsvorteil, Genpool, Fitness(gewinn), Patch-Clamp-Messung, Aktionspotenzial, spannungsabhängige Ionenkanäle, Synapse, EPSP, IPSP, Toxinwirkung auf Nervenzellen, Jagd und Verteidigung mittels Toxinen

III.1 *Achten Sie bei der Darstellung der Homologiekriterien auf eine korrekte Ausdrucksweise. Die Nennung von Beispielen ist hier nicht notwendig. Der hier dargestellte Sachverhalt einer anatomischen Strukturveränderung kann auch als Beispiel für eine Präadaptation herangezogen werden, weshalb Sie dies zum Erwerb von Zusatzpunkten erwähnen sollten.*

Bei einer Prüfung auf Homologie sind drei Kriterien zu berücksichtigen:
- Kriterium der Lage: Organe und Strukturen verschiedener Lebewesen sind dann homolog, wenn sie in ihrer Anordnung und ihrem relativen Lagebezug zu anderen Strukturen übereinstimmen und einem gemeinsamen Bauplan zugeordnet werden können.
- Kriterium der Stetigkeit (Kontinuität): Organe und Strukturen sind dann homolog, wenn bei stark veränderten Strukturen durch embryonale oder fossile Zwischenformen, die mithilfe des Lagekriteriums homologisierbar sind, ein stetiger Übergang aufgezeigt werden kann.
- Kriterium der spezifischen Qualität: Organe und Strukturen sind dann homolog, wenn man bei äußerlich wenig ähnlichen Strukturen im Aufbau oder in den Bestandteilen gemeinsame charakteristische Merkmale findet.

Beine und Giftklaue der Hundertfüßer (Abb. 2) stellen mit hoher Wahrscheinlichkeit homologe Strukturen dar. Beide setzen jeweils an den Seiten der Körpersegmente an und sind aus einer ähnlichen Anzahl (7 bzw. 5) an relativ gleichförmigen Segmenten aufgebaut. Damit lassen sich beide Strukturen auf den Grundbauplan der Extremitäten von Gliederfüßern zurückführen, das Kriterium der Lage ist gegeben. Auch das Homologiekriterium der spezifischen Qualität ist erfüllt: Beim Blick auf den Feinbau von Bein und Giftklaue wird deutlich, dass, ausgehend vom seitlichen Ansetzen der Strukturen, eine starke Ähnlichkeit in der Segmentierung und der gleiche Baustoff des Außenskeletts, Chitin, vorliegt. Ob die Kontinuität als weiteres Kriterium herangezogen werden kann, ist mithilfe der vorliegenden Materialien nicht zu entscheiden, da keine Zwischenformen dargestellt sind.
Anhand von Abb. 3 kann die folgende Hypothese zur Evolution des Giftapparates bei Hundertfüßern aufgestellt werden: Im vermutlichen Urzustand befand sich an der Außenseite (des vorderen Segments) der Klaue unterhalb der Cuticula Gift produzierendes Gewebe (1). Der Sammel- und Ausführkanal entstand, indem sich die Cuticula über dem Gift produzierenden Gewebe vermutlich leistenartig nach innen stülpte. Das Gift produzierende Gewebe wanderte dabei mit nach innen, umschloss die Leiste (2) und umgibt in der heutigen Ausprägung den

Sammel- und Ausführungskanal, der sich durch vollständiges Einwachsen der Leiste bildete (3).
Die Verbindung aus Gift produzierendem Gewebe und Kanal verschaffte Besitzern dieser Strukturen vermutlich einen Selektionsvorteil. Da sich das gebildete Gift gezielt durch den Ausführkanal pumpen ließ, konnten Beutetiere rascher und leichter überwältigt oder Angreifer effektiver abgewehrt werden. Dadurch erreichten die Träger eine höhere Fitness. Infolge einer gesteigerten Fortpflanzungswahrscheinlichkeit der Merkmalsträger häuften sich im Laufe der Zeit diejenigen Allele, die an der Ausprägung dieses anatomischen Merkmals beteiligt waren, im Genpool der Population an.
Insofern mit der Ausbildung dieser Struktur bei den Hundertfüßern eine mutationsbedingte Funktionserweiterung eintrat, die ihren Trägern nach einer Veränderung der Umweltbedingungen ein höhere Überlebenswahrscheinlichkeit ermöglichte, lässt sich auch von einer Präadaptation sprechen.

III.2 *Eine genaue Beschreibung der auszuwertenden Abbildung hilft ihnen bei der Deutung der Versuchsergebnisse. Achten Sie bei der geforderten Skizze auf eine korrekte Beschriftung der Achsen und geben Sie den Kurvenverlauf des „Normalfalls" so exakt wie möglich wieder (angenommener Wert des Ruhepotenzials, Schwellenwert, De-, Re- und Hyperpolarisation). Beim erwarteten Verlauf der Kurve bei ST2-Gabe können Sie natürlich keine exakten Werte angeben.*

In einem Experiment wurde die Wirkung des Skolopender-Toxins ST2 auf den K^+-Ionenausstrom an Nervenzellen von Ratten untersucht. Dabei ist in Abb. 4 auf der Ordinate (y-Achse) die Stärke des K^+-Ionenstroms in Nanoampere und auf der Abszisse (x-Achse) die Zeit in Millisekunden angetragen. Ohne Giftzugabe reagiert die Nervenzelle auf einen künstlichen Reiz mit einem sprunghaften Anstieg des K^+-Ionenausstroms von 0 nA auf ca. 5 nA und einem sofortigen Abfall des Ionenstroms auf den Nullwert nach Ende des Reizes. Die Zugabe von 0,008 µmol/L ST2 führt ebenfalls zu einem – allerdings schwächeren – Anstieg des K^+-Ionenausstroms von 0 nA auf annähernd 4 nA. Auch hier fällt die Kurve nach Ende des Reizes sofort auf null. Wird die Giftdosis deutlich auf 1 µmol/L erhöht, ist (fast gar) kein K^+-Ionenausstrom zu beobachten.
Über die Wirkungsweise des ST2-Toxins lässt sich aus den Messungen Folgendes ableiten: ST2 hat bei Ratten eine hemmende Wirkung auf den K^+-Ionenausstrom, der durch spannungsabhängige K^+-Ionenkanäle erfolgt. Damit verzögert ST2 nach einer Reizung der Nervenzelle (Depolarisation durch Einstrom von Na^+-Ionen) die Repolarisation der Membran auf den Wert des Ruhepotenzials. Dies hat enorme Auswirkungen auf die Nervenzelle. Durch die fortdauernde Depolarisation der Neuronenmembran ist diese nicht mehr erregbar. Spannungsabhängige Na^+-Ionenkanäle der Nervenzelle bleiben geschlossen, sodass eine Ausbildung von Aktionspotenzialen nicht mehr möglich ist. Es können somit keine Informationen über Synapsen an nachgeschaltete Nervenzellen weiterge-

leitet werden. Lähmungserscheinungen der Muskulatur, beispielsweise die Bewegung und Atmung betreffend, sind daher als Auswirkungen des Toxins wahrscheinlich und können schwerwiegende Folgen haben.
Der zeitliche Verlauf des Membranpotenzials am Axon bei überschwelliger Reizung kann allgemein (durchgezogene Linie) und mit hoher ST2-Toxinwirkung (gestrichelte Linie) wie folgt erwartet und skizziert werden:

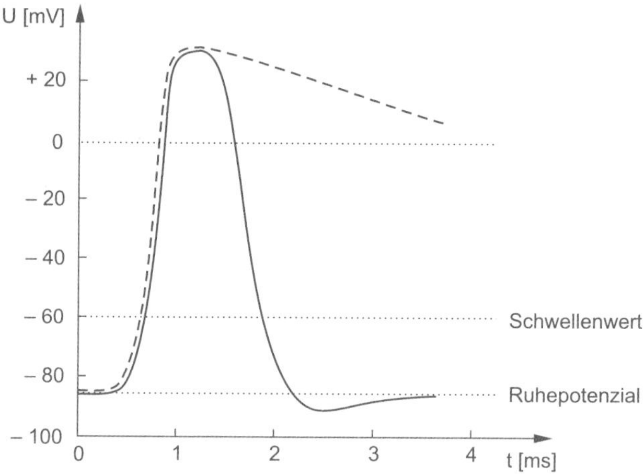

III.3 *Der erste Aufgabenteil ist rein reproduktiv und seine Bearbeitung sollte präzise erfolgen. Eine detaillierte Erklärung der Synapsenvorgänge kann Ihnen hier Zusatzpunkte einbringen. Die Beschreibung von Abb. 5 ist nicht notwendig. Wenn Sie bei der Toxinwirkung auch hemmende Synapsen berücksichtigen, können Sie Zusatzpunkte erlangen.*

Ca^{2+}-Ionen spielen bei der synaptischen Signalübertragung eine entscheidende Rolle, da sie die Transmitterausschüttung vermitteln. Treffen Aktionspotenziale über das Axon im synaptischen Endknöpfchen ein, öffnen sich spannungsabhängige Ca^{2+}-Ionenkanäle, und Ca^{2+}-Ionen aus dem Extrazellulärraum strömen in das Endknöpfchen. Diese Ionen aktivieren u. a. verschiedene Proteine, die veranlassen, dass die Membranen der Vesikel, die die Neurotransmitter beinhalten, mit der präsynaptischen Membran verschmelzen. Die Vesikel öffnen sich daraufhin nach außen und entlassen die Transmitter (z. B. Acetylcholin) in den synaptischen Spalt. An der postsynaptischen Membran binden die Neurotransmitter reversibel an spezifische Rezeptoren (z. B. Acetylcholinrezeptoren), die mit Ionenkanälen assoziiert sind. Deren Öffnung infolge der Transmitterbindung bewirkt den Einstrom oder den Ausstrom bestimmter Ionensorten und infolgedessen eine Depolarisation oder eine Hyperpolarisation der postsynaptischen Membran. Im Falle von Acetylcholin als Transmitter inaktiviert das Enzym Acetylcholinesterase anschließend die Acetylcholinmoleküle im synaptischen Spalt, indem es sie

in Acetat und Cholin spaltet. Cholin wird wieder in die Präsynapse aufgenommen, wo es als Ausgangsmaterial für die Acetylcholinsynthese wiederverwendet wird.
Die Wirkungsweise des Toxins ST5 bei Ratten kann anhand der Patch-Clamp-Messungen an spannungsabhängigen Ca^{2+}-Ionenkanälen in Abb. 5 erschlossen werden. Die Experimente zeigen, dass es unter Toxineinwirkung zu einem erhöhten Influx von Ca^{2+}-Ionen in die synaptischen Endknöpfchen kommt. So ist bei einer Konzentration von 10 µmol/L der Ca^{2+}-Ioneneinstrom etwa doppelt so hoch wie ohne Giftzugabe. Der vermehrte Einstrom der Calciumionen führt zu einer vermehrten Ausschüttung von Neurotransmittern in den synaptischen Spalt. An der postsynaptischen Membran kommt es daraufhin bei erregenden chemischen Synapsen zu einem starken EPSP (exzitatorischen postsynaptischen Potenzial). Dadurch steigt die Wahrscheinlichkeit, dass im nachgeschalteten Neuron nach Erreichen des Schwellenwerts (am Axonhügel) ein Aktionspotenzial ausgelöst wird. Es kann so zu einer Dauererregung der nachgeschalteten Nervenzellen kommen, was sich auf die Muskulatur in Form von Verkrampfungen und (starrer) Lähmung auswirken kann.
ST5 könnte alternativ auch auf hemmende chemische Synapsen wirken. Hier kommt es durch die vermehrte Ausschüttung der Neurotransmitter zu einem starken IPSP (inhibitorischen postsynaptischen Potenzial), d. h. zu einer stärkeren Hyperpolarisation der postsynaptischen Membran. Eine dauerhafte Hyperpolarisation erschwert oder verhindert die Weiterleitung von Informationen an die nachgeschalteten Nervenzellen, sodass es ebenfalls zur (schlaffen) Lähmung der Muskulatur des betroffenen Organismus kommen kann.

III.4 *Eine detaillierte Beschreibung von Abb. 6 ist nicht notwendig. Bei der Auswertung der Toxinfunktionen müssen Sie alle Materialien im Blick behalten. Allzu spekulative Überlegungen zu den Vorteilen der Gifte aus evolutionsbiologischer Sicht sollten Sie nicht anstellen.*

In Abb. 6 ist die Sterblichkeit Amerikanischer Großschaben (*Periplaneta americana*) in Abhängigkeit der Konzentration der Skolopender-Gifte ST2 und ST5 dargestellt. Für die Wirkung des Toxins ST2 gilt allgemein: Je höher die Konzentration des Giftes ist, desto höher ist die Sterblichkeit der Großschaben. Erreicht die Giftdosis 10^{-7} mol/g Körpergewicht, so liegt die Sterblichkeit bei 100 %. Ein anderes Ergebnis ist bei ST5 zu beobachten. Hier ist erkennbar, dass sich eine kontinuierliche Steigerung der Toxindosis nicht nennenswert auf die Sterblichkeit von *P. americana* auswirkt; sie liegt immer bei 0 bis 5 %.
Betrachtet man alle drei untersuchten Toxine des Skolopenders im Zusammenhang, lässt sich für die jeweilige Funktion der Toxine Folgendes festhalten: Da TS2 und TS5 bei Ratten (über Beeinflussung der Ionenpermeabiliät an Neuronen) eine lähmende bzw. eine krampfauslösende Wirkung haben, können sie zur Jagd auf kleinere Säuger (z. B. auf Fledermaus oder Maus) und vermutlich auch auf andere Wirbeltiere (z. B. Reptilien, Amphibien) eingesetzt werden. Gegen größere Fressfeinde können sie zur Verteidigung dienen. Da hochdosiertes TS2

auf Großschaben tödlich wirkt, kann es, im Gegensatz zu TS5, von Hundertfüßern auch zur Erbeutung von Insekten verwendet werden.
Eine ganz andere Wirkungsweise zeigt das Toxin RhTx. Es aktiviert den Wirbeltier-Schmerzrezeptor TRPV1. Dieses Toxin ist daher vermutlich für die Verteidigung geeigneter als für die Jagd, da es in erster Linie abschreckend wirkt.
Unter evolutionsbiologischen Gesichtspunkten kann für den Gifteinsatz der Skolopender Folgendes angeführt werden: Hundertfüßer, die über derart wirksame Toxine verfügen (ggf. als Präadaptation), haben einen Selektionsvorteil gegenüber anderen Individuen, die ohne oder nur mit schwachen Giftstoffen jagen und sich verteidigen müssen. Der Einsatz eines „Giftcocktails" aus verschiedenen Giften erweist sich darüber hinaus für die Skolopender wahrscheinlich als äußerst nützlich. Zum einen können sie so Gegner effektiver abwehren und zum anderen erhöhen sie durch den gleichzeitigen Einsatz mehrerer Toxine ihre Chancen, Beutetiere lähmen und anschließend fressen zu können.

Leistungskurs Biologie (NRW) – Abiturprüfung 2019
Aufgabe 1: Ökologie / Evolution / Genetik

Aufgabenstellung: Punkte

Thema: Ausbreitung, Artstatus und Entstehung des Marmorkrebses

		Punkte
I.1	Ermitteln Sie die Fortpflanzungsstrategie des Marmorkrebses und begründen Sie sein invasives Potenzial (Material A).	10
I.2	Nehmen Sie Stellung zu der Aussage, dass die Angepasstheiten des Marmorkrebses an unterschiedliche Lebensräume nicht auf genetische Variabilität und Selektion zurückzuführen sind (Materialien A und B). Erläutern Sie die Merkmalsvariabilität des Marmorkrebses auf der Basis eines epigenetischen Modells (Materialien A und B).	14
I.3	Geben Sie jeweils eine Definition für zwei in der Biologie verwendete Artbegriffe an, fassen Sie die Ergebnisse aus den Materialien C und D zusammen und beurteilen Sie auf dieser Grundlage, ob es sich beim Marmorkrebs um eine eigene Art handelt. Deuten Sie die Ergebnisse hinsichtlich möglicher Isolationsbarrieren (Materialien B und D).	22
I.4	Skizzieren Sie in Material E den regulären Ablauf der Eizellbildung und erläutern Sie, wie es zur Entstehung einer diploiden Eizelle kommen kann (Materialien B und E). Erläutern Sie auf dieser Grundlage und unter Einbezug der Materialien B, D und E die Entstehung sowie die weitere Fortpflanzung des Marmorkrebses.	20

Material A: Ökologie des Marmorkrebses

Der Marmorkrebs ist ein in der Aquaristik beliebter Flusskrebs. Er wurde erstmals 1995 in einer deutschen Zoohandlung entdeckt. Bislang wurden sowohl in Aquarien als auch in wildlebenden Populationen ausschließlich Weibchen nachgewiesen. Biologen halten es für sehr wahrscheinlich, dass der Marmorkrebs unter Haltungsbedingungen der Aquaristik entstanden ist und wildlebende Populationen aus Freisetzungen hervorgegangen sind.

Fortsetzung siehe nächste Seite

Fortpflanzung, Brutpflege und Lebensspanne	• ab einem Alter von 6 bis 7 Monaten werden 2 bis 3 Mal im Jahr bis zu 600 Eier gelegt • innerhalb von 20 bis 30 Tagen entwickeln sich Jungkrebse, die 7 bis 8 Wochen von der Mutter umsorgt werden • Lebensspanne 3 bis 4 Jahre
Ernährung	• Allesfresser: unterschiedliche Tiere (z. B. Schnecken, kleine Krebse und Fische) und Pflanzen (Algen und Wasserpflanzen)
Lebensraum	• besiedelt Habitate mit sehr unterschiedlichen klimatischen Bedingungen • breitet sich in Teilen Europas, Asiens und Afrikas (Madagaskar) zunehmend aus
Phylogenie	• Artstatus lange unbekannt • enge Verwandtschaft mit dem Everglades-Sumpfkrebs *(Procambarus fallax)*, der im Südosten der USA vorkommt
weitere Kenndaten	• verdrängt heimische Krebsarten • gilt als Überträger der für heimische Krebse oft tödlichen Krebspest, ist selbst aber immun

Tab. 1: Wichtige Kenndaten des Marmorkrebses
zusammengestellt aus: Lyko (2017a), Vogt & Tolley (2004)

Material B: Genomanalysen

Genomanalysen zeigen, dass der Marmorkrebs triploid ist, der Everglades-Sumpfkrebs hingegen diploid. Biologen vermuten, dass ein Meiosefehler im Zuge der Eizellbildung bei einem Everglades-Sumpfkrebs-Weibchen zur Bildung einer diploiden Eizelle führte.
Der Marmorkrebs pflanzt sich durch die Bildung von Klonen fort (Parthenogenese). In diesem Fall entwickeln sich die Eizellen ohne ein Durchlaufen der Meiose und ohne Befruchtung durch Spermien zu einem mit der Mutter genetisch identischen Embryo (Klon).
In einer weiteren Analyse wurden die kompletten mitochondrialen Genome (etwa 16 000 Basenpaare) von drei Marmorkrebs-Weibchen (zwei aus Deutschland, eins aus Madagaskar) verglichen. Es stellte sich heraus, dass die mtDNA-Sequenzen der Marmorkrebse untereinander komplett identisch waren. 2018 veröffentlichten Biologen zudem Genomuntersuchungen von Marmorkrebsen aus verschiedenen deutschen und madagassischen Populationen. Im gesamten Kern-Genom unterscheiden sich von etwa 3,5 Milliarden Basen nur maximal 416.
Aufgrund der Vermehrung durch Klone kann die Anpassung des Marmorkrebses an unterschiedliche Lebensräume nicht mit einer hohen genetischen Variabilität und Selektion erklärt werden. „Dies etabliert den Marmorkrebs als wichtiges Modellsystem für die Untersuchung epigenetischer Mechanismen in der phänotypischen Variation und Adaption“, folgerte der Biologe Frank Lyko.

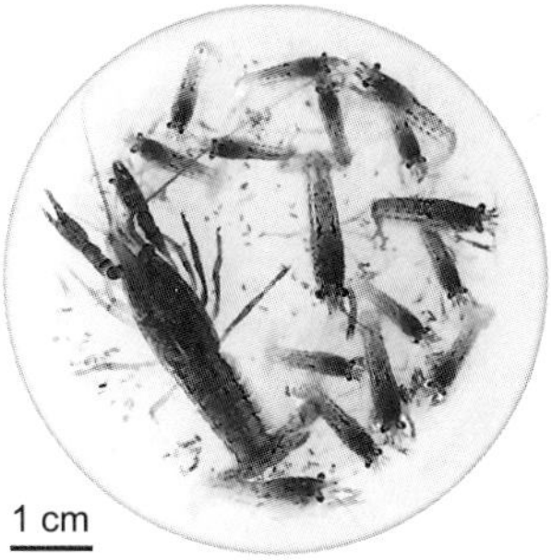

Abb. 1: Phänotypische Variationsbreite bei drei Monate alten Marmorkrebsen
Alle Krebse stammen aus einem Gelege von derselben Mutter und sind genetisch identisch. Die Mutter ist nicht gezeigt.

Gutekunst et al. (2018), lizenziert unter CC BY 4.0, www.researchgate.net/publication/322937862_Clonal_genome_evolution_and_rapid_invasive_spread_of_the_marbled_crayfish

Material C: Vergleich von Marmorkrebs und Everglades-Sumpfkrebs

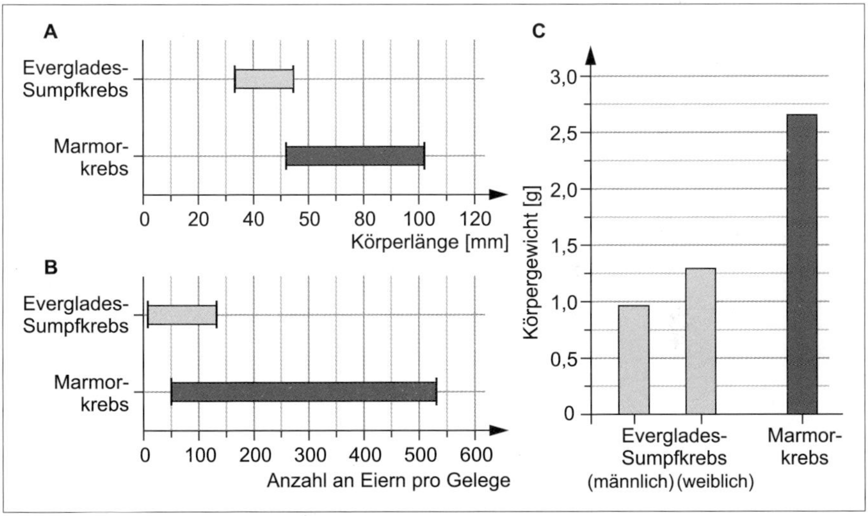

Abb. 2: Vergleich von Marmorkrebs und Everglades-Sumpfkrebs
A: Variation der Körperlänge; B: Anzahl an Eiern pro Gelege; C: Körpergewicht

verändert nach: Vogt (2017), Abb. 4 B, S. 5, Vogt et al. (2015), Abb. 6, S. 1 588

Material D: Paarungsexperimente

Biologen führten Paarungsexperimente mit Marmorkrebsen und Männchen des Everglades-Sumpfkrebses bzw. des Blauen Florida-Sumpfkrebses durch. Dabei ermittelten die Wissenschaftler zunächst, ob zwischen den Tieren Paarungen, das heißt von außen zu beobachtende Kopulationen, stattfanden. Die Ergebnisse zeigt Tabelle 2. Everglades-Sumpfkrebs und Blauer Florida-Sumpfkrebs sind eigenständige Arten, die sich untereinander nicht fortpflanzen.

	Marmorkrebs-Weibchen		
Männchen	1	2	3
Everglades-Sumpfkrebs	+	+	+
Blauer Florida-Sumpfkrebs	–	–	–

+ mit Paarung
– ohne Paarung

Tab. 2: Paarungsexperimente zwischen drei Marmorkrebsen und Männchen des Everglades-Sumpfkrebses und des Blauen Florida-Sumpfkrebses
Die Paarungsexperimente wurden jeweils mit mehreren Männchen beider Arten durchgeführt und sind exemplarisch für jeweils ein Männchen gezeigt.

verändert nach: Vogt et al. (2015), Tab. 1, S. 1 584

In einem weiteren Experiment wurden die nach erfolgter Paarung (vgl. Tabelle 2) entstandenen Nachkommen der Marmorkrebs-Weibchen genetisch untersucht. Es konnte gezeigt werden, dass die Nachkommen ausnahmslos das Erbgut der Marmorkrebs-Weibchen enthielten. Die Männchen gaben hingegen kein Erbgut an die Nachkommen weiter. Sämtliche Nachkommen waren zudem weiblich.

Material E: Vorlage zur Skizze der Eizellbildung

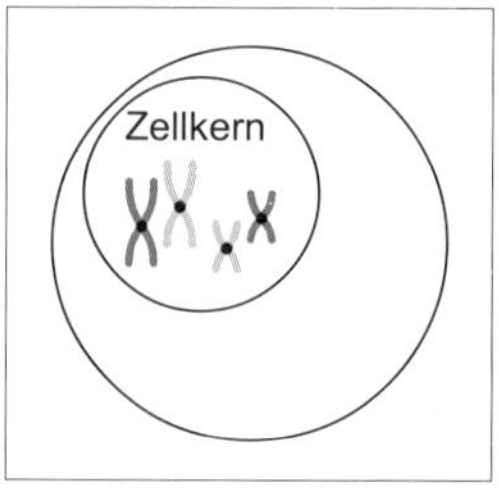

Abb. 3: Schematische Darstellung einer diploiden Urkeimzelle
Exemplarisch sind zwei Chromosomenpaare gezeigt.

weitere Materialgrundlage:

Chucholl, C., Morawetz, K. & Groß, H. (2012). The clones are coming – strong increase in Marmorkrebs [Procambarus fallax (Hagen, 1870) f. virginalis] records from Europe. Aquatic Invasions 7(4), S. 511 – 519. https://doi.org/10.3391/ai.2012.7.4.008

Gutekunst, J., Andriantsoa, R., Falckenhayn, C., Hanna, K., Stein, W., ... Lyko, F. (2018). Clonal genome evolution and rapid invasive spread of the marbled crayfish. Nature Ecology & Evolution, S. 567–573. https://doi.org/10.1038/s41559-018-0467-9

Jimenez, S. A. & Faulkes, Z. (2010). Establishment and care of a colony of parthenogenetic marbled crayfish, Marmorkrebs. Invertebrate Rearing 1, S. 10 – 18

Lyko, F. (2017a). Ein Krebs für die Krebsforschung. Biologie in unserer Zeit 47(3), S. 172 – 177 https://doi.org/10.1002/biuz.201710620

Lyko, F. (2017b). The marbled crayfish (Decapoda: Cambaridae) represents an independent new species. Zootaxa 4363(4), S. 544 – 552. https://doi.org/10.11646/zootaxa.4363.4.6

Martin, P., Dorn, N. J., Kawai, T., van der Heiden, C. & Scholtz, G. (2010). The enigmatic Marmorkrebs (marbled crayfish) is the parthenogenetic form of Procambarus fallax (Hagen, 1870). Contributions to Zoology 79(3)

Martin, P., Kohlmann, K. & Scholtz, G. (2007). The parthenogenetic Marmorkrebs (marbled crayfish) produces genetically uniform offspring. Naturwissenschaften 94(10), S. 843–846 https://doi.org/10.1007/s00114-007-0260-0

Scholtz, G., Braband, A., Tolley, L., Reimann, A., Mittmann, B., ... Vogt, G. (2003). Parthenogenesis in an outsider crayfish. Nature 421(6925), S. 806. https://doi.org/10.1038/421806a

Vogt, G. (2017). Facilitation of environmental adaptation and evolution by epigenetic phenotype variation: insights from clonal, invasive, polyploid, and domesticated animals. Environmental Epigenetics 3(1). https://doi.org/10.1093/eep/dvx002

Vogt, G., Falckenhayn, C., Schrimpf, A., Schmid, K., Hanna, K., ... Lyko, F. (2015). The marbled crayfish as a paradigm for saltational speciation by autopolyploidy and parthenogenesis in animals. BioRxiv, 025254. https://doi.org/10.1101/025254

Vogt, G., Huber, M., Thiemann, M., Boogaart, G. van den, Schmitz, O. J. & Schubart, C. D. (2008). Production of different phenotypes from the same genotype in the same environment by developmental variation. Journal of Experimental Biology 211(4), S. 510–523 https://doi.org/10.1242/jeb.008755

Vogt, G. & Tolley, L. (2004). Brood care in freshwater crayfish and relationship with the offspring's sensory deficiencies. Journal of Morphology 262(2), S. 566–582. https://doi.org/10.1002/jmor.10169

Lösungsvorschlag

In der Aufgabe thematisierte Unterrichtsinhalte sind:
r-Strategie, Fortpflanzungsrate, invasive Art, Omnivor, Nahrungsgeneralist, Konkurrenzstärke, ökologische Potenz, Parthenogenese, Klon, mtDNA, genetische Variabilität, Selektion, Epigenetik, DNA-Methylierung, Artbegriff, Isolationsmechanismen, präzygotische Barriere, Meiose, Rekombination, Oogenese, Crossing-over, Präadaptation, Triploidie, reproduktive Isolation, Zygote, Neobiota, Artbildung

I.1 *Eine konsequente Auswertung der Tabelle liefert Ihnen alle notwendigen Argumentationspunkte zur Bearbeitung der Aufgabenstellung.*

Zur Ermittlung der Fortpflanzungsstrategie des Marmorkrebses sind die folgenden Tabelleninformationen hilfreich: Marmorkrebse leben nur drei bis vier Jahre. In dieser kurzen Zeitspanne erreichen sie relativ rasch die Geschlechtsreife (ab dem 6. bis 7. Monat) und haben eine vergleichsweise hohe Fortpflanzungsrate (bis zu 600 Eier, zwei- bis dreimal im Jahr). Die Entwicklung zu Jungkrebsen erfolgt innerhalb eines Monats. Zwar betreiben die Krebse Brutpflege, aber auch sie ist mit sieben bis acht Wochen relativ kurz. Diese Eigenschaften sprechen für eine Zugehörigkeit zu den r-Strategen, dabei ist allerdings zu beachten, dass eine solche Zuordnung immer nur in Relation zu anderen Arten möglich ist.
Das invasive Potenzial der Krebse lässt sich mit verschiedenen Merkmalen begründen. Sie sind Allesfresser (Omnivoren) und damit Nahrungsgeneralisten. Dies hilft ihnen dabei, die unterschiedlichsten (neuen) Lebensräume zu besiedeln. Eine Neubesiedlung wird auch dadurch erleichtert, dass die Krebse hinsichtlich klimatischer Bedingungen sehr tolerant sind. Laut Tabelle breitet

sich die Art in Teilen Europas, Asiens und Afrikas (Madagaskar) zunehmend aus. Darüber hinaus sprechen drei weitere Punkte dafür, dass die Tiere einheimische Krebsarten verdrängen können: ihre hohe Fortpflanzungsrate, die hohe Konkurrenzstärke (bezüglich Nahrung und Lebensraum) sowie die Tatsache, dass sie auf heimische Krebse die oft tödliche Krebspest übertragen können, gegen die sie selbst immun sind.

I.2 *Bei der Auswertung der Materialien müssen Sie alle Aspekte im Blick haben. Abbildung 1 ist dabei kein „schmückendes Beiwerk", sondern enthält wesentliche Informationen.*

Zur Aussage, dass die Angepasstheiten des Marmorkrebses an unterschiedliche Lebensräume nicht auf genetische Variabilität und Selektion zurückzuführen sind, kann wie folgt Stellung genommen werden: Der Lebensraum der Krebse zeigt, dass es sich um Tiere mit einer großen ökologischen Potenz handelt, da sie Habitate mit sehr unterschiedlichen klimatischen Bedingungen besiedeln können. Allerdings weisen die Tiere nur eine sehr geringe genetische Variabilität auf. Als parthenogenetisch entstandene Klone der Mutter teilen sie auch deren Erbgut. Selbst bei unterschiedlichen Individuen aus Deutschland und Madagaskar ist die mitochondriale DNA identisch und die untersuchte Kern-DNA der Tiere, die 3,5 Milliarden Basen umfasst, unterscheidet sich nur an maximal 416 Stellen. Abbildung 1 zeigt die phänotypische Variationsbreite bei drei Monate alten Marmorkrebsen eines Geleges. Hier ist zu erkennen, dass sich die Nachkommen, obwohl sie Klone der Mutter sind, morphologisch deutlich unterscheiden, vor allem in der Größe. Vor dem Hintergrund der hohen genetischen Ähnlichkeit ist diese phänotypische Differenziertheit der Krebse kaum zu erklären.
Die Merkmalsvariabilität des Marmorkrebses könnte hingegen mithilfe epigenetischer Mechanismen erläutert werden, z. B. durch eine Methylierung der DNA, die auf die Gentranskription Einfluss nimmt. Durch die Aktivität von Methyltransferasen (Anheftung von Methylgruppen) und Demethylasen (Entfernung von Methylgruppen) entstehen unterschiedliche Methylierungsmuster der Gene. Dabei gilt: je höher der Grad der Methylierung, desto kompakter ist die Chromatinstruktur und desto geringer die Ablesewahrscheinlichkeit der betroffenen Gene. Da sich Methylierungsmuster von Individuum zu Individuum unterscheiden, könnten die zum Teil erheblichen phänotypischen Unterschiede in der Körpergröße der Krebse darauf zurückzuführen sein.

I.3 *Achten Sie bei der Definition der Artbegriffe auf eine präzise Darstellung, um ggf. Zusatzpunkte zu erhalten. Bei den möglichen Isolationsbarrieren müssen Sie überlegen, welche davon aufgrund der Informationen aus dem Material überhaupt nur herangezogen werden können.*

Der Artbegriff kann in der Biologie unterschiedlich definiert werden. Beim morphologischen Artbegriff stehen die Merkmale der Organismen im Vordergrund. Ihm zufolge gehören alle Individuen zu einer Art, die sich in ihren zentralen

(Gestalt-)Merkmalen gleichen. Der biologische Artbegriff ist so definiert, dass alle Individuen, die sich miteinander fortpflanzen können und deren Nachkommen ebenfalls fortpflanzungsfähig sind, zu einer Art gehören.

Alternativ oder erweiternd können Sie hier auf populationsgenetischer Ebene anführen, dass sich eine Art aus einer oder mehreren Populationen zusammensetzt, zwischen denen Genfluss besteht oder theoretisch möglich ist.

Zusammenfassend zeigt der Vergleich verschiedener Merkmale von Marmorkrebs und Everglades-Sumpfkrebs (Material C), dass der Marmorkrebs doppelt so schwer wird wie der Everglades-Sumpfkrebs und ihn im Durchschnitt deutlich in Körperlänge und in der Anzahl an Eiern pro Gelege übertrifft. Auffallend ist dabei die sehr große Variationsbreite der Marmorkrebse in Bezug auf die Körperlänge und die Eizahl pro Gelege im Vergleich zu ihren amerikanischen Verwandten.
Die Paarungsexperimente (Material D) ergaben, dass sich Weibchen des Marmorkrebses nur mit Männchen des Everglades-Sumpfkrebses und nicht mit Vertretern des Blauen Florida-Sumpfkrebses paaren. Nach erfolgter Paarung enthielten die ausnahmslos weiblichen Nachkommen allerdings ausschließlich das Erbgut der Marmorkrebs-Weibchen.
Diese Erkenntnisse lassen folgende Beurteilung hinsichtlich der Artzugehörigkeit des Marmorkrebses zu: Im Hinblick auf den morphologischen Artbegriff könnte es sich bei Marmorkrebs und Everglades-Sumpfkrebs um zwei eigenständige Arten handeln, da sie sich deutlich hinsichtlich Größe und Gewicht unterscheiden. Zieht man allerdings den biologischen Artbegriff heran, so könnten Marmorkrebs und Everglades-Sumpfkrebs auch zu derselben Art gehören, da sie Kopulationen ausführen und aus dieser Vereinigung Nachkommen hervorgehen. Diese Nachkommen enthalten jedoch kein Erbgut der Männchen, sondern es sind Klone des Muttertieres. Das bedeutet, dass Marmorkrebs und Everglades-Sumpfkrebs keine gemeinsamen Nachkommen hervorbringen; es sind daher wohl unterschiedliche Arten.
Marmorkrebse und Everglades-Sumpfkrebse sowie Marmorkrebse und Blaue Florida-Sumpfkrebse sind offensichtlich durch reproduktive Isolation voneinander getrennt. Da es zwischen Marmorkrebs und Blauem Florida-Sumpfkrebs nicht zur Paarung kommt (Tab. 2), könnte z. B. eine ethologische oder eine mechanische Isolation vorliegen, die eine präzygotische Barriere darstellt. Ebenfalls präzygotisch dürfte die Isolationsbarriere zwischen Marmorkrebs und Everglades-Sumpfkrebs sein. Hier kommt es zwar zu einer Paarung der Partner, aber das Everglades-Männchen liefert kein genetisches Material an die entstehenden Embryonen. Dies könnte so zu erklären sein, dass die Spermien die Eizelle nicht befruchten können (gametische Isolation). Falls doch eine Befruchtung stattfindet, wird das genetische Material des Männchens in der Zygote dennoch nicht genutzt.

I.4 *Achten Sie bei Ihrer Skizze darauf, dass sie zum einen ausreichend beschriftet ist und zum anderen alle wesentlichen Ablaufschritte der Oogenese enthält. Vergessen Sie die Polkörperchen nicht. Wenn Sie die Möglichkeit des Crossing-overs erwähnen oder beide Möglichkeiten für die Entstehung einer diploiden Eizelle darlegen, können Sie Zusatzpunkte erhalten. Gleiches gilt für den Fall, dass Sie bei der Fortpflanzung der Krebse auf die Möglichkeit der Präadaptation hinsichtlich ihrer Fähigkeit zur Parthenogenese eingehen.*

Skizze des regulären Ablaufs der Eizellbildung:

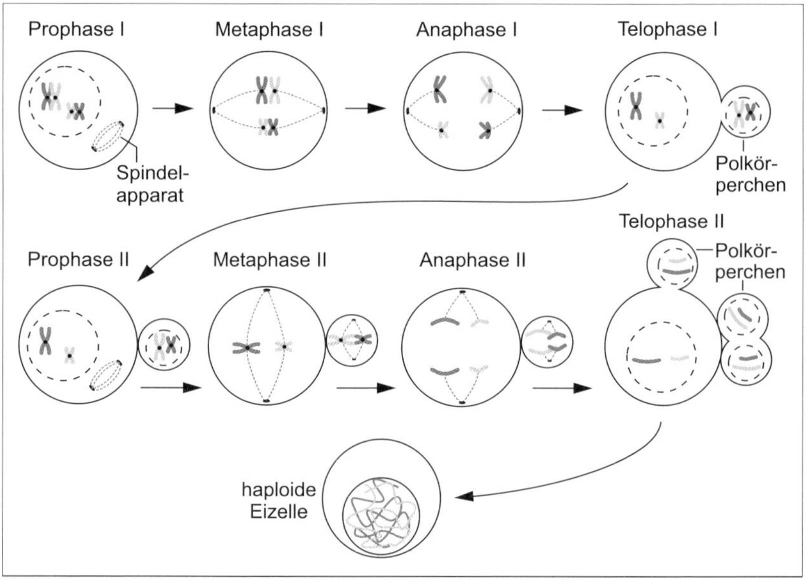

In der Prophase I kann es während der Paarung der homologen Chromosomen zu einem Crossing-over und dadurch zu einem Chromosomenstückaustausch zwischen den Chromatiden der homologen Chromosomen kommen.
Die Entstehung einer diploiden Eizelle ist durch Fehlsteuerungen an zwei Stellen im Meioseablauf denkbar. Während der Anaphase I ist es möglich, dass die homologen Chromosomen nicht auf die beiden Tochterzellen verteilt werden, sondern in der späteren Eizelle verbleiben. Bei der anschließenden 2. Reifeteilung werden dann in dieser Zelle die Schwesterchromatiden aufgeteilt, sodass die Eizelle (und ein Polkörperchen) diploid ist. Ein ähnlicher Vorgang der Nichttrennung kann auch in der 2. Reifeteilung ablaufen, sodass die Schwesterchromatiden während der Anaphase II in der späteren Eizelle verbleiben. Die Eizelle behält dann den diploiden Chromosomensatz, während das neu gebildete Polkörperchen ohne Chromosomen ist.
Die Entstehung der Marmorkrebse und deren weitere Fortpflanzung kann vor diesem Hintergrund wie folgt erläutert werden: Die Entstehung einer triploiden

Zygote ist bedingt durch die Verschmelzung einer diploiden Eizelle mit einem haploiden Spermium. Nach der Befruchtung enthält die Zygote drei Chromosomensätze. Da der Marmorkrebs eng mit dem Everglades-Sumpfkrebs verwandt ist, haben sich vermutlich triploide Zygoten der Sumpfkrebse weiterentwickelt und zur Entstehung der Marmorkrebse geführt. Solche triploiden Individuen konnten sich allerdings nicht mehr geschlechtlich fortpflanzen, da ihre Meiose nicht ordnungsgemäß ablaufen konnte. Beispielsweise ist eine Paarung homologer Chromosomen nicht möglich. Da eine sexuelle Fortpflanzung ausgeschlossen war, entwickelte sich bei den Tieren eine ungeschlechtliche Vermehrung. Parthenogenetisch entstanden daher Klone, die mit ihrer Mutter genetisch identisch waren. Eventuell war diese Möglichkeit zur Parthenogenese als Präadaptation bereits in den Tieren angelegt.
Da eine geschlechtliche Fortpflanzung bei den Marmorkrebsen nicht mehr möglich war, konnten sie sich auch nicht mehr mit ihren nahen Verwandten, den Everglades-Sumpfkrebsen, paaren. Diese reproduktive Isolation bedingte schließlich die Ausbildung einer neuen biologischen Art, die der Marmorkrebse.

Leistungskurs Biologie (NRW) – Abiturprüfung 2019
Aufgabe 2: Neurobiologie / Ökologie / Evolution

Aufgabenstellung: Punkte

Thema: Kältesensitivität bei Nagetieren

II.1 Stellen Sie eine Methode zur Untersuchung von Ionenströmen an Ionenkanälen dar. Vergleichen Sie die Temperaturempfindlichkeit der untersuchten Ionenkanäle der Maus (Abbildung 1). Begründen Sie das Vorhandensein von TRPA1-Ionenkanälen in Schmerzrezeptoren (Material A). 16

II.2 Fassen Sie die in Abbildung 2 dargestellten Ergebnisse zusammen und werten Sie diese aus (Material B). Erläutern Sie vor diesem Hintergrund die mögliche Bedeutung der Kältesensitivität für Winterschläfer (Material B). 16

II.3 Fassen Sie die Ergebnisse der Untersuchungen aus Material C zusammen. Skizzieren Sie die Rezeptorpotenziale, die bei gleichem Kältereiz bei den temperatursensiblen Neuronen von Maus, Knockout-Maus und Dreizehnstreifen-Hörnchen zu erwarten sind (Materialien B und C). Erläutern Sie die molekularen Ursachen der Kältesensitivität bei den hier betrachteten Winterschläfern (Materialien A bis C). 20

II.4 Entwickeln Sie eine Hypothese zu den molekularen Veränderungen des TRPM8-Ionenkanals beim Dreizehnstreifen-Hörnchen (Material D). Erläutern Sie auf Basis der synthetischen Theorie der Evolution den möglichen Prozess der Entwicklung geringerer Kältesensitivität beim Dreizehnstreifen-Hörnchen (Materialien A bis D). 14

Material A: Neurobiologische Grundlagen der Kältesensitivität bei Säugetieren

Die Wahrnehmung der Umgebungstemperatur bei Säugetieren erfolgt mithilfe temperatursensibler Neuronen des peripheren Nervensystems, die in ihren freien Nervenenden temperaturempfindliche Ionenkanäle besitzen. Schmerzrezeptoren reagieren unter anderem auf schädigende Temperatureinflüsse wie gefährliche Kälte oder Hitze.
Kälteempfindliche Neuronen enthalten zum Beispiel den TRPM8-Ionenkanal, Schmerzrezeptoren enthalten unter anderem den TRPA1-Ionenkanal. Die Aktivierung dieser unspezifischen Kationenkanäle führt aufgrund der Veränderung ihrer Raumstruktur zu einer Kanalöffnung. Der Einstrom von Natrium- und Calciumionen in die Nervenendigung wird so ermöglicht. Diese primären Sinneszellen können an ihrem Axon Aktionspotenziale erzeugen. Mithilfe afferenter Nervenfasern werden die Signale über das Rückenmark zum Gehirn weitergeleitet und verarbeitet, wodurch ein Ge-

fühl der Kälte oder des Schmerzes wahrgenommen wird. Die TRPM8-Ionenkanäle und die TRPA1-Ionenkanäle der Maus wurden auf ihre Temperaturempfindlichkeit untersucht (Abbildung 1).

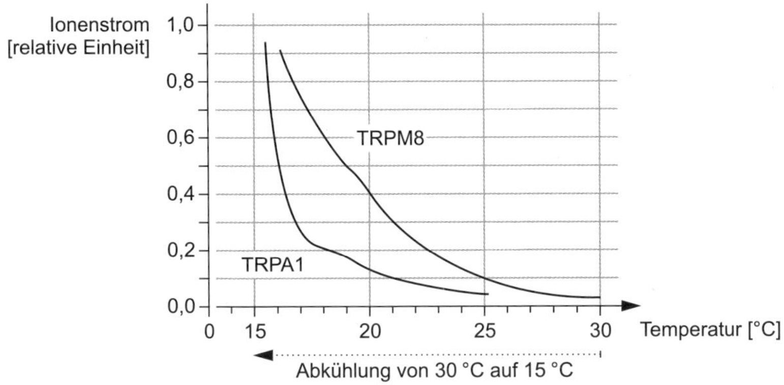

Abb. 1: Ionenstrom durch TRPM8- und TRPA1-Ionenkanäle der Maus bei verschiedenen Temperaturen. Die Temperatur wurde im Verlauf der Messungen von 30° Celsius ausgehend bis auf 15° Celsius abgekühlt.

verändert nach: Story et al. (2003), Abb. 5 B, S. 824

Material B: Kältesensitivität bei Winterschläfern und winteraktiven Nagetieren

Tiere überwintern bei kalten Außentemperaturen mithilfe verschiedener Strategien. Die Winterschläfer suchen ein Versteck auf, das nur bei akuter Gefahr des Erfrierens verlassen wird. Während des Winterschlafs sind bei ihnen Körpertemperatur, Atemfrequenz und Herzfrequenz stark abgesenkt. Die physiologischen Abläufe bei Einschlafen und Aufwachen sind bislang nur in Ansätzen verstanden und könnten unter anderem durch die Kälteempfindlichkeit des Tiers beeinflusst werden. Daher wurde die Kältesensitivität bei Winterschläfern und einer verwandten winteraktiven Art vergleichend analysiert.

Dazu wurden zwei Arten typischer Winterschläfer, das Dreizehnstreifen-Hörnchen (beheimatet in den trockenen Grasflächen der Prärien im Westen der USA) und der Goldhamster (beheimatet in den Steppen der Hochebene Nord-Syriens) untersucht. Als Vergleich diente die Hausmaus, Vertreter einer winteraktiven Nagetierart. Für das Experiment wurden die Tiere in einer Box gehalten, deren Boden in zwei beheizbare Platten unterteilt war. Die Tiere konnten nach Belieben zwischen den Platten wechseln. Während eine der beiden Bodenplatten konstant auf 30 °C temperiert war, wurde die andere Platte (Testplatte) schrittweise alle 5 Minuten bis auf 0 °C heruntergekühlt. Gemessen wurde die Aufenthaltsdauer auf der Testplatte im Vergleich zur gleichbleibend warmen Platte (Abbildung 2).

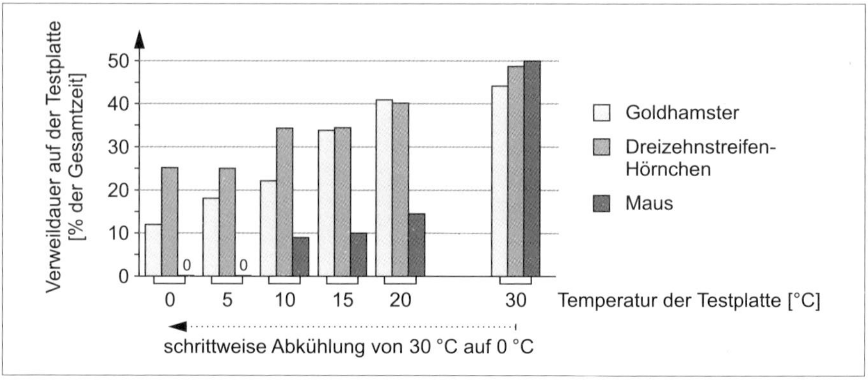

Abb. 2: Temperaturpräferenz von ausgewählten Nagetieren
verändert nach: Matos-Cruz et al. (2017), Abb. 1 B und 1 C, S. 3 330

Material C: Molekulare Ursachen der Kältesensitivität

Um die molekularen Ursachen der unterschiedlichen Kältesensitivität genauer zu untersuchen, wurden Mäuse genetisch so verändert, dass sie keine funktionsfähigen TRPM8-Ionenkanäle bilden. Das Verhalten dieser Knockout-Mäuse und der Wildtyp-Mäuse wurde im Temperatur-Präferenztest, der wie in Material B beschrieben durchgeführt wurde, verglichen (Abbildung 3). Temperatursensible Neuronen dieser Knockout-Mäuse bilden sich normal aus, es fehlt lediglich ein funktionsfähiger TRMP8-Ionenkanal.

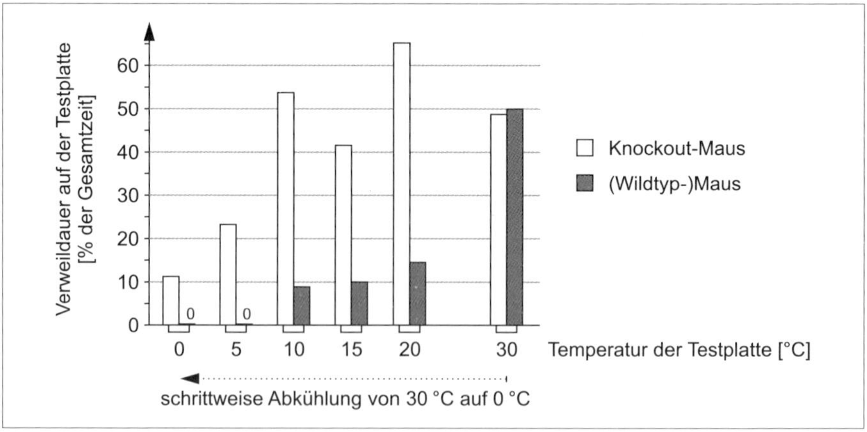

Abb. 3: Temperaturpräferenz von Knockout-Maus und Wildtyp-Maus
Der Test wurde wie in Material B beschrieben durchgeführt.
verändert nach: Matos-Cruz et al. (2017), Abb. 1 D, S. 3 330

Um die Temperaturempfindlichkeit der TRPM8-Ionenkanäle beim Dreizehnstreifen-Hörnchen genauer zu analysieren, wurde die Ionenleitfähigkeit dieser Kanäle bei Zufügen eines Kältereizes gemessen. Als Vergleich dienten hier die TRPM8-Ionenkanäle der Ratte, die sich gleichartig wie die TRPM8-Ionenkanäle der Maus verhalten (Abbildung 4).

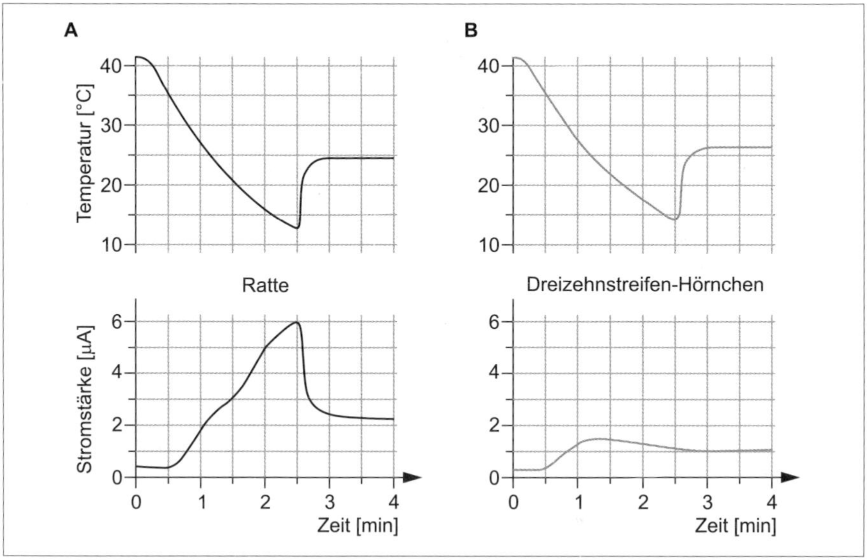

Abb. 4: Stromstärke an einem Membranabschnitt mit TRPM8-Ionenkanälen bei Zufügen eines Kältereizes. A: Ratte; B: Dreizehnstreifen-Hörnchen

zusammengestellt aus: Matos-Cruz et al. (2017), Abb. 3 B, S. 3 332

Material D: Aminosäureaustausche bei TRPM8-Ionenkanälen

Bei der vergleichenden funktionellen Analyse von TRPM8-Ionenkanälen verschiedener Säugetiere zeigt sich, dass durch Austausche einzelner, im Bereich der Kanalpore liegender Aminosäuren das Kanalprotein so beeinflusst wird, dass sich die Temperaturempfindlichkeit des TRPM8-Ionenkanals verändert.

weitere Materialgrundlage:

Bautista, D. M., Siemens, J., Glazer, J. M., Tsuruda, P. R., Basbaum, A. I., … Julius, D. (2007). The menthol receptor TRPM8 is the principal detector of environmental cold. Nature 448(7150), S. 204–208. https://doi.org/10.1038/nature05910

Madrid, R. & Pertusa, M. (2014). Intimacies and physiological role of the polymodal cold-sensitive ion channel TRPM8. In L. D. Islas & F. Qin (Hrsg.), Current Topics in Membranes (Bd. 74, S. 293–324). Academic Press. https://doi.org/10.1016/B978-0-12-800181-3.00011-7

Matos-Cruz, V., Schneider, E. R., Mastrotto, M., Merriman, D. K., Bagriantsev, S. N. & Gracheva, E. O. (2017). Molecular prerequisites for diminished cold sensitivity in ground squirrels and hamsters. Cell Reports 21(12), S. 3 329–3 337. https://doi.org/10.1016/j.celrep.2017.11.083

Pertusa, M., Rivera, B., González, A., Ugarte, G. & Madrid, R. (2018). Critical role of the pore domain in the cold response of TRPM8 channels identified by ortholog functional comparison. Journal of Biological Chemistry, jbc.RA118.002256. https://doi.org/10.1074/jbc.RA118.002256

Story, G. M., Peier, A. M., Reeve, A. J., Eid, S. R., Mosbacher, J., … Patapoutian, A. (2003). ANKTM1, a TRP-like channel expressed in nociceptive neurons, is activated by cold temperatures. Cell 112(6), S. 819–829. https://doi.org/10.1016/S0092-8674(03)00158-2

Lösungsvorschlag

In der Aufgabe thematisierte Unterrichtsinhalte sind:
Kältesensitivität, Patch-Clamp-Technik, Ionenkanäle, Rezeptorpotenzial, Homoiothermie, Winterschlaf, synthetische Theorie der Evolution, Knockout-Mäuse, Mutation, Selektion, Fitness, Genpool, ökologische Potenz

II.1 *Beachten Sie beim Lesen des Diagramms in Abb. 1, dass Sie die Kurvenverläufe von rechts nach links betrachten müssen.*

Eine Methode zur Untersuchung von Ionenströmen an Ionenkanälen ist die Patch-Clamp-Technik. Dabei wird der Fluss von Ionen durch einen Ionenkanal gemessen. Eine mit Salzlösung gefüllte, äußerst dünne Glaspipette, in die eine Messelektrode eingeführt ist, wird auf die Membran einer Nervenzelle gesetzt. Idealerweise befindet sich unterhalb der Pipettenöffnung nur ein einziger Ionenkanal. Wird die Membran durch die Pipette leicht angesogen und damit am Rand dicht abgeschlossen, kann bei einer Reizung des Neurons der Ionenstrom durch den Kanal mithilfe der Messelektrode registriert werden.
Ein Vergleich der Temperaturempfindlichkeit der untersuchten Ionenkanäle der Maus ergibt, dass bei beiden Ionenkanälen mit Temperatursenkung die Ionenleitfähigkeit steigt. Das bedeutet, dass jeweils der Ioneneinstrom in die Nervenendigung zunimmt. Dabei ist beim TRPM8-Ionenkanal bereits bei einer geringen Abkühlung eine Zunahme des Ionenstroms messbar. Von 0,1 Einheiten bei 25 °C steigt er auf 0,4 Einheiten bei 20 °C und auf ca. 0,9 Einheiten bei 16 °C an. Der TRPA1-Ionenkanal öffnet sich erst bei niedrigeren Temperaturen: Hier erreicht der Ionenstrom 0,1 Einheiten erst bei 19 °C und 0,4 Einheiten bei ca. 16 °C. Die Leitfähigkeit steigt dann bei weiterer Abkühlung auf 15,5 °C jedoch sehr rasch auf 0,95 Einheiten an.
Schmerzrezeptoren reagieren auf verschiedene potenziell schädigende Reize, u. a. Temperaturextreme und Verletzungen. Bei niedrigen Temperaturen erfolgt dies durch die Aktivierung von TRPA1-Ionenkanälen. Über Aktionspotenziale leiten die Zellen die Informationen an das ZNS weiter, wo sie als Schmerz wahrgenommen werden und daraufhin eine unmittelbare Reaktion des Organismus ausgelöst wird. Eine solche schnelle Schutzreaktion ist bei gefährlicher Kälte

insbesondere bei homoiothermen Tieren wie Mäusen, die eine konstante Körpertemperatur aufrechterhalten müssen, wichtig, um Schädigungen durch Kälte zu verhindern.

II.2 *Lassen Sie sich bei Abb. 2 nicht verwirren: Es ist nur die Verweildauer (in Prozent) auf der Testplatte angegeben. Die Subtraktion von 100 Prozent ergibt folglich die Aufenthaltsdauer auf der Platte mit der konstanten Temperatur. Auch hier muss wieder, entsprechend dem Versuchsablauf, von rechts nach links gelesen werden. Bei der Erläuterung der möglichen Bedeutung der Kältesensitivität müssen Sie auch die Relevanz des Winterschlafs an sich im Blick haben.*

Die Temperaturpräferenz der drei Nagetierarten wurde experimentell bestimmt, indem die Aufenthaltsdauer von Versuchstieren auf zwei unterschiedlich warmen Platten gemessen wurde. Sind beide Platten 30 °C warm, lässt sich wie erwartet keine Aufenthaltspräferenz der Tiere feststellen, die Verweildauer beträgt jeweils ca. 50 %. Wird die Temperatur der Testplatte um 10 °C abgesenkt, hält sich die Maus nur noch zu knapp 15 % der Beobachtungszeit dort auf, bei 10–15 °C zu ca. 10 % und bei einer Temperatur von 5 °C gar nicht mehr. Auch beim Goldhamster sinkt mit Abkühlung der Testplatte seine Verweildauer dort, allerdings weniger stark als bei der Maus: Von 40 % bei 20 °C nimmt die Aufenthaltsdauer kontinuierlich bis auf ca. 12 % bei 0 °C ab. Am wenigsten kälteempfindlich ist das Dreizehenstreifen-Hörnchen. Es hält sich bei 20 °C zu 40 % und bei 10–15 °C zu ca. 35 % der Zeit auf der Testplatte auf. Selbst bei 0 °C wird die Testplatte noch zu 25 % der Zeit betreten.
Als Auswertung dieses Experiments kann festgehalten werden, dass Dreizehenstreifen-Hörnchen und Goldhamster als Winterschläfer eine relativ geringe Kältesensitivität besitzen. Die Maus, ein winteraktives Nagetier, ist hingegen deutlich sensitiver gegenüber Kälte.
Auf der Grundlage dieser Versuchsergebnisse kann eine mögliche Bedeutung der Kältesensitivität für Winterschläfer nur eingeschränkt erläutert werden, da im Experiment Tiere im aktiven Zustand getestet wurden. Rückschlüsse auf die Kältesensitivität während des Winterschlafs sind daher streng genommen nicht möglich. Es kann allerdings vermutet werden, dass sich eine hohe Kältesensitivität für Winterschläfer wie Hörnchen und Hamster negativ auswirken kann. Das könnte dann der Fall sein, wenn die Tiere in ihrem Winterschlaf bereits durch eine ungefährliche Absenkung der Temperatur gestört werden. Ein Hochfahren des Stoffwechsels, u. a. zur Erhöhung der Körpertemperatur, wäre mit hohen Energiekosten verbunden und könnte überlebenswichtige Reserven verbrauchen. Eine geringe Kältesensitivität könnte daher für die Aufrechterhaltung des Winterschlafs essenziell sein, da die Tiere nicht unnötig aufgeweckt werden.

II.3 *Abbildung 3 ist wieder von rechts nach links zu lesen. Bei der Angabe der Zahlenwerte aus Abbildung 4 genügen Annäherungen. Beim Skizzieren der Rezeptorpotenziale brauchen Sie selbstverständlich nicht mit Zahlenwerten zu operieren, Ordinate (y-Achse) und Abszisse (x-Achse) müssen aber korrekt beschriftet werden. Behalten Sie bei der Erläuterung der molekularen Ursachen alle drei Materialien im Blick.*

Die Ergebnisse des Temperaturpräferenztests mit Knockout- und Wildtyp-Mäusen zeigen, dass die genetisch veränderten Tiere deutlich weniger kältesensitiv als Wildtyp-Mäuse mit funktionstüchtigen TRPM8-Ionenkanälen sind. Erst bei einer Abkühlung auf 5 °C meiden sie die Testplatte. Sie ähneln also in ihrem Reaktionsverhalten in diesem Test demjenigen der Goldhamster und Hörnchen.
In einem weiteren Experiment wurde zur Ermittlung der Temperaturempfindlichkeit die Stromstärke an TRPM8-Ionenkanälen bei Zufügen eines Kältereizes bei Ratten und Dreizehnstreifen-Hörnchen verglichen. Während die Stromstärke bei der Ratte infolge des Reizes auf einen maximalen Wert von 6 μA zunimmt, steigt der Wert beim Dreizehnstreifen-Hörnchen nur auf maximal 1,5 μA. Die Stromstärke bei den Ionenkanälen der Ratte liegt also um das Vierfache höher als bei denjenigen der Hörnchen.

Skizze der Rezeptorpotenziale:

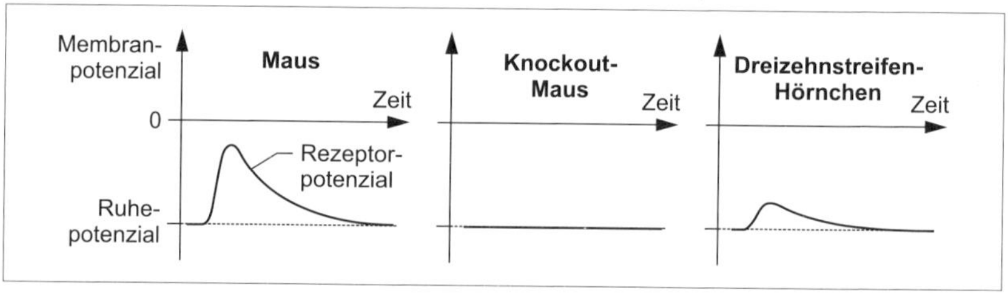

Auch die Skizzierung eines geringen Rezeptorpotenzials bei den Knockout-Mäusen ist möglich.

Zu den molekularen Ursachen der Kältesensitivität sind folgende Erläuterungen möglich: Aus dem Test der Temperaturpräferenz von Knockout-Mäusen (Abb. 3) geht hervor, dass (bei Mäusen) die TRPM8-Ionenkanäle für die hohe Kälteempfindlichkeit (im Bereich zwischen 10 und 35 °C) verantwortlich sind. Fehlen sie, sind die Tiere erst ab Temperaturen unter 10 °C kälteempfindlich. Tatsächlich zeigt Abb. 4, dass die TRPM8-Ionenkanäle der Ratte (und damit auch der Maus, aufgrund gleichartiger Kanäle) bei einem Kältereiz mit deutlich höherem Stromfluss als die TRPM8-Ionenkanäle des Dreizehnstreifen-Hörnchens antworten. Diese Eigenschaft der Ionenkanäle kann die geringere Kältesensitivität der Hörnchen verglichen mit der Maus erklären.
Dennoch sind die untersuchten Winterschläfer temperaturempfindlich. Wie aus Abb. 2 hervorgeht, halten sich Dreizehnstreifen-Hörnchen nur ein Viertel der Versuchszeit auf der 5–0 °C kühlen Platte auf (und deutlich seltener als die Hälfte der Zeit auf der Platte mit 10–20 °C). Aus Material A geht hervor, dass TRPA1-Ionenkanäle in Schmerzrezeptoren vorkommen und bei schädigender Kälte aktiviert werden. So könnte die Kältsensitivität, die Knockout-Mäuse bei sehr niedrigen Temperaturen zeigen, durch Öffnung dieser TRPA1-Ionenkanäle

vermittelt sein. Dies könnte auch bei Dreizehnstreifen-Hörnchen der Fall sein. Außerdem ist es möglich, dass die – wenn auch geringere – Aktivität der TRPM8-Ionenkanäle der Hörnchen für die Reaktion auf kalte Temperaturen verantwortlich ist. Im Gegensatz zu Knockout-Mäusen ohne TRPM8-Kanäle zeigen die Winterschläfer nämlich auch eine gewisse Sensitivität gegenüber Temperaturen zwischen 10 und 20 °C.

II.4 *Bei der Formulierung Ihrer Hypothese kann es hilfreich sein, wenn Sie auch auf die Erkenntnisse der Maus-Experimente aus den Abbildungen 2 und 3 zurückgreifen. Ziehen Sie dann bei Ausführung der synthetischen Evolutionstheorie nur die hier passenden Aspekte heran. Bedenken Sie auch, dass die beiden Ionenkanäle in unterschiedlichen Rezeptoren vorkommen und damit mit verschiedenen Wirkmechanismen verbunden sind.*

Eine Hypothese zu den molekularen Veränderungen des TRPM8-Ionenkanals des Dreizehnstreifen-Hörnchens ist, dass Aminosäureaustausche im Bereich der Kanalpore für die reduzierte Kältesensitivität verantwortlich sind. Da sich Aminosäuren in ihren molekularen Eigenschaften unterscheiden, können Austausche eine veränderte Raum- und Ladungsstruktur des Proteins im Bereich der Pore bewirken. Dadurch könnte z. B. die Pore bei Aktivierung des Kanals weniger durchlässig für Ionen sein.
Bei der evolutionären Entwicklung der geringeren Kältesensitivität beim Dreizehnstreifen-Hörnchen könnte die Veränderung der TRPM8-Ionenkanäle eine Rolle gespielt haben, da sie für das Erfassen von Kältereizen verantwortlich sind, und zwar vermutlich vor allem bei Temperaturen zwischen 10 und 25 °C (Abb. 3), die nicht akut bedrohlich sind. In einer Population der Dreizehnstreifen-Hörnchen könnten sich Mutationen im TRPM8-Gen ereignet haben, die Aminosäureaustausche im Bereich der Kanalpore des Proteins zur Folge hatten. Auf diese Weise wären in der Population unterschiedliche Formen des TRPM8-Allels aufgetreten, die eine unterschiedliche Kältesensitivität hervorriefen. Dreizehnstreifen-Hörnchen mit Allelen, die eine geringere Kältesensitivität bewirken, hatten vermutlich einen Selektionsvorteil. Da sie während ihres Winterschlafs weniger häufig erwachten, überwinterten sie besser als ihre Artgenossen und hatten einen größeren Fortpflanzungserfolg (eine höhere reproduktive Fitness). Der Anteil ihrer TRPM8-Allele lag dadurch im Genpool der Population der folgenden Generation höher, sodass sich das Allel, das für einen weniger kältesensiblen TRPM8-Ionenkanal codiert, im Laufe der Generationen in der Hörnchenpopulation ausbreiten konnte.
Sinken die Temperaturen um das Versteck eines Winterschläfers so tief, dass die Gefahr des Erfrierens besteht, muss allerdings gewährleistet sein, dass die Tiere rechtzeitig aufwachen. Diese Funktion könnten die TRPA1-Kanäle in Schmerzrezeptoren erfüllen, die, wie Abb. 1 zeigt, (bei der Maus) bei niedrigeren Temperaturen aktiviert werden. Das durch die aktivierten Rezeptoren ausgelöste Schmerzempfinden würde für das Aufwachen sorgen, sodass sich die Tiere z. B. durch Aufsuchen eines anderen Verstecks vor dem Erfrieren schützen könnten.

Leistungskurs Biologie (NRW) – Abiturprüfung 2019
Aufgabe 3: Genetik/Ökologie

Aufgabenstellung: Punkte

Thema: Die Ägyptische Tigermücke – Überträgerin tropischer Krankheitserreger

III.1 Stellen Sie kurz die ökologischen Beziehungen zwischen Ägyptischen Tigermücken, Menschen, Zika-Viren und Pflanzen dar (Material A). Erklären Sie die Möglichkeiten und Probleme bei der bisherigen klassischen Bekämpfung der Tigermückenpopulation (Material A). 12

III.2 Erläutern Sie den Mechanismus der Tetracyclin-abhängigen Genregulation bei resistenten Bakterien unter Bezug auf Abbildung 1 (Material B). 14

III.3 Beschreiben Sie die Konstruktion der transgenen Region, die im Laborstamm LA513A enthalten ist, und nennen Sie die Funktion des Aktivatorbereiches im TTAV-Protein (Abbildung 2, Material C). Erläutern Sie die Mechanismen der Genregulation in LA513A (Abbildung 3) und erklären Sie die Auswirkungen für die transgenen Tigermücken (Material C). 22

III.4 Beurteilen Sie den Erfolg der Freisetzungsversuche und die möglichen Risiken auch unter Bezug auf Abbildung 4 (Materialien A bis D). 18

Material A: Lebensweise der Ägyptischen Tigermücke

Die Ägyptische Tigermücke *(Aedes aegypti)* ist eine vorwiegend in den Tropen und Subtropen verbreitete Stechmücke und die hauptsächliche Überträgerin von verschiedenen viralen Krankheitserregern wie zum Beispiel Zika-Viren.
Bei *A. aegypti* ernähren sich Männchen und Weibchen von Nektar und anderen nährstoffreichen Pflanzensäften. Die Weibchen saugen nach der Befruchtung Blut beim Menschen und erhalten so die notwendigen Nährstoffe für die Eireifung. Beherbergen die Mückenweibchen Viren, so können diese beim Stich in das menschliche Blutgefäßsystem übertragen werden. Zur Eiablage bevorzugen die weiblichen Tigermücken Pfützen und andere Kleinstgewässer in der Nähe menschlicher Siedlungen. Trockenzeiten, die trotz der häufigen Regenfälle in Tropen und Subtropen vorkommen, können die Mückeneier sehr gut überstehen. Die Mückenlarven entwickeln sich im Wasser über mehrere Larvenstadien und ein Puppenstadium, aus der Puppe schlüpft die adulte Form. Klassische Methoden der Schädlingsbekämpfung wie Austrocknung der Kleinstgewässer, Insektensprays und Moskitonetze führten bislang bei *A. aegypti* nicht zum dauerhaften Erfolg. Flächendeckend ausgebrachte Insektizide verursachen hohe Kosten, schädigen andere Insekten und bergen eventuell Risiken für den Menschen.

Daher wird zurzeit die Freisetzung genetisch veränderter, transgener Tigermücken-Männchen erforscht, um die Populationen der Tigermücken dauerhaft einzudämmen.

Material B: Tetracyclin-Resistenz in Bakterien

Die transgenen Tigermücken-Männchen enthalten ein gentechnisch verändertes Tetracyclin-Resistenz-Gen, das ursprünglich aus dem Bakterium *Escherichia coli* stammt. Der Wirkstoff Tetracyclin ist ein in Tier- und Humanmedizin eingesetztes Antibiotikum. Tetracyclin blockiert die Translation in Prokaryoten und führt so zum Absterben der Bakterien. Bei Eukaryoten wird die Proteinbiosynthese durch Tetracyclin nicht gestört.
Die Tetracyclin-Resistenz in *E. coli* wird durch die Genprodukte der Gene *tetA* und *tetR* bewirkt, die in resistenten Bakterien enthalten sind. Das Gen *tetA* codiert für das Membranprotein TetA, welches Tetracyclin schnell aus der Bakterienzelle transportiert. Das Gen *tetR* codiert für das Repressor-Protein TetR, das Tetracyclin mit großer Effizienz bindet. Die sehr schnelle Expression dieser beiden Gene wird durch einen Tetracyclin-abhängigen Mechanismus mithilfe von TetR reguliert (Abbildung 1).

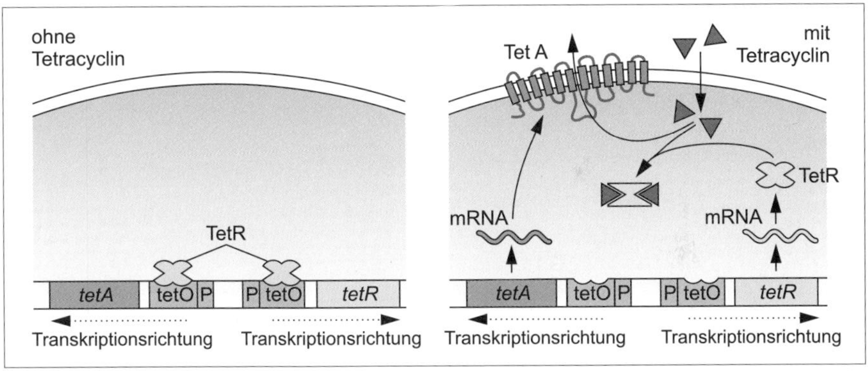

Abb. 1: Expression des *tetA*- und des *tetR*-Gens in *Escherichia coli* in Abwesenheit (A) und Anwesenheit (B) von Tetracyclin
In Abwesenheit von Tetracyclin befindet sich nur eine geringe Menge von TetR in der Bakterienzelle.
tetO: tet-Operator; TetR: Repressorprotein; P: bakterieller Promotor
eigene Darstellung nach: Hillen & Berens (2002), Abb. 1, S. 355

Material C: Tetracyclin als Genschalter in Eukaryoten

Für die Herstellung transgener Ägyptischer Tigermücken *(Aedes aegypti)* wurde das *tetR*-Gen aus *Escherichia coli* gentechnisch so verändert, dass Tetracyclin als Genschalter eingesetzt werden kann. Ein Genschalter ermöglicht das gezielte An- und Ausschalten der Genexpression.

Das Ziel war die Herstellung eines transgenen Laborstamms von *A. aegypti,* der nur bei Zugabe von Tetracyclin überlebt. In Abwesenheit von Tetracyclin soll der gewünschte transgene Tigermückenstamm während seiner Entwicklung vom Ei zum adulten Insekt absterben.

Die Forschergruppe verwendete den Bereich des *tetR*-Gens, der für die Bindung des Tetracyclins und die Wechselwirkung mit dem tet-Operator notwendig ist. Daran fügte sie einen Genabschnitt, der für den Aktivatorbereich eines eukaryotischen Transkriptionsfaktors codiert. Das daraus resultierende Fusionsgen ist das *tTAV*-Gen, das hinter den tet-Operator und einen eukaryotischen Promotor gesetzt wurde (Abbildung 2). Mithilfe dieses Konstruktes wurde der transgene Stamm LA513A von *A. aegypti* im Labor erzeugt. Aktivatoren erleichtern die Bindung der RNA-Polymerase an den Promotor.

Die Expression des *tTAV*-Gens wird im Stamm LA513A durch Tetracyclin reguliert (Abbildung 3). In Anwesenheit von Tetracyclin liegt nur eine sehr geringe Transkriptionsrate des *tTAV*-Gens vor.

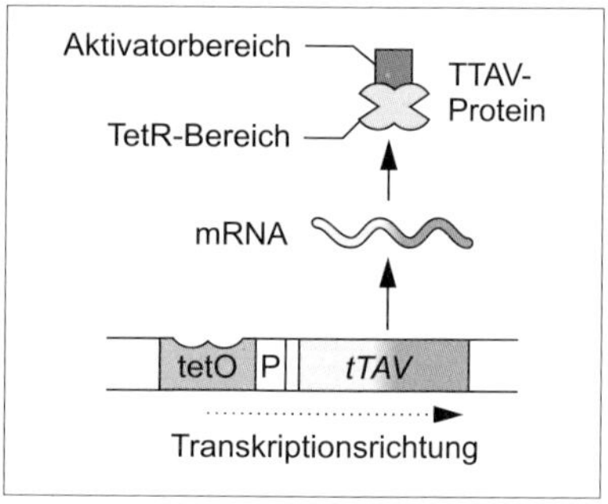

Abb. 2: Konstruktion der Transgene, die im Laborstamm LA513A enthalten sind
tetO: tet-Operator; P: eukaryotischer Promotor

eigene Darstellung nach: Phuc et al. (2007), Abb. 2, S. 5

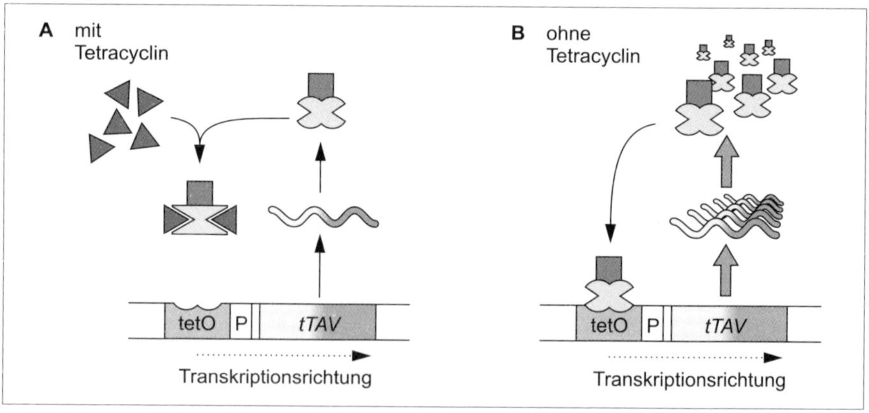

Abb. 3: Expression der Transgene im Stamm LA513A. A: Expression in Anwesenheit von Tetracyclin; B: Expression in Abwesenheit von Tetracyclin; tetO: tet-Operator; P: eukaryotischer Promotor

eigene Darstellung nach: Hillen & Berens (2002), Abb. 2, S. 356

Unter Zusatz von Tetracyclin im Nährmedium der Larven kann der Stamm LA513A dauerhaft weiter vermehrt werden.
Ohne Tetracyclin kommt es meist zu tödlichen Fehlentwicklungen, sodass Tigermücken des Stammes LA513A vor Erreichen der Flugfähigkeit und Geschlechtsreife absterben. Die übermäßig hohe Menge von TTAV-Protein im Stamm LA513A beeinflusst zelleigene Transkriptionsfaktoren, die eine normale Entwicklung der Larven zu adulten, flugfähigen Insekten steuern. Das TTAV-Protein kann an diese zelleigenen Transkriptionsfaktoren binden, ihre regulatorischen Eigenschaften verändern und so die gesamte Entwicklung stören.
Paaren sich transgene, homozygote Tigermücken-Männchen mit Wildtyp-Weibchen, so wird die transgene Region an die Nachkommen vererbt. Bei Abwesenheit von Tetracyclin führt die transgene Region als dominant wirkendes Allel fast immer zum Tod der transgenen heterozygoten Tigermücken vor Erreichen der Flugfähigkeit und Geschlechtsreife.

Material D: Freisetzungsversuche von LA513A

In Brasilien wurden 2011 und 2012 Freisetzungsversuche mit transgenen homozygoten LA513A-Männchen durchgeführt. Über einen Zeitraum von 16 Monaten wurden regelmäßig LA513A-Männchen in einem definierten Gebiet freigesetzt. Dabei sollte analysiert werden, ob sich die LA513A-Männchen mit den Wildtyp-Weibchen im Freiland paaren und inwieweit es dann zur Reduktion der Populationsgröße der Tigermücken im Freisetzungsgebiet kommt. Während die Populationsgröße der Tigermücken im Kontrollgebiet abgesehen von den jahreszeitlich bedingten Schwankungen unverändert blieb, konnte im Freisetzungsgebiet die Populationsgröße adulter Tigermücken über mehrere Wochen um 96 % reduziert werden.
Um zu einer Risikoabschätzung zu gelangen, ob Rückstände von Tetracyclin in kommunalen Abwässern eine Entwicklung von LA513A zum flugfähigen, geschlechtsreifen Insekt ermöglichen, wurden in einem Laborversuch heterozygote, transgene Larven nach dem ersten Larvenstadium bei verschiedenen Tetracyclin-Konzentrationen aufgezogen (Abb. 4).
Im Oberflächen- und Grundwasser werden Tetracyclin-Konzentrationen von etwa 1 ng/mL erreicht. In Abwässern von Krankenhäusern oder Tierzucht- bzw. Tiermastbetrieben können Tetracyclin-Konzentrationen von rund 1 000 ng/mL auftreten. Unter Lichteinfluss wird Tetracyclin innerhalb von Minuten bis Stunden zersetzt.

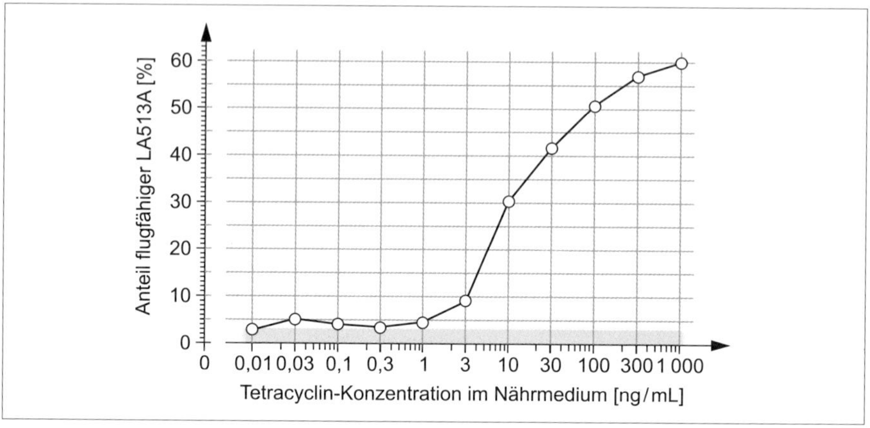

Abb. 4: Einfluss von Tetracyclin auf die Entwicklung heterozygoter LA513A ab dem ersten Larvenstadium. ng = 10^{-9} Gramm, mL = 10^{-3} Liter

eigene Darstellung nach: Oxitec Ltd. (2016), Tab. 2, S. 53

weitere Materialgrundlage:

Carvalho, D. O., McKemey, A. R., Garziera, L., Lacroix, R., Donnelly, C. A., … Capurro, M. L. (2015). Suppression of a field population of Aedes aegypti in brazil by sustained release of transgenic male mosquitoes. PLOS Neglected Tropical Diseases 9(7), e0003864 https://doi.org/10.1371/journal.pntd.0003864

Gelbfiebermücke (2018). In Wikipedia. Abgerufen von https://de.wikipedia.org/w/index.php?title=Gelbfieberm%C3%BCcke&oldid=174180416

Gelbfiebermücke (Aedes aegypti) (o. J.). Abgerufen 23. Mai 2018, von https://www.biogents.com/aedes-aegypti-gelbfiebermuecke/?lang=de

Hillen, W. & Berens, C. (2002). Tetracyclin-gesteuerte Genregulation: Vom bakteriellen Ursprung zum eukaryotischen Werkzeug. BIOspektrum 8(4), S. 355–359

Oxitec Ltd. (2016). Aedes aegypti OX513A. Draft environmental assessment for investigational use of Aedes aegypti OX513A. Milton Park, Oxfordshire (UK)

Phuc, H., Andreasen, M. H., Burton, R. S., Vass, C., Epton, M. J., … Alphey, L. (2007). Late-acting dominant lethal genetic systems and mosquito control. BMC Biology 5(1), S. 11. https://doi.org/10.1186/1741-7007-5-11

Lösungsvorschlag

In der Aufgabe thematisierte Unterrichtsinhalte sind:
Genregulation, Proteinbiosynthese, Gentechnologie, Promotor, RNA-Polymerase, Populationsdynamik, Ökosystem, Substratinduktion, positive Rückkopplung

III.1 *Denken Sie bei der Beschreibung der Beziehungen auch an die jeweilige „Rolle“ der Viren in Tier und Mensch.*

Die ökologischen Beziehungen zwischen Ägyptischen Tigermücken, Menschen, Zika-Viren und Pflanzen können folgendermaßen dargestellt werden: Männliche und weibliche Exemplare von *Aedes aegypti* ernähren sich von nährstoffreichen Pflanzensäften. Gegenüber dem Menschen verhalten sich die Tiere parasitisch: Weibliche Tigermücken saugen Blut, dessen Inhaltsstoffe sie für die Entwicklung ihrer Eier benötigen. Beim Stechvorgang können von befallenen Mücken, die als Überträger fungieren, Zika-Viren auf den Menschen als Wirt übertragen werden. Die Viren können sich im Menschen vermehren und als Krankheitserreger entsprechende Symptome auslösen.
Eine klassische Bekämpfung der Tigermückenpopulation ist zwar möglich, aber nicht unproblematisch. Mit der gezielten Austrocknung der zur Eiablage benötigten Kleinstgewässer könnte die Entwicklung der Larven beeinträchtigt werden, allerdings überstehen die Mückeneier auch Trockenzeiten. Erschwerend kommt hinzu, dass es in den Verbreitungsgebieten von *Aedes aegypti* häufig regnet. Diese Methode bringt daher keinen durchschlagenden Erfolg. Auch der Einsatz von Insektensprays und die Verwendung von Moskitonetzen dezimiert die Populationen nicht dauerhaft. Das flächendeckende Ausbringen von Insektiziden verursacht hingegen hohe Kosten, außerdem schädigen die Giftstoffe andere Insekten und sind eventuell auch für den Menschen mit Risiken verbunden.

III.2 *Lesen Sie den Text genau und nehmen Sie sich Zeit, um die Abbildungen zu verstehen. Die hier beschriebene Methode der Genregulation ist Ihnen zwar nicht geläufig, aber das Prinzip sollte Ihnen aus dem Unterricht bekannt vorkommen.*

Der Mechanismus der Tetracyclin-abhängigen Genregulation bei resistenten Bakterien kann wie folgt erläutert werden: Wenn kein Tetracyclin in der (Umgebung der) *E. coli*-Zelle vorhanden ist, sind die tet-Operatoren durch das aktive *TetR*-Repressorprotein, das an den Operatoren andockt, blockiert. Die Transkription der *tetR*- und *tetA*-Gene findet dann nicht statt. Insgesamt sind unter diesen Bedingungen nur wenige Repressorproteine vorhanden. Dies ändert sich, sobald Tetracyclin in die Bakterienzelle gelangt. Das Antibiotikum bindet an das TetR-Protein und inaktiviert den Repressor durch eine Konformationsänderung des Eiweißkörpers. Die tet-Operatoren sind infolgedessen nicht mehr blockiert, sodass die RNA-Polymerase an die Promotoren binden und die *tetA*- und *tetR*-Gene transkribieren kann. In der anschließenden Translation werden TetA und TetR als Genprodukte gebildet. Das Membranprotein TetA wird in die Membran eingebaut und kann Tetracyclin schnell aus der Bakterienzelle transportieren. Die Bildung von TetR sorgt dafür, dass Tetracyclin weiterhin mit großer Effizienz gebunden wird. Beide Proteine verhindern so gemeinsam, dass die Proteinbiosynthese in resistenten *E. coli*-Bakterien durch das Antibiotikum gehemmt wird. Indem also die Anwesenheit von Tetracyclin die sehr schnelle Genexpression von *tetR* und *tetA* bewirkt, induziert das Antibiotikum selbst seinen Abtransport aus der Zelle. Dieser Regulationsmechanismus ähnelt im Prinzip der Genregulation durch Substratinduktion, bei der ein Substrat seinen eigenen Abbau induziert (z. B. Lactose und lac-Operon).

III.3 *Werten Sie die Abbildungen in Material C vollständig aus und vergegenwärtigen Sie sich bei Abb. 3 die jeweiligen Zustandsbedingungen in der Zelle.*

Bei der Konstruktion der transgenen Region, die im Laborstamm LA513A enthalten ist (Abb. 2), wurde zunächst der Teil des *tetR*-Gens aus *E. coli*, der für die Tetracyclin-Bindung und die Bindung an den tet-Operator verantwortlich ist, mit einem Genabschnitt, der für den Aktivatorbereich eines eukaryotischen Transkriptionsfaktors codiert, fusioniert. Vor das so entstandene *tTAV*-Fusionsgen wurden die tet-Operatorsequenz des Bakteriums und ein eukaryotischer Promotor platziert. Aufgrund der Bestandteile des bakteriellen *tetR*-Gens kann das gebildete TTAV-Protein an den Operator der bakteriellen Tetracyclin-Resistenzgene binden.
Die Funktion des Aktivatorbereiches im TTAV-Protein liegt darin, dass die Bindung der RNA-Polymerase an den Promotor erleichtert wird, sodass das *tTAV*-Gen häufiger transkribiert wird.
Bei den Mechanismen der Genregulation in LA513A (Abb. 3) und den daraus resultierenden Auswirkungen für die transgenen Tigermücken sind zwei Zustände zu berücksichtigen, die An- und die Abwesenheit von Tetracyclin. Ist das Antibiotikum vorhanden, verändert das TTAV-Protein durch die Anlagerung des Tetracyclins seine Raumstruktur. Es kann dadurch nicht mehr an den tet-Operator binden. Daraus resultiert, dass am *tTAV*-Gen nur sehr wenig mRNA gebildet wird. Dies liegt vermutlich am eukaryotischen Promotor, an den die RNA-Polymerase ohne Aktivator nur erschwert bindet. Eine niedrige Transkriptionsrate ist die Folge. Das TTAV-Protein ist somit nicht häufig vorhanden und wird durch die Verbindung mit dem Antibiotikum deaktiviert. Bei Tetracyclin-Zugabe ins Nährmedium der Larven können sich Mücken dieses transgenen Stammes daher normal entwickeln und vermehren.
Ist das Antibiotikum nicht vorhanden, erfährt das TTAV-Protein keine Gestaltveränderung und kann am tet-Operator andocken. Der Aktivatorbereich sorgt dabei für eine hohe Transkriptionsrate des *tTAV*-Gens, sodass über die Translation immer mehr TTAV-Proteine synthetisiert werden, die ihrerseits die Transkriptionsrate der *tTAV*-Gene steigern. Immer mehr TTAV-Proteine reichern sich so in den Zellen der Afrikanischen Tigermücke an. Damit liegt eine Regulation nach dem Prinzip der positiven Rückkopplung vor. Sind TTAV-Proteine in großer

Menge vorhanden, verändern sie durch Bindung an zelleigene Transkriptionsfaktoren deren regulatorische Funktion. Diese Transkriptionsfaktoren steuern eine normale Entwicklung der Larven zu adulten, flugfähigen Insekten. Können sie ihre Funktion infolge der TTAV-Wechselwirkung nicht mehr erfüllen, kommt es meist zu tödlichen Fehlentwicklungen, sodass Tigermücken des Stammes LA513A noch vor Erreichen der Flugfähigkeit und Geschlechtsreife absterben.

III.4 *Achten Sie bei der Auswertung der Abb. 4 darauf, dass auf der Ordinate (y-Achse) der Anteil der flug**fähigen** Individuen angegeben ist. Es ist wichtig, dass Sie bei der Beurteilung konkret auf die Textinformationen und auf Abb. 4 Bezug nehmen.*

Die Freisetzungsversuche können durchaus als erfolgreich beurteilt werden: Durch Freilassung transgener homozygoter Männchen in einem definierten Gebiet in Brasilien wurde dort eine Abnahme der Populationsgröße um 96 % erreicht. Die transgenen Männchen paarten sich mit Wildtyp-Weibchen und hatten dabei anscheinend gegenüber Wildtyp-Männchen keinen Fitnessnachteil bei der Konkurrenz um Weibchen. Die heterozygoten transgenen Nachkommen konnten sich ohne Tetracyclin nicht bis zur Geschlechtsreife entwickeln. Für Menschen im Freisetzungsgebiet ergab sich ein erheblich verringertes Risiko, von einer Tigermücke gestochen zu werden. Damit sank für diese Menschen auch die Wahrscheinlichkeit, sich mit tropischen Krankheitserregern wie z. B. Zika-Viren zu infizieren.
Die Freisetzung transgener LA513A-Männchen birgt aber auch Risiken. Aus Laborversuchen (Abb. 4) geht hervor, dass bei einem Tetracyclin-Gehalt bis 1 ng/mL im Nährmedium 96 % der Tiere vor Erreichen der Flugfähigkeit absterben. Wird die Konzentration im Nährmedium erhöht, nimmt die Zahl der flugfähigen LA513A-Tiere zu. Bei einem Tetracyclin-Gehalt von 10 ng/mL erreichen 30 % der Tiere das Erwachsenenstadium und bei 1 000 ng/mL Tetracyclin liegt die Überlebensrate der transgenen Mückenlarven schon bei 60 %. Für eine erfolgreiche Reduktion der heterozygoten Nachkommenschaft transgener homozygoter LA513A-Männchen ist es daher entscheidend, in welchen Mengen Tetracyclin im jeweiligen Ökosystem vorkommt. Laut Material D liegen im Oberflächen- und Grundwasser Tetracyclin-Konzentrationen von bis zu 1 ng/mL vor. Unter diesen Bedingungen würden sich – nach Labormaßstäben – lediglich 4 % der transgenen Tigermücken bis zur Flugfähigkeit entwickeln. Anders sieht es in der Umgebung von Krankenhäusern und Tierzucht- bzw. Tiermastbetrieben aus: In deren Abwässern können Tetracyclin-Konzentrationen von rund 1 000 ng/mL auftreten. Unter diesen Bedingungen könnten sich nach den Laborergebnissen bis zu 60 % der Larven des Stammes LA513A zu flugfähigen Insekten entwickeln. Da allerdings bekannt ist, dass Tetracyclin unter Lichteinfluss innerhalb von Minuten bis Stunden zersetzt wird, sollte der Anteil heterozygoter LA513A-Individuen, die sich zu flugfähigen Mücken entwickeln, auch in dieser Umge-

bung bei nur ca. 4 % liegen. Trotzdem bleibt bei einer dauerhaft hohen Tetracyclin-Belastung der Abwässer ein Restrisiko, dass sich transgene Mücken zu einem höheren Prozentsatz bis zur Flugfähigkeit entwickeln können, z. B. in lichtgeschützten Kleinstgewässern. Es wäre dann auch möglich, dass sich die überlebenden heterozygoten Tiere wieder mit verbliebenen Wildtyp-Mücken oder anderen heterozygoten Tieren paaren. Auf längere Sicht könnte so erneut ein Populationszuwachs erfolgen, falls nicht immer wieder transgene Männchen freigesetzt werden.

Leistungskurs Biologie (NRW) – Abiturprüfung 2020
Aufgabe 1: Ökologie/Evolution

Aufgabenstellung: Punkte

Thema: Borkenkäfer und ihre Pilze

I.1 Leiten Sie begründend die interspezifischen Beziehungen aller Organismen aus Material A ab und geben Sie die Trophieebenen an (Material A). 14

I.2 Fassen Sie die in den Abbildungen 2 und 3 sowie Tabelle 1 dargestellten Ergebnisse zusammen (Material B). Werten Sie diese umfassend im Hinblick auf die Bedeutung des Ethanols für *Xylosandrus germanus* sowie für die Beziehung der Pilze *Ambrosiella grosmanniae* und *Penicillium commune* aus (Materialien A und B). 24

I.3 Geben Sie eine Definition für den Begriff Koevolution an und begründen Sie unter Berücksichtigung der jeweiligen Angepasstheiten, ob es sich bei der Beziehung zwischen *Xylosandrus germanus* und *Ambrosiella grosmanniae* um Koevolution handelt (Materialien A und B). 12

I.4 Beschreiben Sie Unterschiede zwischen konvergenten und divergenten Entwicklungen. Analysieren Sie vor diesem Hintergrund Abbildung 4 (Materialien A bis C). Entwickeln Sie eine Hypothese zur möglichen Entstehung der in Abbildung 4 dargestellten Beziehungen mithilfe der Synthetischen Evolutionstheorie (Materialien A bis C). 16

Material A: Lebensweise des Schwarzen Nutzholzborkenkäfers

Der Schwarze Nutzholzborkenkäfer *(Xylosandrus germanus)* ist ein etwa zwei Millimeter großer Käfer, der zu den Borkenkäfern gehört. *X. germanus* bohrt Gangsysteme in äußere Holzschichten bei bereits geschwächten Laub- und Nadelbäumen. Auch gerade abgestorbene Gehölze werden befallen. Das Bohrmehl aus den Gangsystemen wird heraustransportiert und ist als Bohrmehlwürstchen an der Rinde der betroffenen Bäume zu sehen (Abbildung 1). Die Weibchen von *X. germanus* wählen einen geeigneten Baum aus, bohren einen etwa 10 Zentimeter langen Tunnel in die äußeren Holzschichten, von dem seitlich Bruthöhlen abzweigen. In die Bruthöhlen legen sie später ihre Eier. Das Gangsystem wird schnell vom Pilz *Ambrosiella grosmanniae* besiedelt, der mit seinem fadenartigen Pilzgeflecht die angrenzenden Holzschichten durchwächst und diese dabei abbaut. Die Käferweibchen verteilen dessen Pilzsporen aus taschenartigen Vertiefungen ihres Rückenschildes bereits bei der Anlage des Gangsystems an den Tunnelwänden.

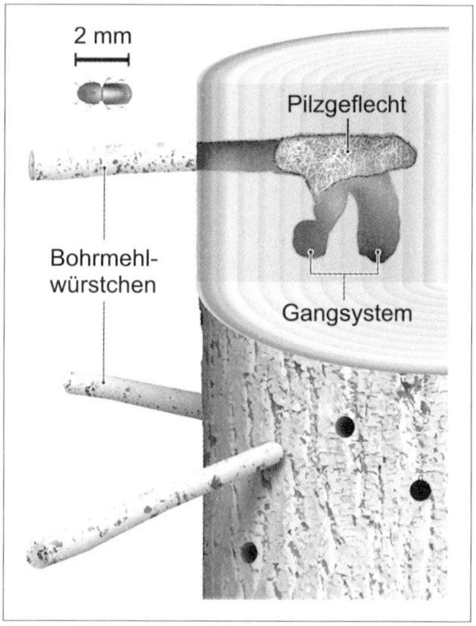

Abb. 1: Befall durch *Xylosandrus germanus* Ausgewachsener Käfer, Gangsystem mit Pilzgeflecht und Bohrmehlwürstchen

eigene Darstellung nach: Forster (2007), S. 1; Graf & Manser (2000), Abb. 2, S. 271; Schulze et al. (2019), Abb. 7, S. 8

Männchen und Weibchen von *X. germanus* sorgen für eine optimale Belüftung und Luftfeuchtigkeit, sodass das Wachstum des mitgebrachten Pilzes unter sehr günstigen Bedingungen stattfindet. Gelingt die Ansiedlung von *A. grosmanniae* nicht, wird das Gangsystem verlassen. Der Pilz *A. grosmanniae* wurde als freilebender Pilz noch nie gefunden, sondern immer im Zusammenleben mit *X. germanus*.
Wenn aus den Eiern die Larven von *X. germanus* schlüpfen, sind bereits alle Wände des Gangsystems mit einem dichten Rasen von Pilzsporen und Sporenträgern des *A. grosmanniae* überzogen. Ausgewachsene Käfer und auch die Larven von *X. germanus* ernähren sich ausschließlich von Sporen und Sporenträgern des Pilzes *A. grosmanniae*.

Material B: Ethanol beeinflusst die Baumwahl

Geschwächte Bäume, die unter ungünstigen Bedingungen wachsen, und im Absterben begriffene Bäume werden von *X. germanus*-Weibchen bevorzugt angeflogen. Diese Bäume zeigen im Vergleich zu vollständig gesunden Bäumen oft erhöhte Konzentrationen von Ethanol (Alkohol) in ihren Geweben. Die Erhöhung des Ethanolgehaltes in pflanzlichen Geweben ist ein Abwehrmechanismus der Pflanzen gegen das Eindringen von Mikroorganismen. Ethanol ist ein Zellgift. Daher ist Ethanol auch wirksam gegen viele Bakterien oder Pilze und kann so den Befall durch diese Lebewesen reduzieren. Alle Verletzungen von Rinde oder Holz erleichtern das Eindringen holzzersetzender Mikroorganismen wie etwa des Pilzes *Penicillium commune*, die dann zu weiteren Schädigungen der Pflanze führen können.

Der Befall des Kanadischen Judasbaumes *(Cercis canadensis)* durch *X. germanus* wurde unter verschiedenen Bedingungen untersucht. Dabei wurden die Sträucher im Freiland auf ethanolhaltigem Boden kultiviert, sodass sich das pflanzliche Gewebe mit Ethanol anreicherte. Anschließend wurde der Befall durch *X. germanus* anhand verschiedener Parameter analysiert (Abbildung 2).

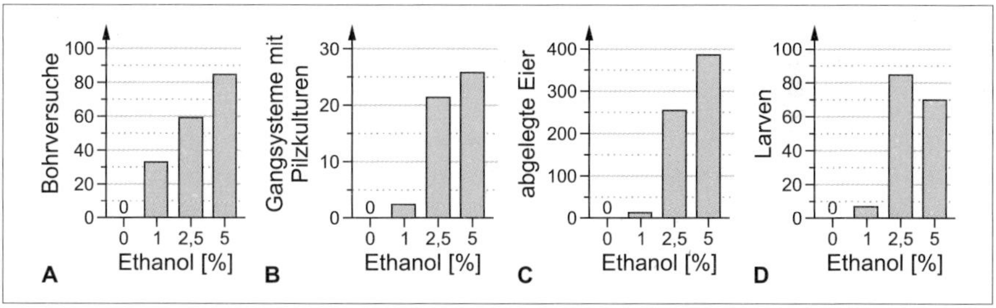

Abb. 2: Untersuchung des Befalls von *C. canadensis* durch den Borkenkäfer *X. germanus* bei unterschiedlichem Ethanolgehalt des Bodens
A: Anzahl der Bohrversuche; B: Anzahl der Gangsysteme mit Pilzkulturen; C: Anzahl abgelegter Eier; D: Anzahl der Larven

verändert nach: Ranger et al. (2018), Abb. 1 B, 1 F, 1 H, 1 J, S. 2

Die Auswirkungen von Ethanol auf das Wachstum von *A. grosmanniae* und *Penicillium commune*, einem in der Natur weit verbreiteten, schnellwachsenden Pilz, wurden in Laborversuchen untersucht. Das Trockengewicht der Pilze wurde unter den verschiedenen Bedingungen nach jeweils sechs Tagen ermittelt (Abbildung 3).

Außerdem wurde die Aktivität des ethanolabbauenden Enzyms Alkoholdehydrogenase (ADH) bei beiden Pilzen bestimmt (Tabelle 1). Ethanol kann in der Dissimilation zur Energiegewinnung genutzt werden.

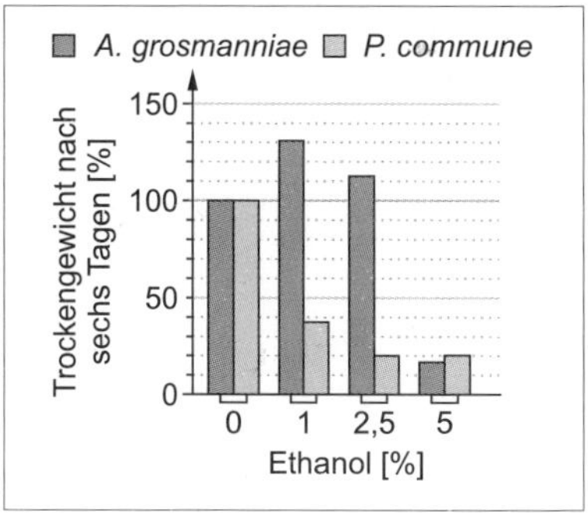

Abb. 3: Wachstum von *A. grosmanniae* und *P. commune* in Einzelkulturen bei verschiedenen Ethanol-Konzentrationen im Nährboden
Die Werte sind jeweils auf die Ergebnisse bei 0 % Ethanol bezogen.

verändert nach: Ranger et al. (2018), Abb. 3 A, S. 3 und 4 D, S. 4

	Einwirkdauer	
Art	0 Stunden	6 Stunden
A. grosmanniae	150 mU/mg	780 mU/mg
P. commune	160 mU/mg	290 mU/mg

Tab. 1: ADH-Aktivität bei Einwirkung von 2 % Ethanol in Milliunits pro Milligramm [mU/mg]

verändert nach: Ranger et al. (2018), Abb. 5A, 5E, S. 4

Material C: Verwandtschaft der Borkenkäfer und ihrer Pilze

Zu den Borkenkäfern zählen etwa 6 000 heute lebende Arten, von denen rund 3 400 Arten jeweils spezifische Pilze in ihren Gangsystemen kultivieren. Basierend auf DNA-Sequenzen verschiedener homologer Gene wurde ein phylogenetischer Stammbaum der Borkenkäfer sowie ein phylogenetischer Stammbaum der betreffenden Pilzgruppe berechnet. Vereinfachte Ausschnitte aus diesen Stammbäumen sind in Abbildung 4 gezeigt.

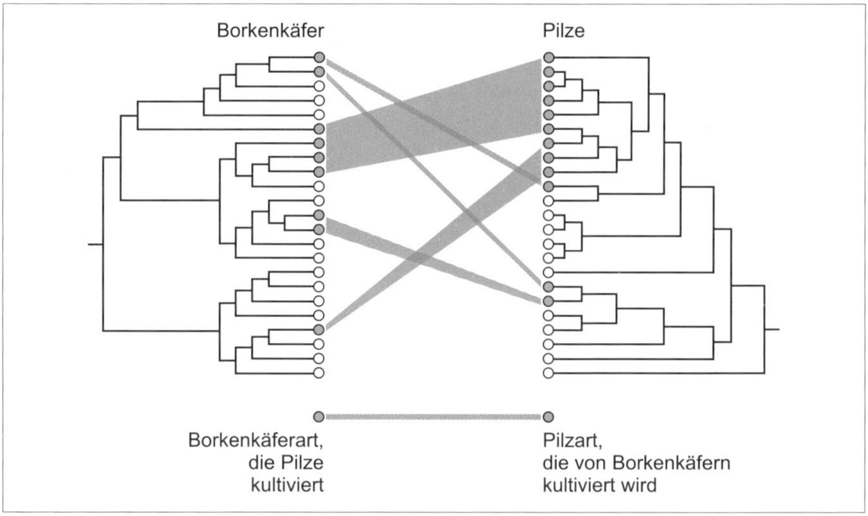

Abb. 4: Phylogenetische Stammbäume ausgewählter Borkenkäfer und Pilze
Die Artbezeichnungen an den Enden der jeweiligen Entwicklungslinien sind aus Gründen der Übersichtlichkeit nicht angegeben.

verändert nach: Mueller & Gerardo (2002), Abb. 1c, S. 15 248 (weitere) Materialgrundlage:

Forster, B. (2007). Der Schwarze Nutzholzborkenkäfer (Xylosandrus germanus). Ergänzungen zum PBMD-Bulletin vom August 1991. PBMD-Bulletin. Abgerufen von http://www.issw.ch/fe/walddynamik/waldschutz/insekten/Nutzholzborki.pdf

Francke-Grosmann, H. (1956). Hautdrüsen als Träger der Pilzsymbiose bei Ambrosiakäfern. Zeitschrift für Morphologie und Ökologie der Tiere 45(3), S. 275–308 https://doi.org/10.1007/BF00430256

Graf, E. & Manser, P. (2000). Beitrag zum eingeschleppten Schwarzen Nutzholzborkenkäfer Xylosandrus germanus. Biologie und Schadenpotential an im Wald gelagertem Rundholz im Vergleich zu Xyloterus lineatus und Hylecoetus dermestoides. Schweizerische Zeitschrift für Forstwesen 151(8), S. 271–281

Hoffmann, C. H. (1941). Biological Observations on Xylosandrus germanus (Bldfd.). Journal of Economic Entomology 34(1), S. 38–42. https://doi.org/10.1093/jee/34.1.38

Mueller, U. G. & Gerardo, N. (2002). Fungus-farming insects: Multiple origins and diverse evolutionary histories. Proceedings of the National Academy of Sciences 99(24), S. 15 247–15 249 https://doi.org/10.1073/pnas.242594799

Ranger, C. M., Biedermann, P. H. W., Phuntumart, V., Beligala, G. U., Ghosh, S., … Benz, J. P. (2018). Symbiont selection via alcohol benefits fungus farming by ambrosia beetles. Proceedings of the National Academy of Sciences, 201716852. https://doi.org/10.1073/pnas.1716852115

Schulze, E. D., Schweingruber, F., Gossner, M. M., Günther, A., Weber, U., … Komor, E. (2019). Springtime bark-splitting of Acer pseudoplatanus in Germany. Forests 10(12), 1106 https://doi.org/10.3390/f10121106

Lösungsvorschlag

In der Aufgabe thematisierte Unterrichtsinhalte sind:
Parasit-Wirt-Beziehung, Trophieebenen, Symbiose, interspezifische Beziehungen, Destruent, interspezifische Konkurrenz, Konkurrenzstärke, Selektionsvorteil, Einnischung, phylogenetischer Stammbaum, monophyletische Gruppe, Konvergenz, Synthetische Evolutionstheorie, reproduktive Fitness

I.1 *Achten Sie bei der begründeten Angabe der Wechselwirkungen zwischen den Organismen sowie bei der Zuordnung der Trophieebenen auf Vollständigkeit sowie auf die Verwendung der korrekten Fachbegriffe.*

Die interspezifischen Beziehungen der in Material A erwähnten Organismen sind folgende: Der Pilz *Ambrosiella grosmanniae* ernährt sich von Holzschichten geschwächter oder abgestorbener Laub- und Nadelbäume, die er durchwächst und abbaut. Damit ist der Pilz ein Parasit der Bäume und es kann von einer Parasit-Wirt-Beziehung gesprochen werden. Sporen und Sporenträger des Pilzes *A. grosmanniae* dienen dem Schwarzen Nutzholzborkenkäfer *Xylosandrus germanus* im adulten Stadium sowie in der Larvenphase als ausschließliche Nahrung. Dabei werden die Pilze von den Käfern immer wieder in neue, von den Insekten angelegte Gangsysteme eingetragen. Dort finden sie optimale Wachs-

tumsbedingungen hinsichtlich Belüftung und Luftfeuchtigkeit in einem abgeschirmten Lebensraum vor. Da der Pilz niemals freilebend, sondern ausschließlich im Zusammenleben mit *X. germanus* gefunden wurde, lässt sich davon ausgehen, dass beide Arten vollständig voneinander abhängig sind. Es handelt sich also um eine symbiotische Lebensgemeinschaft (obligate Ektosymbiose), von der die Organismen beider Arten profitieren.
Was die Trophieebenen der in Material A genannten Organismen angeht, stellen die Laub- und Nadelbäume die Stufe der Produzenten dar. Ein Konsument 1. Ordnung ist der heterotrophe Pilz *A. grosmanniae*, da er das Holz lebender, geschwächter Bäume abbaut und sich davon ernährt. Da er auch Totholz zersetzt, gehört er auch zu den Destruenten. Die Schwarzen Nutzholzborkenkäfer ernähren sich von Sporen und Sporenträgern des Pilzes *A. grosmanniae*. Sie stellen damit Konsumenten 2. Ordnung dar.

I.2 *Achten Sie bei Ihrer Zusammenfassung darauf, dass Sie alle Parameter im Blick behalten und diese bei der geforderten umfassenden Auswertung konkret zueinander in Beziehung setzen. Es sind diverse Wechselwirkungen zu berücksichtigen.*

Abbildung 2 gibt die Ergebnisse einer Studie zum Einfluss des Ethanolgehalts auf den Befall des Kanadischen Judasbaumes durch *Xylosandrus germanus* wieder. Dieser Einfluss wurde anhand von vier Parametern untersucht. Dabei zeigte sich, dass mit zunehmendem Ethanolgehalt im Boden (von 0 % bis 5 %) die Zahl der Bohrversuche, die Anzahl der Pilzkulturen sowie die Zahl der abgelegten Eier im Baum anstiegen. Diese Tendenz galt auch für die Anzahl der Larven, allerdings entwickelten sich die meisten Larven bei 2,5 % Ethanol, während bei 5 % Ethanol die Zahl der Larven etwas geringer war. Ohne Ethanolgehalt (0 %) wurden die Bäume überhaupt nicht parasitiert.
Den Einfluss des Ethanolgehalts auf das Wachstum der beiden Pilzarten *Ambrosiella grosmanniae* und *Penicillium commune* dokumentiert Abbildung 3. *A. grosmanniae* zeigte in den Laborversuchen maximales Wachstum bei 1 % Ethanol und etwas geringeres Wachstum bei 2,5 % Ethanol. Beide Bedingungen wirkten sich also günstiger aus als ethanolfreies Medium. Bei 5 % Ethanol wuchs der Pilz allerdings erheblich schlechter als in Abwesenheit von Ethanol. Das Wachstum von *P. commune* war hingegen bereits bei 1 % Alkohol im Nährboden deutlich geringer als auf ethanolfreiem Medium und betrug bei 2,5 % und 5 % Ethanol nur noch 20 % des Wertes in ethanolfreiem Nährmedium.
Tabelle 1 zeigt den Einfluss der Einwirkdauer von Ethanol auf die ADH-Aktivität beider Pilzarten. Ohne Ethanoleinwirkung lag sie bei beiden Arten bei einem ähnlich geringen Wert. Bei sechs Stunden Einwirkzeit von 2 %igem Alkohol war die Aktivität des ethanolabbauenden Enzyms bei *A. grosmanniae* jedoch mehr als doppelt so hoch wie bei *P. commune*.
Diese Erkenntnisse lassen sich hinsichtlich der Bedeutung des Ethanols für die (Beziehungen der) genannten Organismen auswerten. Für den Schwarzen Nutzholzborkenkäfer sind solche Bäume besonders attraktiv, die in ihren Geweben

Ethanol aufweisen. Das ist insofern nachvollziehbar, als ethanolhaltiges Gewebe unter natürlichen Bedingungen ein Kennzeichen geschwächter Bäume ist; diese werden von den Käfern bevorzugt angebohrt. Bei 5 % Ethanol im Boden sind die Bedingungen für die Eiablage zwar optimal, die Käferlarven entwickeln sich jedoch bei 2,5 % Ethanol im Boden am besten. Bei einer Konzentration von 1 % bis 2,5 % Ethanol im Nährmedium gedeiht auch die Nahrungsgrundlage für Käfer wie Larven – der Pilz *A. grosmanniae* – optimal (Abb. 3); hier besteht offenbar ein Zusammenhang.
Die Beziehung der beiden Pilzarten untereinander kann unter natürlichen Bedingungen als interspezifische Konkurrenz bezeichnet werden, da sie als holzabbauende Mikroorganismen die gleiche Nahrungsquelle nutzen. Fehlt Ethanol im Holz der Wirtsbäume, sind *A. grosmanniae* und der weitverbreitete und schnell wachsende *P. commune* gleich konkurrenzstark. Schon bei geringen Anteilen von Ethanol im Substrat wird *P. commune* jedoch durch das Zellgift beeinträchtigt und ist dem Konkurrenten im Wachstum unterlegen. *A. grosmanniae* kann, wenn er unter natürlichen Bedingungen von Weibchen des Borkenkäfers in Gangsysteme in Bäumen mit einem Ethanolgehalt von 1–2,5 % eingebracht wird, hingegen sehr gut gedeihen. Dieser Konkurrenzvorteil lässt sich u. a. dadurch erklären, dass *A. grosmanniae*, anders als *P. commune*, bei Anwesenheit von Ethanol eine hohe ADH-Aktivität besitzt und Ethanol zur eigenen Energiegewinnung abbauen kann. Aufgrund dieser Ethanoltoleranz bzw. -verwertung besitzt der Pilz Konkurrenzvorteile gegenüber *P. commune* und kann sich in den Gangsystemen von *X. germanus* ausbreiten.

I.3 *Geben Sie eine möglichst vollständige Definition des Begriffs Koevolution und arbeiten Sie die gegenseitigen Abhängigkeiten der Lebewesen in ihrer Symbiose anhand des Materials klar heraus.*

Als Koevolution bezeichnet man einen Evolutionsprozess, bei dem zwei Arten, die in enger interspezifischer Beziehung stehen, einen starken Selektionsdruck aufeinander ausüben, sodass es zu wechselseitiger Anpassung und Beeinflussung der Evolution beider Arten kommt. Dabei entwickeln sich bei den Arten oftmals spezifische Angepasstheiten (Koadaptationen).
Dafür, dass bei *Xylosandrus germanus* und *Ambrosiella grosmanniae* eine Koevolution vorliegt, sprechen folgende Aspekte: *A. grosmanniae* stellt die ausschließliche Nahrungsquelle für Larven und Adulte des Schwarzen Nutzholzborkenkäfers dar, sodass das Insekt auf die Verfügbarkeit der Pilze angewiesen ist. Daraus folgt, dass der Pilz einen starken Selektionsdruck auf *X. germanus* ausübt. Auch *A. grosmanniae* ist seinerseits vom Schwarzen Nutzholzborkenkäfer abhängig, da der Pilz nicht freilebend vorkommt. Das Insekt übt also ebenfalls einen großen Selektionsdruck auf den Pilz aus. *X. germanus* bringt ihn in seinen Lebensraum, indem seine Sporen aus taschenartigen Vertiefungen im Rückenschild der Käferweibchen im Gangsystem an den Tunnelwänden verbreitet werden. Dieses anatomische Merkmal der Käfer stellt somit eine Angepasstheit an den Transport der Pilzsporen dar. Darüber hinaus „pflegt“ *X. germanus* seine

Nahrungsquelle, indem für Belüftung und ausreichende Luftfeuchtigkeit in den Gangsystemen gesorgt wird. Auch der Pilz *A. grosmanniae* zeigt Angepasstheiten, da er eine gewisse Toleranz gegenüber Ethanol im Holz entwickelt hat und den Alkohol als Nährstoff zur Energieversorgung verwenden kann. Diese Eigenschaften, die als Einnischung zu deuten sind, erleichtern ihm die Erschließung von ethanolhaltigem Holz, das die Käfer vorzugsweise besiedeln. Dieses Vorliegen eines wechselseitigen Selektionsdrucks und spezifischer Angepasstheiten weist darauf hin, dass *X. germanus* und *A. grosmanniae* in einer koevolutionären Beziehung stehen.

I.4 *Achten Sie bei der Beschreibung der beiden Entwicklungsformen darauf, dass Sie in Ihrer Darstellung Selektionsdruck und Entwicklungsrichtung zueinander in Beziehung setzen. Die Analyse von Abbildung 4 und die Hypothesenbildung zur Entstehung der dargestellten Verhältnisse erfordern, dass Sie alle Informationen zusammenführen. Denken Sie bei der Aufstellung der Hypothese daran, dass bei den evolutiven Vorgängen auch interspezifische Wechselwirkungen eine Rolle spielen können.*

In Bezug auf die Ausprägung bestimmter Merkmale bei verschiedenen systematischen Gruppen sind grundsätzlich zwei Möglichkeiten der Merkmalsentstehung zu unterscheiden: Bei einer konvergenten Entwicklung führt ein gleichartiger oder ähnlicher Selektionsdruck dazu, dass bei verschiedenen Arten analoge Merkmale entstehen. Trotz Funktionsähnlichkeit gehen die Merkmale nicht auf einen gemeinsamen Ursprung zurück. Bei einer divergenten Entwicklung liegen unterschiedliche Selektionsbedingungen vor, sodass es zu unterschiedlichen Ausprägungen homologer Strukturen zweier Arten kommen kann. Von Divergenz spricht man, da die Entwicklung von einem gemeinsamen Ursprung in unterschiedliche Richtungen erfolgt.
Bei der Analyse des vereinfachten phylogenetischen Stammbaums ausgewählter Borkenkäfer und Pilze fällt zunächst auf, dass es neun rezente Borkenkäferarten gibt, die jeweils mit einer oder mehreren von insgesamt zwölf Pilzarten symbiotisch leben, indem sie sie in ihren Bohrgängen kultivieren. Weder die Borkenkäfer noch ihre symbiotischen Pilze stellen eine monophyletische Gruppe dar. Die Gruppen der symbiotischen Arten umfassen also jeweils nicht alle Entwicklungslinien, die von ihrem letzten gemeinsamen Vorfahren ausgehen. Im Käferstammbaum lassen sich fünf unterschiedliche phylogenetische Entwicklungslinien ausmachen, die zu pilzkultivierenden Borkenkäferarten führen. Die angenommenen Vorfahren aller im Stammbaum gezeigten Borkenkäfer waren vermutlich keine Borkenkäferarten, die Pilze kultivierten. Dies ist zu vermuten, da die vergleichsweise wenigen symbiotisch lebenden Arten im Stammbaum sehr verstreut auftreten. Daraus lässt sich ableiten, dass im Laufe der Stammesgeschichte der Insekten die Eigenschaft, Pilze als Symbionten heranzuziehen, mehrfach und unabhängig voneinander entstanden sein muss. Damit liegen hier konvergente Entwicklungen vor – bedingt durch gleichartigen Selektionsdruck. Auch bei den Pilzen, die zu Symbionten der Borkenkäfer wurden, hat sich die

symbiotische Lebensweise unabhängig voneinander in mindestens zwei Pilzgruppen herausgebildet, ist also konvergent entstanden. Im Laufe dieser Entwicklung ist es auch dazu gekommen, dass sich – von Seiten der Pilze aus betrachtet – Lebensgemeinschaften zwischen Pilzen einer systematischen Gruppe und Borkenkäferarten unterschiedlicher systematischer Gruppen ausgebildet haben.
Bei der Entwicklung einer Hypothese zur Entstehung der in Abbildung 4 dargestellten Beziehungen lässt sich zunächst vermuten, dass sich die Vorfahren der symbiotisch lebenden Borkenkäferarten nicht ausschließlich von Pilzen und ihren Bestandteilen ernährt haben. Die obligate Eigenschaft, Pilze zu kultivieren, ist vermutlich auf der Basis von Mutations- und Rekombinationsereignissen sowie von Selektionsprozessen entstanden. Das Merkmal stellte dann vermutlich einen Selektionsvorteil für die betreffenden Insekten dar, da sie auf diese Weise interspezifische Nahrungskonkurrenz vermeiden konnten. Die symbiotische Beziehung ermöglichte den Insekten so eine Erhöhung ihrer reproduktiven Fitness. Auch die Vorfahren der symbiotisch lebenden Pilzarten waren wahrscheinlich freilebend. Einige von ihnen erhielten dadurch einen Selektionsvorteil, dass sie durch symbiotische Borkenkäfer verbreitet und kultiviert wurden. Durch Mutation und Selektion könnten sich Angepasstheiten, etwa die Eigenschaft einer hohen ADH-Aktivität, die den Abbau ethanolhaltiger Gewebe ermöglichte, herausgebildet haben. Insgesamt konnten die symbiotischen Pilzarten damit ihre interspezifische Konkurrenz zu anderen Pilzarten verringern und so eine höhere reproduktive Fitness erzielen.

Leistungskurs Biologie (NRW) – Abiturprüfung 2020
Aufgabe 2: Genetik/Neurobiologie

Aufgabenstellung: Punkte

Thema: Generalisierte progressive Retina-Atrophie (gPRA) bei Hunden

II.1 Stellen Sie die Funktion von Stäbchen und Zapfen für den Sehvorgang dar und leiten Sie auf dieser Grundlage die Ursachen für die Krankheitssymptome der gPRA ab (Material A). 8

II.2 Ermitteln Sie begründend den Erbgang der gPRA und geben Sie für die Hunde 8, 18, 22 und 23 die Genotypen an (Material B). Erläutern Sie anhand des gezeigten Stammbaums das häufige Auftreten der Erkrankung in den letzten beiden Generationen (Material B). 14

II.3 Beschreiben Sie kurz den Prozess der Fototransduktion (Material C). Analysieren Sie auch unter Angabe der Aminosäuresequenzen die genetischen Ursachen der gPRA (Materialien C und E) und erläutern Sie die neurophysiologischen Folgen (Materialien A und C). 15

II.4 Stellen Sie die wesentlichen Schritte der Polymerase-Kettenreaktion dar und erläutern Sie kurz das Prinzip der Mismatch-PCR (Material D). Erklären Sie das Fehlen der *Hin*fI-Schnittstelle im untersuchten Genabschnitt bei an gPRA erkrankten Cardigan Corgis unter Berücksichtigung von Tabelle 1 (Materialien C und D). Skizzieren und begründen Sie für alle möglichen Genotypen das zu erwartende Gelbild (Materialien B und D, Abbildung 5). Nehmen Sie Stellung zu möglichen Konsequenzen für die Hundezucht (Materialien A bis D). 29

Material A: Generalisierte progressive Retina-Atrophie (gPRA)

Generalisierte progressive Retina-Atrophie (gPRA) ist eine genetisch bedingte Augenerkrankung bei Hunden. Dieses kontinuierlich fortschreitende Augenleiden führt im Endstadium immer zur Blindheit.
Bei allen Hunderassen werden ähnliche Krankheitsmerkmale beobachtet. Zu Beginn der Erkrankung tritt bei betroffenen Hunden Nachtblindheit und der Verlust der Anpassung des Sehvermögens ans Dämmerlicht auf. Im weiteren Verlauf der Krankheit wird auch das Sehvermögen bei Tageslicht eingeschränkt. Dies ist bei betroffenen Hunden am unsicheren Verhalten in bekannter Umgebung erkennbar.

Material B: Vererbung der gPRA

Hunde sind diploid, sie besitzen 38 Autosomenpaare und die Gonosomen X und Y (Rüde) beziehungsweise X und X (Hündin). Für die Hunderasse Welsh Corgi Cardigan, kurz Cardigan Corgi, wurde die Vererbung der gPRA erforscht, da die Erkrankung bei dieser Hunderasse gehäuft auftritt.

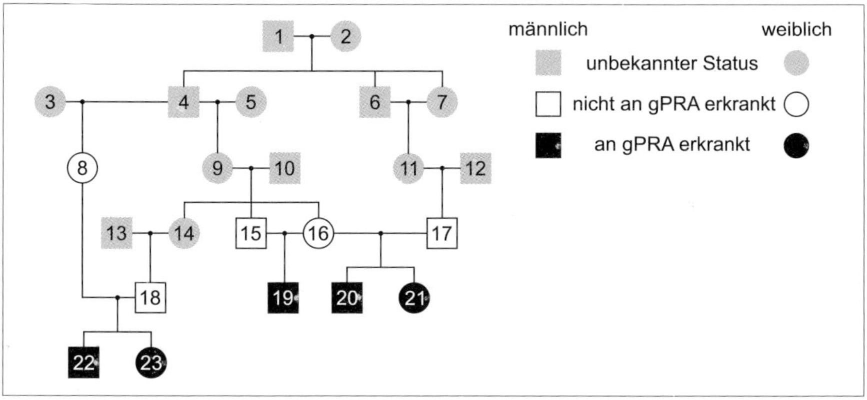

Abb. 1: Stammbaum von Cardigan Corgis, bei denen gPRA aufgetreten ist
verändert nach: Petersen-Jones et al. (1999), Abb. 4, S. 1 642

Material C: Ursachen von gPRA bei Cardigan Corgis

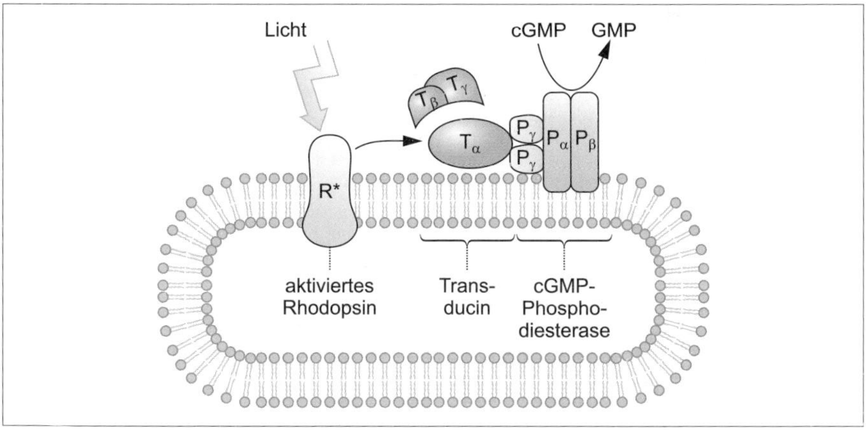

Abb. 2: Modell der Prozesse im Außensegment der Lichtsinneszellen
P_α, P_β, P_γ: Untereinheiten der cGMP-Phosphodiesterase; T_α, T_β, T_γ: Untereinheiten von Transducin
verändert nach: Petersen-Jones (2005), Abb. 1, S. 372

Auf der Suche nach den molekularen Ursachen der gPRA bei Cardigan Corgis wurde die DNA-Sequenz des *PDE6A*-Gens analysiert, das für die α-Untereinheit der cGMP-Phosphodiesterase codiert. Die cGMP-Phosphodiesterase besteht insgesamt aus den Untereinheiten α, β und γ.

		Triplett-Nummer												
	5'	612		614		616		618	···	642		644		3'
Wildtyp-Allel	···	ATG	AAG	TCC	CAG	AAC	CCA	CTG	···	GAG	AGC	CTG	AAT	···
mutiertes Allel	···	ATG	AAG	TCC	CAG	ACC	CAC	TGG	···	AGA	GCC	TGA	ATA	···

Tab. 1: Ausschnitt aus dem nicht-codogenen Strang des *PDE6A*-Gens bei gesunden (Wildtyp-Allel) und an gPRA erkrankten Cardigan Corgis (mutiertes Allel)

nach: Petersen-Jones et al. (1999), Abb. 2, S. 1 641

Material D: Molekulare Diagnosemöglichkeit für die gPRA bei Cardigan Corgis

Die Diagnose der gPRA bei Cardigan Corgis erfolgt über ein spezielles Verfahren, bei dem zunächst der relevante Bereich des *PDE6A*-Gens mithilfe der PCR vervielfältigt wird. Für die Mismatch-PCR wird ein Mismatch-Primer (hier Primer 2) eingesetzt, der sich an genau einer Basenposition von der DNA-Matrize unterscheidet. Die Sequenz für Primer 1 wird wie üblich ausgewählt. Durch die Mismatch-PCR wird hier im PCR-Produkt eine Schnittstelle für das Restriktionsenzym *Hin*fI eingefügt. Abbildung 3 zeigt den prinzipiellen Ablauf der Mismatch-PCR für das Wildtyp-Allel.

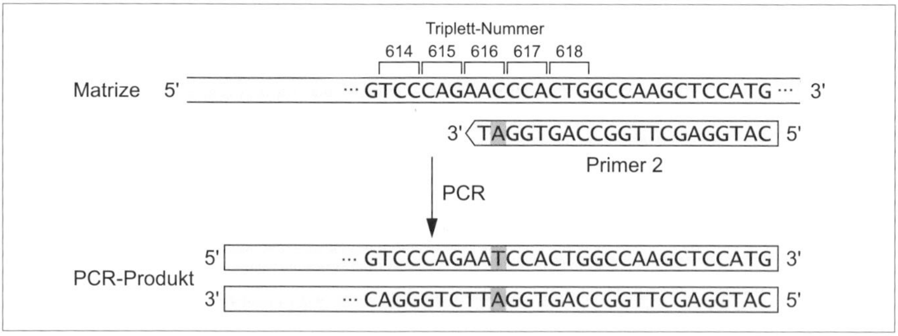

Abb. 3: Schematischer Ablauf der Mismatch-PCR
Aus Gründen der Übersichtlichkeit werden nur ein Ausschnitt der Matrizen-DNA sowie der Mismatch-Primer dargestellt.

verändert nach: Petersen-Jones & Entz (2002), Abb. 1 a, S. 105

Im Anschluss daran werden die PCR-Produkte mithilfe des Restriktionsenzyms *Hin*fI geschnitten (Abbildung 4). *Hin*fI schneidet die Sequenz 5' GANTC 3', wobei N für eine beliebige Base steht. Die PCR-Produkte nach Restriktion mit *Hin*fI werden schließlich gelelektrophoretisch aufgetrennt und verglichen.

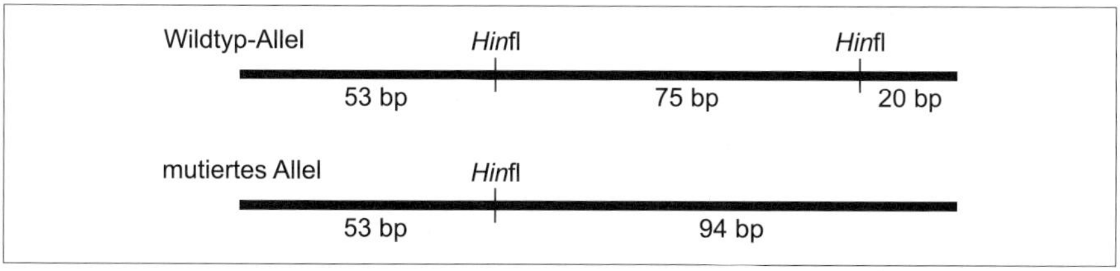

Abb. 4: Schnittstellen für das Restriktionsenzym *Hin*fI in den beiden PCR-Produkten
verändert nach: Petersen-Jones & Entz (2002), Abb. 1 a, S. 105

Abb. 5: Vorlage für das Gelbild der PCR-Produkte nach Restriktion mit *Hin*fI und Gelelektrophorese
verändert nach: Petersen-Jones & Entz (2002), Abb. 2, S. 106

Material E: Codesonne und Tabelle zum genetischen Code

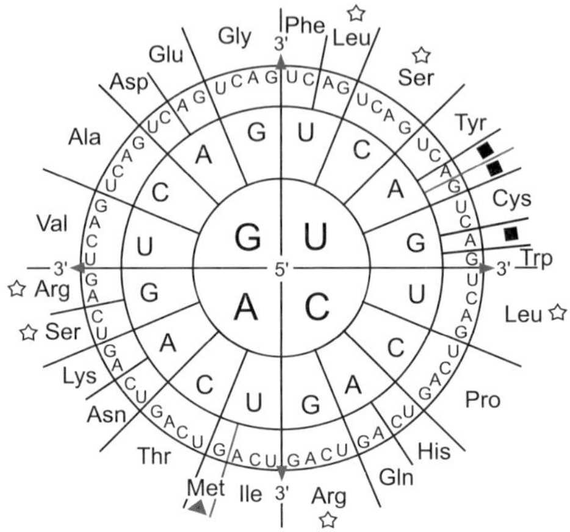

▶ Start-Codon
■ Stopp-Codon
☆ zweimal auftretende Aminosäure

Ala	Alanin
Arg	Arginin
Asn	Asparagin
Asp	Asparaginsäure
Cys	Cystein
Gln	Glutamin
Glu	Glutaminsäure
Gly	Glycin
His	Histidin
Ile	Isoleucin
Leu	Leucin
Lys	Lysin
Met	Methionin
Phe	Phenylalanin
Pro	Prolin
Ser	Serin
Thr	Threonin
Trp	Tryptophan
Tyr	Tyrosin
Val	Valin

Erste Base	Zweite Base				Dritte Base
5'	**U**	**C**	**A**	**G**	3'
U	Phe Phe Leu Leu	Ser Ser Ser Ser	Tyr Tyr ■ ■	Cys Cys ■ Trp	**U** **C** **A** **G**
C	Leu Leu Leu Leu	Pro Pro Pro Pro	His His Gln Gln	Arg Arg Arg Arg	**U** **C** **A** **G**
A	Ile Ile Ile ▶ Met	Thr Thr Thr Thr	Asn Asn Lys Lys	Ser Ser Arg Arg	**U** **C** **A** **G**
G	Val Val Val Val	Ala Ala Ala Ala	Asp Asp Glu Glu	Gly Gly Gly Gly	**U** **C** **A** **G**

Materialgrundlage:

Petersen-Jones, S. M. (2005). Advances in the molecular understanding of canine retinal diseases. Journal of Small Animal Practice 46(8), S. 371–380 https://doi.org/10.1111/j.1748-5827.2005.tb00333.x@10.1111/(ISSN)1748-5827.bsava60th

Petersen-Jones, S. M. & Entz, D. D. (2002). An improved DNA-based test for detection of the codon 616 mutation in the alpha cyclic GMP phosphodiesterase gene that causes progressive retinal atrophy in the Cardigan Welsh Corgi. Veterinary Ophthalmology 5(2), S. 103–106 https://doi.org/10.1046/j.1463-5224.2002.00223.x

Petersen-Jones, S. M., Entz, D. D. & Sargan, D. R. (1999). cGMP phosphodiesterase-α mutation causes progressive retinal atrophy in the Cardigan Welsh corgi dog. Investigative Ophthalmology & Visual Science 40(8), S. 1 637–1 644

Lösungsvorschlag

In der Aufgabe thematisierte Unterrichtsinhalte sind:
Zapfen, Stäbchen, Fototransduktion, Zelldegeneration, autosomale Vererbung, Phänotyp, Genotyp, Allel, Deletion, Raster(schub)mutation, PCR, Gelelektrophorese, Mismatch-PCR

II.1 *Hier reicht es aus, auf die wesentlichen Funktionsunterschiede der beiden Sinneszelltypen einzugehen; die zellulären oder molekularen Prozesse beim Sehvorgang und die Nennung von Zapfentypen im Detail sind nicht verlangt. Setzen Sie anschließend die Symptome der Erkrankung zu Ihrer Darstellung in Beziehung.*

Beim Sehvorgang kommen Zapfen und Stäbchen unterschiedliche Funktionen zu. Zapfen ermöglichen die Wahrnehmung von Farben und benötigen daher eine hohe Lichtintensität. Infolgedessen sind sie nur bei Tageslicht aktiv. Die Wahrnehmung unterschiedlicher Farben wird durch die Existenz unterschiedlicher Typen von Zapfen realisiert. Stäbchen sind auch bei geringer Lichtintensität, z. B. nachts, aktiv und ermöglichen das Hell-Dunkel-Sehen. Da sie lichtempfindlicher sind als Zapfen, können sie auch bei schwachem Licht, z. B. in der Dämmerung, Sinneseindrücke vermitteln.
Die generalisierte progressive Retina-Atrophie (gPRA) ist eine Augenerkrankung bei Hunden, deren Ursache in Defekten innerhalb der Lichtsinneszellen der Tiere liegt. Da betroffene Tiere zuerst nachtblind werden und die Fähigkeit verlieren, ihr Sehvermögen an Dämmerlicht anzupassen, degenerieren vermutlich zuerst die Stäbchen. Im weiteren Krankheitsverlauf schwindet auch das Sehvermögen bei Tageslicht. Dies ist darauf zurückzuführen, dass mit fortschreitender Erkrankung auch die Zapfen ihre Funktion verlieren. Schließlich erblinden die Tiere ganz.

II.2 *Konzentrieren Sie sich von Anfang an auf die phänotypisch gesunden Hunde und leiten Sie – von diesen ausgehend – den Erbgang sowie die Genotypen ab. Wählen Sie für die Allele der Genotypen eindeutige Belegungen.*

Bei der Vererbung der gPRA handelt es sich um einen autosomal-rezessiven Erbgang. Dies kann folgendermaßen begründet werden: Die Elterntiere 15 und 16 (ebenso 8 und 18 sowie 16 und 17) sind zwar phänotypisch gesund, ihr(e) Nachkomme(n) ist (sind) jedoch an gPRA erkrankt. Daraus folgt, dass die Krankheit nicht dominant vererbt werden kann. Ein X-chromosomal-rezessiver Erbgang kann ebenfalls ausgeschlossen werden, da der Rüde 18 Vater einer von der Krankheit betroffenen Hündin ist, aber selbst phänotypisch gesund ist. Da nicht nur bei Rüden, sondern auch bei Hündinnen die Krankheit auftritt, ist ein Y-chromosomaler Erbgang ebenfalls nicht möglich.
Belegt man das Wildtyp-Allel mit A und das (mutierte) Allel, das bei homozygotem Zustand für die Ausprägung der Krankheit verantwortlich ist, mit a, so ergibt sich für die betroffenen Hunde 22 und 23 (wie auch 19, 20 und 21) der Genotyp aa. Die Elterntiere 8 und 18 der Hunde 22 und 23 sind nicht erkrankt, d. h. phänotypisch gesund. Sie sind daher mischerbig bezüglich des Gen(ort)s (also Überträger*innen) und besitzen beide den Genotyp Aa.
Die Krankheit taucht in den letzten beiden Generationen des angegebenen Stammbaums so häufig auf, da es in den vorangehenden Generationen mehrfach zur Inzucht kam. So sind die Elterntiere 6 und 7 sowie 15 und 16 Geschwister. Auch die Hunde 16 und 17 sowie 8 und 18, die jeweils gemeinsame Nachkommen haben, sind relativ nah miteinander verwandt. Durch diese Verpaarungen erhöht sich die Wahrscheinlichkeit dafür, dass die im Stammbaum existenten rezessiven Allele bei Nachkommen homozygot auftreten und es zur Ausprägung der Krankheit kommt.

II.3 *Das Adverb „kurz" in der Aufgabenstellung zeigt Ihnen an, dass eine ausführliche Darlegung des Vorgangs der Fototransduktion nicht erforderlich ist. Sie können sich dabei an der Abbildung orientieren, müssen aber bei Ihrer Beschreibung auch reproduktiv auf Ihre Kenntnisse zurückgreifen.*

Zu Beginn des Prozesses der Fototransduktion trifft Licht auf das Fotopigment Rhodopsin im Außensegment der Lichtsinneszellen und aktiviert es. Das aktivierte Rhodopsin interagiert mit der α-Untereinheit des Transducins, die daraufhin die cGMP-Phosphodiesterase aktiviert. Dieses Enzym spaltet (hydrolysiert) im nächsten Schritt den *second messenger* cGMP in GMP. Verringert sich die cGMP-Konzentration in den Fotorezeptorzellen, so erfolgt eine Schließung der Kationenkanäle. Die Lichtsinneszelle wird dadurch hyperpolarisiert, was bewirkt, dass an der Synapse zur nachgeschalteten Bipolarzelle weniger Neurotransmittermoleküle (Glutamat) ausgeschüttet werden.

Achten Sie beim Erstellen der Aminosäuresequenz darauf, dass in Tabelle 1 die Nukleotidsequenz des jeweils nicht-codogenen Strangs angegeben ist. Um zur Aminosäuresequenz zu gelangen, müssen Sie zuerst die Nukleotidsequenz des komplementären, codogenen Strangs aufstellen. Aus dieser können Sie dann die mRNA-Sequenz ableiten und daraus mithilfe der Codesonne (5'→3'-Leserichtung) die Sequenz der Aminosäuren ablesen. Die Angabe des ergänzten DNA-Strangs und der mRNA-Sequenz ist nicht verlangt, kann Ihnen aber die Ermittlung der Aminosäuresequenz erleichtern.

Angabe der Aminosäuresequenz (AS) des Wildtyp-Allels:

		Triplett-Nummer											
		612	613	614	615	616	617	618		642	643	644	645	
DNA	5'...	ATG	AAG	TCC	CAG	AAC	CCA	CTG	...	GAG	AGC	CTG	AAT	... 3'
	3'...	TAC	TTC	AGG	CTC	TTG	GGT	GAC	...	CTC	TCG	GAC	TTA	... 5'
mRNA	5'...	AUG	AAG	UCC	CAG	AAC	CCA	CUG	...	GAG	AGC	CUG	AAU	... 3'
AS	...	Met	Lys	Ser	Gln	Asn	Pro	Leu		Glu	Ser	Leu	Asn	...

Angabe der Aminosäuresequenz (AS) des mutierten Allels:

		Triplett-Nummer											
		612	613	614	615	616	617	618		642	643	644	645	
DNA	5'...	ATG	AAG	TCC	CAG	**ACC**	CAC	TGG	...	AGA	GCC	TGA	ATA	... 3'
	3'...	TAC	TTC	AGG	CTC	**TGG**	GTG	ACC	...	TCT	CGG	ACT	TAT	... 5'
mRNA	5'...	AUG	AAG	UCC	CAG	ACC	CAC	UGG	...	AGA	GCC	UGA	AUA	... 3'
AS	...	Met	Lys	Ser	Gln	Thr	His	Trp		Arg	Ala	[Stopp]		

Anhand der Sequenzen lassen sich die genetischen Ursachen der gPRA-Erkrankung bestimmen und analysieren: Wie aus der Darstellung hervorgeht, fehlt beim mutierten Allel im Triplett 616 die zweite Base Adenin. Es liegt demnach eine Punktmutation, genauer eine Deletion, vor. Als Folge davon verschiebt sich das komplette nachfolgende Leseraster, man spricht von einer Raster(schub)mutation. Die Konsequenz davon ist, dass ab der betreffenden Stelle eine abweichende und insgesamt vermutlich wesentlich kürzere Aminosäuresequenz der α-Untereinheit der cGMP-Phosphodiesterase gebildet wird, da die Leserasterverschiebung zur Entstehung eines Stopp-Codons im DNA-Triplett 644 führt.
Die neurophysiologischen Folgen zweier mutierter Allele sind für betroffene Hunde gravierend. Die Struktur der cGMP-Phosphodiesterase wird vermutlich wesentlich verändert, sodass das Enzym entweder nur noch eingeschränkt wirksam ist oder seine Funktion ganz verliert. Bei Hunden mit gPRA-Erkrankung wird daher bei Anregung von Rhodopsin und Aktivierung von Transducin cGMP

nicht oder nur in vermindertem Umfang in GMP umgewandelt. Der cGMP-Spiegel in den Zellen bleibt unverändert hoch und die Kationenkanäle bleiben permanent geöffnet. Es kommt daher bei Lichtabsorption nur zu einer geringen oder zu gar keiner Hyperpolarisation der Lichtsinneszellen. Da die Neurotransmittermoleküle folglich in unveränderter Weise an der Synapse ausgeschüttet werden, findet keine Signalweiterleitung statt.

II.4 *Konzentrieren Sie sich bei Ihrer Darstellung der PCR auf Vollständigkeit und eine klare Struktur. Die Angabe der Temperaturwerte ist nicht zwingend erforderlich, für eine schlüssige und detaillierte Darstellung können Sie aber u. U. Zusatzpunkte erhalten. Bei der Erläuterung des Prinzips der Mismatch-PCR können Sie sich dann kurzfassen.*

Die einzelnen Schritte der Polymerase-Kettenreaktion, die in einem Thermocycler vollautomatisch ablaufen, können wie folgt zusammengefasst werden: Zunächst wird die zu vervielfältigende DNA bei ca. 95 °C denaturiert. Durch die Auflösung der Wasserstoffbrückenbindungen zwischen den komplementären Basen liegen anschließend DNA-Einzelstränge vor. Im nächsten, entscheidenden Arbeitsschritt wird der zu kopierende DNA-Abschnitt mittels zweier spezifischer, gegenläufiger DNA-Primer eingegrenzt. Dazu müssen die Primer komplementär zu den Nukleotidsequenzen an den 3'-Enden des DNA-Abschnitts sein. Damit die zugegebenen Primer-Moleküle über komplementäre Basenpaarung mit der DNA hybridisieren können, wird die Temperatur auf ca. 55 °C gesenkt. Durch eine hitzebeständige DNA-Polymerase erfolgt im nächsten Schritt in Gegenwart von DNA-Nukleotiden und ausgehend von den Primern bei ca. 72 °C die Synthese neuer komplementärer Einzelstränge, sodass wieder Doppelstränge entstehen. Die Wiederholung dieser Schritte führt zu einer exponentiell ansteigenden Menge der zu vervielfältigenden DNA-Sequenzen.
Das Prinzip der Mismatch-PCR beruht auf der Verwendung eines besonderen Primers. Von der DNA-Matrize unterscheidet er sich nur an einer einzigen Basenposition und kann deswegen – die übrigen Nukleobasen bilden ja komplementäre Sequenzen – mit dem gewünschten Abschnitt der Gen-Matrize hybridisieren. Das entstehende PCR-Produkt weist dadurch in beiden Strängen eine Punktmutation auf und erhält auf diese Weise eine (zusätzliche) Erkennungssequenz für das Restriktionsenzym *Hin*fI (GAATC).
Das Fehlen einer *Hin*fI-Schnittstelle im untersuchten Genabschnitt bei an gPRA erkrankten Cardigan Corgis ergibt sich aus der mutationsbedingt veränderten Basensequenz, d. h. durch den Verlust der Base Adenin. Da der Mismatch-Primer nicht die ganze *Hin*fI-Erkennungssequenz abdeckt, lautet der entsprechende Abschnitt des PCR-Produkts bei Hunden, die an gPRA erkrankt sind, infolge der Deletion 5'-GATCC-3' und nicht mehr 5'-GAATC-3'. Für das Restriktionsenzym *Hin*fI liegt daher keine Erkennungssequenz vor und die DNA wird an dieser Stelle nicht geschnitten. Abbildung 4 zeigt, dass beim Schneiden des Wildtyp- und des mutierten Allels jeweils unterschiedlich große Restriktionsfragmente entste-

hen. Werden diese mithilfe der Gelelektrophorese der Größe nach aufgetrennt, kann anhand des Gelbildes festgestellt werden, ob eine Mutation vorliegt oder nicht.

Orientieren Sie sich konsequent an Abbildung 4, wenn Sie die Banden in Abbildung 5 eintragen. Denken Sie daran, dass es neben bezüglich des Genorts homozygoten Tieren auch heterozygote Vertreter gibt. Wenn Sie auf die Differenz zwischen der Basenanzahl im Wildtyp-Allel und im mutierten Allel eingehen, ist dies eine Möglichkeit, Zusatzpunkte zu erhalten.

Skizze des zu erwartenden Gelbildes für alle Genotypen:

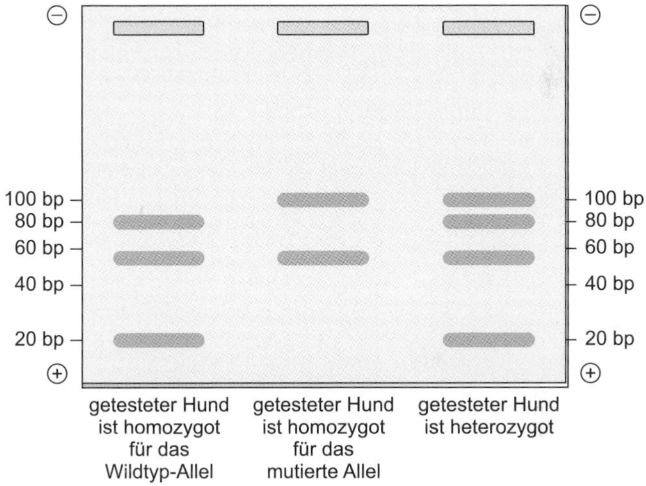

Diese Darstellung lässt sich damit begründen, dass bei den Hunden drei verschiedene Allelzustände vorliegen können: Es gibt Tiere, die das Wildtyp-Allel homozygot tragen, Hunde, die das mutierte Allel homozygot aufweisen, und Individuen mit heterozygotem Genotyp. Ist der getestete Hund homozygot für das Wildtyp-Allel, d. h. von der Krankheit nicht betroffen, schneidet das Restriktionsenzym, wie Abbildung 4 verdeutlicht, an zwei Stellen. Dadurch entstehen Fragmente, die 75 bp, 53 bp und 20 bp groß sind, und folglich drei Banden bei der Gelelektrophorese. Trägt der getestete (betroffene) Hund zwei mutierte Allele, liegt für das Enzym jeweils nur eine *Hin*fI-Schnittstelle vor. Es ergeben sich daher im Gelbild zwei Banden bei 94 und 53 bp. Bei einem Hund, der sowohl das Wildtyp-Allel als auch das mutierte Allel trägt, entstehen zwei unterschiedliche PCR-Produkte und das Bandenmuster im Gel stellt eine Kombination aus den beiden beschriebenen Gelbildern dar. Da das PCR-Produkt des Wildtyp-Allels zwei Schnittstellen aufweist und das PCR-Produkt des mutierten Allels eine Schnittstelle, ergeben sich Fragmente der Längen 94 bp, 75 bp, 53 bp und 20 bp. Im Gelbild sind daher vier Banden erkennbar.

Dass beim mutierten Allel eine Deletion vorliegt, macht sich auch beim PCR-Produkt des mutierten Allels bemerkbar: Es ist mit 147 bp eine Base kürzer als das Wildtyp-PCR-Produkt mit 148 bp Länge.
Für die Hundezucht ergeben sich aus diesen Erkenntnissen einige Konsequenzen. Um vorherzusagen, ob Cardigan Corgis an gPRA erkranken werden, steht mit der Mismatch-PCR eine probate Diagnosemethode zur Verfügung. Daher sollten zumindest Tiere aus Stammbäumen, in denen die Erkrankung gehäuft auftritt, vor der Verpaarung auf das Vorliegen der Mutation getestet werden. Wenn mutationstragende Hunde identifiziert sind, können Tiere mit dieser Prädisposition aus dem Zuchtprogramm genommen werden. Zumindest sollten heterozygot betroffene Hunde vorzugsweise mit Tieren gepaart werden, die das Wildtyp-Allel homozygot tragen. Dadurch ließe sich das Risiko verringern, dass die Nachkommen erkranken. Wie Material B verdeutlicht, tritt die generalisierte progressive Retina-Atrophie bei den Corgis gehäuft auf. Damit kommt bei dieser Hunderasse das durch Deletion mutierte Allel aufgrund der Inzucht vermutlich mit einer hohen Frequenz vor. Folglich steht eigentlich nur noch eine geringe Auswahl an Tieren für die Zucht zur Verfügung, mit der Konsequenz, dass der Genpool noch stärker verarmt – was weitere Risiken birgt.
Bei diesen Überlegungen muss jedoch klar sein, dass mit der Mismatch-PCR nur eine einzige Mutation diagnostiziert werden kann, die zu einer eingeschränkten Funktion der cGMP-Phosphodiesterase führt. Eventuelle weitere Mutationen mit ähnlichen Auswirkungen auf das Sehvermögen der Hunde bleiben dabei unentdeckt.

Leistungskurs Biologie (NRW) – Abiturprüfung 2020
Aufgabe 3: Neurobiologie/Ökologie/Evolution

Aufgabenstellung: Punkte

Thema: Natriumionenkanäle bei elektrischen Fischen Südamerikas

III.1 Erklären Sie die Angepasstheiten der Messerfische an ihren Lebensraum unter ökologischen und evolutiven Gesichtspunkten (Material A). Stellen Sie ein molekulares Verfahren zur Analyse von phylogenetischen Verwandtschaften in Grundzügen dar und analysieren Sie den Stammbaum hinsichtlich der phylogenetischen Entwicklung elektrischer Organe bei Messerfischen (Material B). 20

III.2 Fassen Sie die in Abbildung 2 dargestellten Ergebnisse zusammen und deuten Sie diese im Hinblick auf den Aufbau des elektrischen Organs bei Geist-Messerfischen (Materialien B und C). 10

III.3 Erklären Sie kurz den Verlauf eines Aktionspotenzials. Werten Sie Tabelle 1 aus und erklären Sie die möglichen Auswirkungen der Mutationen auf den Phänotyp auch anhand von Abbildung 3 (Materialien D und E). Beschreiben Sie die in Abbildung 4 dargestellten Ergebnisse und erläutern Sie ihre neurobiologische Bedeutung auch für die Geist-Messerfische (Materialien C und D). 26

III.4 Entwickeln Sie eine Hypothese zur Bedeutung von Genduplikationen der für Nav-Kanäle codierenden Gene im Hinblick auf die Evolution neurobiologischer Angepasstheiten (Materialien A bis D). 10

Material A: Messerfische in südamerikanischen Flüssen

In den Gewässern des Amazonas-Beckens leben viele Fischarten, deren sensorisches System an das trübe Wasser angepasst ist. Durch zahlreiche Schwebstoffe in den Gewässern wird Licht gestreut und absorbiert, sodass das Wasser lichtundurchlässig erscheint. Die etwa 250 Arten der Messerfische haben einen langgestreckten, rundlichen oder seitlich abgeflachten Körper und können je nach Art eine Größe bis zu 2,5 Meter erreichen. Die dämmerungsaktiven Fische besitzen spezialisierte elektrische Organe, mit denen sie schwache elektrische Entladungen erzeugen können. Diese elektrischen Felder werden durch die Umgebung der Fische beeinflusst. Die Wahrnehmung der veränderten elektrischen Felder nutzen die Messerfische, um Beute, Verstecke, Fressfeinde oder auch Artgenossen zu lokalisieren. Artspezifische Entladungsmuster ermöglichen daher eine innerartliche Kommunikation. Aufgrund der Unterschiede der Signale von Männchen und Weibchen spielen sie auch bei der Partnersuche eine Rolle.

Material B: Elektrische Organe und die Verwandtschaft der Messerfische

Viele elektrische Fische Südamerikas wie zum Beispiel der Zitteraal *(Electrophorus electricus)* besitzen ein elektrisches Organ, das aus umgewandelten Muskelzellen (MEO) hervorgeht (Abb. 1 B oben).
Die Anlage des MEO wird bei den Geist-Messerfischen allerdings während der Embryonalentwicklung reduziert. Bei ihnen stammt das elektrische Organ aus umgewandelten Axonen von Neuronen, den Elektromotoneuronen (EMN), deren Soma direkt beim Rückenmark liegt (Abb. 1 B unten).
Die phylogenetische Verwandtschaft ausgewählter Messerfische wurde anhand von DNA-Sequenzen verschiedener homologer Gene ermittelt (Abb. 1 A). Der Getüpfelte Gabelwels *(Ictalurus punctatus)* diente hier als Außengruppe, er besitzt kein elektrisches Organ.

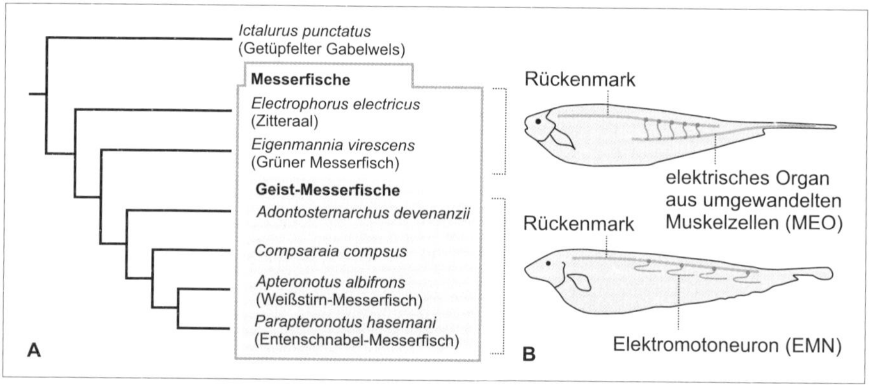

Abb. 1: Elektrische Fische Südamerikas
A: Stammbaum basierend auf DNA-Sequenzen verschiedener homologer Gene; B: schematische Darstellung der elektrischen Organe
verändert nach: Thompson et al. (2018), Abb. 2, S. 5

Material C: Natriumionenkanäle bei Geist-Messerfischen

Die spannungsgesteuerten Natriumionenkanäle (Nav-Kanäle) in den elektrischen Organen bei Messerfischen sind homolog zu den spannungsgesteuerten Natriumionenkanälen am Axon von Neuronen. Durch mehrere Duplikationen der Gene für Nav-Kanäle sind bei allen Organismen mehrere Genkopien entstanden, die zum Teil gewebespezifisch aktiviert werden. Zum Beispiel werden einige *Nav*-Gene im Rückenmark abgelesen, andere in den Muskelzellen oder im Herzmuskel. Die gewebespezifische Expression von *Nav*-Genen wurde bei einigen Vertretern der Geist-Messerfische im Vergleich zu anderen Fischen untersucht. Dazu wurde aus Gewebeproben von Muskeln und Rückenmark die relative Transkription des *Nav-4ab*-Gens bei Gabelwels und Zitteraal bestimmt. Die Geist-Messerfische besitzen aufgrund einer Genduplikation zwei Kopien dieses Gens, die als *Nav-4ab1* und *Nav-4ab2* bezeichnet werden und deren relative Transkription ebenfalls analysiert wurde (Abb. 2).

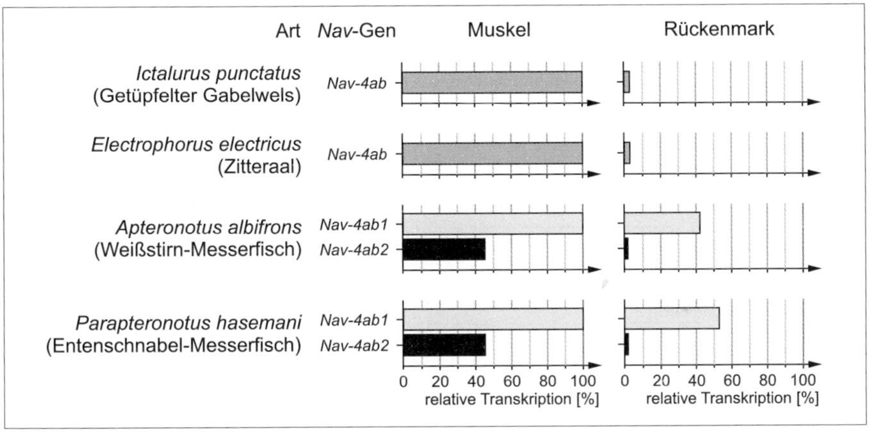

Abb. 2: Relative Transkription ausgewählter *Nav*-Gene bei verschiedenen Fischen in Muskeln und Rückenmark

verändert nach: Thompson et al. (2018), Abb. 1, S. 4

Material D: Vergleichende Analyse von Nav-Kanälen

In den elektrischen Organen der Messerfische sind Nav-Kanäle verantwortlich für die Erzeugung von Aktionspotenzialen, die essenziell für die Ausbildung der Entladungen sind. Die Elektromotoneuronen der Geist-Messerfische zeigen Entladungsraten von 650 bis 1 800 Aktionspotenzialen pro Sekunde. Dies ist sehr ungewöhnlich, da Aktionspotenzialfrequenzen von 1 000 Aktionspotenzialen pro Sekunde in Neuronen dauerhaft kaum zu erreichen sind. Bei Geist-Messerfischen werden diese hohen Frequenzen allerdings über die gesamte Lebensspanne erzeugt und verbessern wohl Orientierung und Kommunikation dieser Fische in den trüben Gewässern.
Nav-Kanäle bestehen aus Transmembranbereichen, zwischen denen eine verschließbare Kanalpore vorhanden ist. Der Nav-Kanal wird durch chemische Wechselwirkungen zwischen dem D4-Linker-Bereich und dem Inaktivierungsbereich in der Refraktärzeit verschlossen (Abb. 3). Dies begrenzt den Natriumioneneinstrom und inaktiviert den Nav-Kanal kurzzeitig. Die Aminosäuren von D4-Linker-Bereich und Inaktivierungsbereich sind für die korrekte Funktion bei der Inaktivierung besonders wichtig. Sequenzvergleiche der Aminosäuresequenzen im D4-Linker-Bereich von Nav-Kanälen verschiedener Organismen mit den entsprechenden Nav-Kanälen der Geist-Messerfische zeigt Tabelle 1.

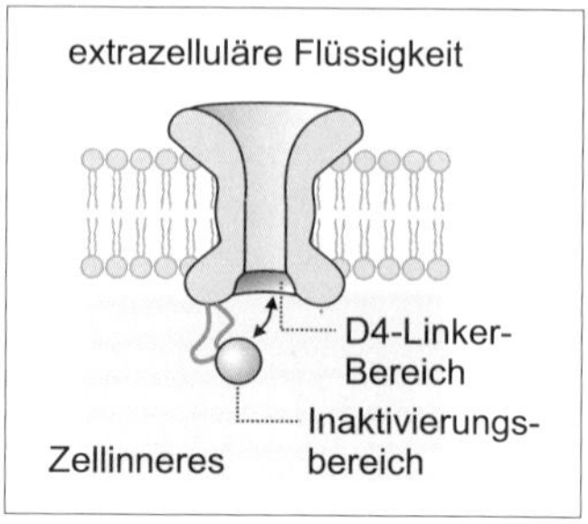

Abb. 3: Schematische Struktur des Nav-Kanals
eigene Darstellung nach: Bear et al. (2016), Abb. 4.9, S. 97

Art	Nav-Variante	Position 1645 1650 1655 1660 1665
Homo sapiens (Mensch)	Nav-4a	GIRTLLFALMMSLPALFNIGLLLFL
E. electricus (Zitteraal)	Nav-4ab	GIRTLLFALMMSLPALFNIGLLLFL
A. albifrons (Weißstirn-Messerfisch)	Nav-4ab2	GIRTLLFALMMSLPALFNIGLLLFL
A. albifrons (Weißstirn-Messerfisch)	Nav-4ab1	GIWKLWLALRMSLPALFNFSLLLFL
P. hasemani (Entenschnabel-Messerfisch)	Nav-4ab1	GIWTLWFALRMSLPALFNFSLLLFL

Tab. 1: Ausschnitt der Aminosäuresequenzen des D4-Linker-Bereichs von Nav-Kanälen verschiedener Organismen
Die Aminosäuren sind als Ein-Buchstaben-Abkürzungen angegeben. Abweichende Aminosäuren sind grau markiert.
verändert nach: Thompson et al. (2018), Abb. 3 C, S. 7

In weiterführenden Experimenten wurde die Funktion des D4-Linker-Bereichs bei Nav-Kanälen in Zellkulturen untersucht. Dazu tauschte man die Aminosäuren des D4-Linker-Bereichs von Position 1643 bis 1666 bei Nav-Kanälen des Menschen gegen den entsprechenden Bereich des *Nav-4ab1* von *A. albifrons* aus. Dann wurde der Natriumionenstrom durch diese modifizierten menschlichen Nav-Kanäle (Hs-Nav-D4) mit dem durch unveränderte menschliche Nav-Kanäle (Hs-Nav) nach einer Depolarisation über den Schwellenwert verglichen (Abb. 4).

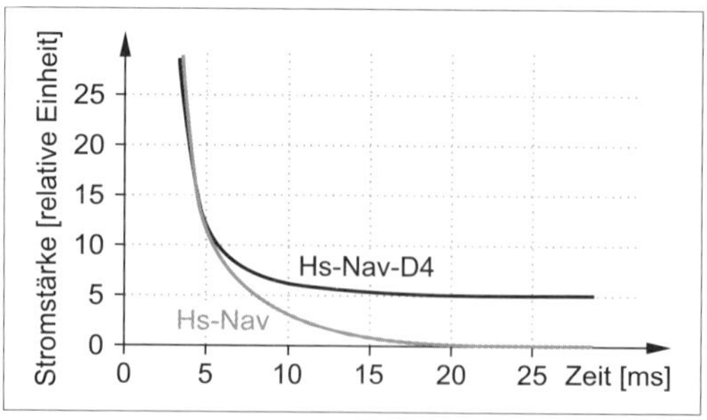

Abb. 4: Natriumionenstrom bei menschlichen Nav-Kanälen (Hs-Nav) und bei modifizierten menschlichen Natriumionenkanälen (Hs-Nav-D4) nach einer Depolarisation über den Schwellenwert
verändert nach: Thompson et al. (2018), Abb. 4 C, S. 9

Material E: Tabelle der Aminosäuren

A	Ala	Alanin
C	Cys	Cystein
D	Asp	Asparaginsäure
E	Glu	Glutaminsäure
F	Phe	Phenylalanin
G	Gly	Glycin
H	His	Histidin
I	Ile	Isoleucin
K	Lys	Lysin
L	Leu	Leucin
M	Met	Methionin
N	Asn	Asparagin
P	Pro	Prolin
Q	Gln	Glutamin
R	Arg	Arginin
S	Ser	Serin
T	Thr	Threonin
V	Val	Valin
W	Trp	Tryptophan
Y	Tyr	Tyrosin

(weitere) Materialgrundlage:

Bear, M. F., Connors, B. W. & Paradiso, M. A. (2016). Neurowissenschaften: Ein grundlegendes Lehrbuch für Biologie, Medizin und Psychologie. (A. K. Engel, Hrsg.) (Nachdruck der 3. Aufl. 2009). Berlin: Springer Spektrum

Gymnotiformes. (2018). In Wikipedia. Abgerufen von https://en.wikipedia.org/w/index.php?title=Gymnotiformes&oldid=863915428

Thompson, A., Infield, D. T., Smith, A. R., Smith, G. T., Ahern, C. A. & Zakon, H. H. (2018). Rapid evolution of a voltage-gated sodium channel gene in a lineage of electric fish leads to a persistent sodium current. PLOS Biology 16(3), e2004892. https://doi.org/10.1371/journal.pbio.2004892

Zakon, H. H. (1995). Chapter 11 Electric organs: structure, physiology, hormone-sensitivity, and biochemistry. In: Biochemistry and Molecular Biology of Fishes (Bd. 4, S. 259–277). Elsevier https://doi.org/10.1016/S1873-0140(06)80014-7

Lösungsvorschlag

In der Aufgabe thematisierte Unterrichtsinhalte sind:
Angepasstheit, abiotische Faktoren, elektrische Organe, räumliche Wahrnehmung, innerartliche Kommunikation, Selektionsvorteil, sexuelle Selektion, Fressfeind, PCR, Aminosäuresequenzanalyse, monophyletische Gruppe, Individualentwicklung, Stammesgeschichte, Aktionspotenzial, Mutation, Rekombination, Genduplikation

III.1 *Achten Sie beim Lesen des Textes auf die verschiedenen Verhaltensbereiche, die erwähnt werden, und stellen Sie in Bezug dazu die entsprechenden Vorteile der besonderen Angepasstheiten der Messerfische heraus.*

Messerfische in südamerikanischen Flüssen sind in besonderer Weise an ihren Lebensraum angepasst. Für die dämmerungsaktiven Tiere ist im trüben und lichtundurchlässigen Wasser des Amazonas-Beckens eine visuelle Orientierung nur sehr eingeschränkt möglich. Als spezifische Angepasstheit an die abiotischen Umweltfaktoren besitzen die Messerfische elektrische Organe. Diese erlauben es den Tieren, sich in den trüben Gewässern des Amazonas-Beckens räumlich zu orientieren, indem sie Veränderungen in selbst erzeugten elektrischen Feldern wahrnehmen können, die auf Einflüsse der Umgebung zurückgehen. Die elektrischen Organe verschaffen den Fischen interspezifisch auch einen Konkurrenz- bzw. Selektionsvorteil, da sie mit ihrer Hilfe Beuteorganismen erkennen, Fressfeinden ausweichen und Schutz ausfindig machen können. Darüber hinaus dienen die elektrischen Organe der innerartlichen Kommunikation. Da sie geschlechtsspezifisch eingesetzt werden, sind sie auch für die Partnersuche relevant und können eine sexuelle Selektion ermöglichen.

Bei dem geforderten molekularbiologischen Verfahren können Sie sowohl die DNA-Sequenzanalyse als auch die Aminosäuresequenzanalyse darstellen. Es ist lediglich die Darstellung einer Methode verlangt.

Um phylogenetische Verwandtschaften zu analysieren, können verschiedene molekularbiologische Verfahren angewandt werden. Bei der DNA-Sequenzanalyse wird DNA aus den zu vergleichenden Arten isoliert und mithilfe der PCR vervielfältigt. Anschließend werden aus den Proben Bereiche sequenziert, in denen sich homologe Gene befinden. Die DNA-Sequenzen dieser Gene werden dann analysiert und verglichen. Auf dieser Basis können aus dem genetischen Material unterschiedlicher Arten phylogenetische Stammbäume erstellt und die Verwandtschaft der Arten untereinander aufgezeigt werden. Dabei gilt: Je mehr Unterschiede in den verglichenen DNA-Sequenzen vorliegen, desto weiter sind die betrachteten Arten stammesgeschichtlich voneinander entfernt. Dies kann mit der Anhäufung von Mutationsereignissen im Laufe der getrennten stammesgeschichtlichen Entwicklung begründet werden. Dabei geht man davon aus, dass Mutationen in homologen Bereichen mit ähnlicher konstanter Rate auftreten.

Bei der vergleichenden Analyse von Aminosäuresequenzen wird die Primärstruktur bestimmter universell vorkommender Proteine (z. B. von Cytochrom c aus der Atmungskette der Mitochondrien) untersucht. Dazu werden die Proteine der zu vergleichenden Arten isoliert und anschließend durch Abspaltung der Aminosäuren sequenziert. Die so ermittelten Aminosäureabfolgen können dann miteinander verglichen werden und das Ergebnis kann als Basis für die Aufstellung eines Stammbaums dienen. Wenn man eine konstante Mutationsrate auf DNA-Ebene annimmt, bedeutet eine größere Anzahl an – mutationsbedingten – Unterschieden in den verglichenen Aminosäuresequenzen auch eine größere stammesgeschichtliche Distanz der betrachteten Arten.

Prüfen Sie den Stammbaum zunächst hinsichtlich der Monophylie der Gruppen und stellen Sie heraus, ob bei den betrachteten Merkmalen Homologie vorliegen kann. Wenn Sie den Aspekt der Konvergenz erarbeiten, ist dies eine Möglichkeit, Zusatzpunkte zu erhalten.

Die Analyse des Stammbaums hinsichtlich der phylogenetischen Entwicklung elektrischer Organe bei Messerfischen kann mit der Feststellung beginnen, dass die im Stammbaum dargestellten Messerfische eine monophyletische Gruppe sind. Vermutlich entwickelte sich beim letzten gemeinsamen Vorfahren der rezenten Arten ein elektrisches Organ, das aus umgewandelten Muskelzellen hervorging (MEO). Die Geist-Messerfische bilden innerhalb der Gruppe der Messerfische ebenfalls ein monophyletisches Taxon. Bei diesen elektrischen Fischen wird die Anlage des MEO aber im Laufe der Individualentwicklung reduziert. Ihre elektrischen Organe entwickeln sich aus umgewandelten Axonen von Elektromotoneuronen (EMN), deren Somata beim Rückenmark liegen. Da dies bei allen Geist-Messerfischen vorkommt, handelt es sich dabei um ein gemeinsames abgeleitetes, synapomorphes Merkmal. Damit sind im Laufe der Evolution in der monophyletischen Gruppe der Messerfische zwei unterschiedliche elektrische Organe entstanden, die jeweils von unterschiedlichen Zelltypen abstammen. Die elektrischen Organe beider Gruppen sind daher nicht homolog. Die Entstehung von MEO und EMN ist also in der Evolution dieser Fische als konvergente Entwicklung zu betrachten, die auf ähnliche Umwelt- und damit Selektionsbedingungen zurückzuführen ist.

III.2 *Bei der Wiedergabe der Ergebnisse ist es nicht notwendig, konkrete Zahlenwerte anzugeben; es reicht aus, wenn Sie die erkennbare Tendenz darstellen. Für die anschließende Deutung ist es entscheidend, sich zunächst genau klarzumachen, welche Gene in welchem Gewebe und bei welchen Arten exprimiert werden.*

Die in Abbildung 2 dargestellten Versuchsergebnisse zeigen, dass die *Nav*-Gene bei Geist-Messerfischen sowohl im Muskel als auch im Rückenmark exprimiert werden. Während sowohl beim Getüpfelten Gabelwels als auch beim Zitteraal das Gen *Nav-4ab* fast ausschließlich im Muskel transkribiert wird (und nur mit sehr geringer Rate im Rückenmark), wird die Genkopie *Nav-4ab1* beim Weiß-

stirn-Messerfisch und beim Entenschnabel-Messerfisch sowohl im Muskelgewebe als auch im Rückenmark abgelesen, dort allerdings mit nur ca. halb so hoher Rate. Die Genkopie *Nav-4ab2*, die nur die Geist-Messerfische besitzen, wird fast ausschließlich im Muskelgewebe exprimiert, allerdings in nur etwa halb so hohem Umfang wie die Genkopie *Nav-4ab1*.
Um die Ergebnisse hinsichtlich des Aufbaus des elektrischen Organs bei Geist-Messerfischen deuten zu können, ist die Tatsache relevant, dass das elektrische Organ der Geist-Messerfische von Elektromotoneuronen (EMN) gebildet wird, deren Zellkörper direkt beim Rückenmark liegen. Die zusätzlich vorhandene Genkopie *Nav-4ab1* wird nur bei den Geist-Messerfischen auch im Rückenmark transkribiert. Dies lässt darauf schließen, dass es im Laufe der Evolution der Geist-Messerfische zu einem Wandel in der Genregulation der *Nav*-Gene gekommen sein muss, wofür die Genduplikation eine Voraussetzung war. Diese gewebespezifische Expression des *Nav-4ab1*-Gens, die bei keiner der anderen betrachteten Fischarten auftritt, könnte darüber hinaus darauf hinweisen, dass beim Genprodukt von *Nav-4ab1* eine Funktionsänderung stattgefunden hat, die u. U. mit der Funktion der EMN in Verbindung steht.

III.3 *Das Adverb „kurz" zeigt Ihnen an, dass keine detaillierte Erklärung erforderlich ist. Bei der Auswertung von Tabelle 1 brauchen Sie die unterschiedlichen Aminosäuren nicht zu nennen. Bei der Auswertung von Abbildung 4 ist die Nennung konkreter Zahlen aber hilfreich. Eine Möglichkeit, Zusatzpunkte zu erhalten, besteht, wenn Sie einen Zusammenhang zwischen der Expression des Nav-4ab1-Gens im Rückenmark und der Frequenz der Aktionspotenziale herstellen.*

Zur Ausbildung eines Aktionspotenzials kommt es, wenn eine Nerven- oder Muskelzelle vom Ruhepotenzial bis über das Schwellenpotenzial hinaus depolarisiert wird. Dann öffnen sich schlagartig spannungsgesteuerte Natriumionenkanäle (Nav-Kanäle) und Na^+-Ionen strömen entlang des elektrochemischen Gradienten in das Zellinnere. Es kommt zu einer starken Depolarisation des Membranabschnitts, wobei sich die Nav-Kanäle schnell wieder schließen. Etwas zeitverzögert öffnen sich spannungsgesteuerte Kaliumionenkanäle und K^+-Ionen strömen in den Extrazellularraum aus. Dies führt zu einer Repolarisation der Zelle und aufgrund des langsamen Schließens der K^+-Ionenkanäle zu einer Hyperpolarisation. Sobald sich die spannungsgesteuerten K^+-Ionenkanäle geschlossen haben, werden das Ruhepotenzial und die ursprünglichen Ionenverhältnisse (durch die Aktivität der Na^+-K^+-ATPase) wiederhergestellt.
Tabelle 1 gibt Ausschnitte der Aminosäuresequenzen des D4-Linker-Bereichs von Nav-Kanälen des Menschen und verschiedener Messerfische wieder. Sie zeigt, dass die Aminosäuresequenz der Nav-Kanäle in diesem Bereich bei *Homo sapiens* und zwei Messerfischen mit elektrischen Organen identisch ist. Nur die Nav-Variante Nav-4ab1 beim Weißstirn- und beim Entenschnabel-Messerfisch unterscheidet sich (mutationsbedingt) in sechs bzw. fünf Aminosäuren von der Sequenz der anderen Arten. Die Aminosäuresequenz der Variante Nav-4ab2 des Weißstirn-Messerfischs weicht hingegen nicht von derjenigen des Zitteraals

(Nav-4ab) oder des Menschen (Nav-4a) ab. Aus Material D geht hervor, dass die Aminosäuren des D4-Linker-Bereichs für die korrekte Funktion bei der Inaktivierung des Kanals wichtig sind. Wechselwirkungen mit den Aminosäuren des Inaktivierungsbereichs sorgen dafür, dass der Nav-Kanal in der Refraktärzeit verschlossen wird.
Die Mutationen könnten sich insofern auf den Phänotyp auswirken, als für den Verschluss des Kanals die Wechselwirkungen spezifischer Aminosäuren im D4-Linker- und im Inaktivierungsbereich erforderlich sind. Liegen dort mutationsbedingt Aminosäuren mit anderen Resten vor, könnte sich in diesem Bereich durch eine veränderte räumliche Struktur bzw. veränderte chemische Eigenschaften der Aminosäuren auch die Qualität der Wechselwirkungen verändern. Dies könnte zu einem abweichenden Schließmechanismus der Nav-Kanäle führen.
Abbildung 4 zeigt den Natriumionenstrom von Hs-Nav- und modifizierten Hs-Nav-D4-Kanälen nach einer Depolarisation über den Schwellenwert im Vergleich. Beim menschlichen Hs-Nav-Kanal sank die Stromstärke innerhalb von 5 ms rasch ab und lag ca. 17 ms nach Messbeginn bei null, es fand dann also kein Ionendurchtritt mehr statt. Beim menschlichen Hs-Kanal, in den der D4-Linker-Bereich der Geist-Messerfische eingefügt worden war, nahm der Na^+-Ionenstrom ebenfalls zunächst rasch ab, die Stromstärke blieb dann allerdings bis ca. 25 ms nach Messbeginn konstant bei ca. 5 relativen Einheiten.
Neurobiologisch bedeutet die Tatsache, dass durch Hs-Nav-D4-Kanäle kontinuierlich ein geringer Na^+-Ionenstrom fließt, dass in den betreffenden Nervenzellen wahrscheinlich kein typisches Ruhepotenzial vorliegt, sondern konstant ein etwas positiveres Membranpotenzial. Die Axonmembran ist so (nach Ablauf eines Aktionspotenzials) rascher depolarisierbar, sodass eine höhere Frequenz von Aktionspotenzialen möglich ist. Auch bei den Axonen der EMN bei Geist-Messerfischen könnte das so sein und deren hohe Entladungsraten von 650 bis 1 800 Aktionspotenzialen pro Sekunde erklären. Diese Vermutung wird auch dadurch gestützt, dass in der Rückenmarksregion, in der bei Geist-Messerfischen die Zellkörper der EMN liegen, das *Nav-4ab1*-Gen, das das Kanalprotein mit den besonderen Eigenschaften codiert, intensiv transkribiert wird.

III.4 *Bei der Bearbeitung dieser Teilaufgabe müssen Sie wieder das gesamte vorliegende Material im Blick haben. Überlegen Sie sich dabei, welches Potenzial die Existenz mehrerer Genkopien birgt, sodass sich neurobiologische Angepasstheiten, wie sie etwa bei den Messerfischen vorliegen, entwickeln können.*

Zur Bedeutung von Genduplikationen der für Nav-Kanäle codierenden Gene im Hinblick auf die Evolution neurobiologischer Angepasstheiten kann die folgende Hypothese entwickelt werden. Material C gibt an, dass durch mehrere Duplikationen der Gene für Nav-Kanäle bei allen Organismen mehrere Genkopien entstanden sind. Durch solche Verdopplungen der genetischen Information besteht die Möglichkeit, dass sich die einzelnen Genkopien infolge von Mutations- und

Rekombinationsereignissen im Laufe der Evolution unterschiedlich weiterentwickeln. Dies bildet die Grundlage für die Ausbildung von Nav-Kanalvarianten mit neuen und unterschiedlichen Eigenschaften. Beispiele dafür sind die Varianten Nav-4ab1 und Nav-4ab2 bei den Geist-Messerfischen. Im D4-Linker-Bereich der Nav-4ab1-Variante der Weißstirn- und Entenschnabel-Messerfische liegt eine andere Aminosäuresequenz vor als bei den übrigen Nav-Varianten. Dies kann dazu führen, dass die Funktion dieses Ionenkanaltyps von anderen abweicht. Die spezifische Transkription des *Nav-4ab1*-Gens im Rückenmarksbereich kann so zu Selektionsvorteilen führen und neurobiologische Angepasstheiten bedingen.

Das Vorliegen von Duplikationen von *Nav*-Genen kann auch eine Voraussetzung dafür darstellen, dass eine gewebespezifisch angepasste neuronale Reaktion (durch Aktivierung der Gene) möglich ist. Verändern sich die Umweltbedingungen, haben Tiere mit einer entsprechenden Eigenschaft (Präadaptation) einen Selektionsvorteil unter den neuen Bedingungen. So verleiht bei den Geist-Messerfischen die Expression von (duplizierten) *Nav*-Genen im Rückenmark Neuronen die Fähigkeit, bei Bedarf eine deutlich höhere Frequenz von Aktionspotenzialen erzeugen zu können. Bei bestehender Konkurrenz, etwa um die begrenzte Ressource Nahrung, bedeutet ein entsprechender Vorteil, dass die betreffenden Tiere mehr erbeuten und letztlich eine höhere reproduktive Fitness aufweisen. Sie bringen daher ihre Allele vermehrt in den Genpool der Population (der Nachkommen) ein, sodass es zu einer Erhöhung der Frequenz der merkmalsbedingenden Allele im Genpool der Population und so zur Etablierung des Merkmals bzw. der spezifischen Angepasstheit kommt.

Leistungskurs Biologie (NRW) – Abiturprüfung 2021
Aufgabe 1: Neurobiologie / Evolution / Ökologie

Aufgabenstellung: Punkte

Thema: Duftwahrnehmung bei *Drosophila*

I.1 Stellen Sie auf Grundlage von Abbildung 1 A und 1 B die Signaltransduktion an olfaktorischen sensorischen Neuronen von Insekten in einem Fließschema dar (Material A). Erklären Sie auf neurophysiologischer Ebene den Verlauf des in Abbildung 1 C dargestellten Rezeptorpotenzials (Material A). 13

I.2 Erklären Sie ausgehend von einem Rezeptorpotenzial die Erregungsleitung bis zur Entstehung von Aktionspotenzialen bei einem olfaktorischen sensorischen Neuron und erläutern Sie auf dieser Basis die in Abbildung 2 A dargestellten Ergebnisse (Material B). Werten Sie die in Abbildung 2 B dargestellten Ergebnisse in Bezug auf die Wahrnehmung von Limonen aus (Material B). 14

I.3 Fassen Sie die in Abbildung 3 gezeigten Ergebnisse zusammen und werten Sie diese im Hinblick auf den Bruterfolg von *D. melanogaster* und *L. boulardi* aus (Material C). Geben Sie eine Definition für den Begriff reproduktive Fitness an und erläutern Sie die Bedeutung des olfaktorischen sensorischen Neurons ai2A für die reproduktive Fitness von *D. melanogaster* (Materialien B und C). 23

I.4 Analysieren Sie den Stammbaum in Abbildung 4 bezüglich der geografischen Herkunft der verschiedenen *Drosophila*-Arten (Material D). Entwickeln Sie eine begründete Hypothese zur Evolution der artspezifischen Limonen-Wahrnehmung bei den afrikanischen *Drosophila*-Arten (Materialien B bis D). 16

Material A: Duftwahrnehmung bei *Drosophila melanogaster*

Die Taufliege *(Drosophila melanogaster)* nimmt Duftstoffe mithilfe von Sinneshaaren, den Sensillen, wahr (Abbildung 1 A). Diese befinden sich unter anderem an den Fühlern. Jede Sensille enthält mehrere unterschiedliche olfaktorische sensorische Neuronen (OSN). Jedes OSN besitzt nur einen Dendriten, der in die Sensille hineinragt. Das Axon führt direkt zum Riechzentrum im Insektengehirn. Durch Poren in der Cuticula, dem Außenskelett der Insekten, gelangen die Duftstoffe in die Sensille, lösen sich in der dort vorliegenden Flüssigkeit und können so zur Dendritenmembran der OSN gelangen. Dort binden sie kurzzeitig nach dem Schlüssel-Schloss-Prinzip an spezifische olfaktorische Rezeptorproteine, wodurch ein Rezeptorpotenzial ausgelöst wird (Abbildungen 1 B und 1 C). Jedes OSN besitzt nur einen Typ von Rezeptorproteinen. Diese bilden zusammen mit Co-Rezeptorproteinen einen Kationenkanal in der Dendritenmembran.

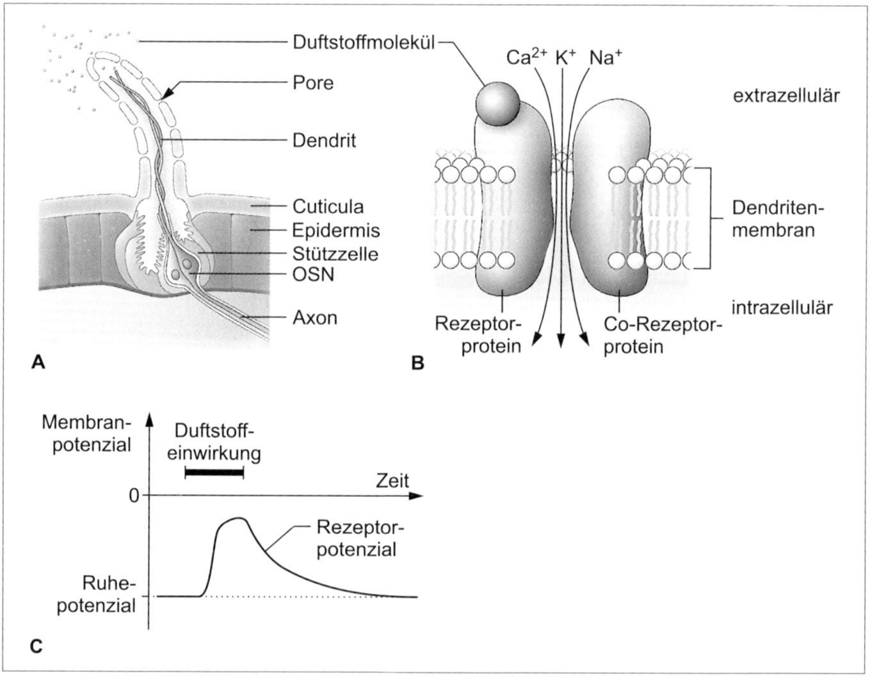

Abb. 1: Duftwahrnehmung bei *D. melanogaster*
A: Aufbau einer Sensille mit zwei OSN; B: Olfaktorische Rezeptorproteine in der Dendritenmembran eines OSN; C: Rezeptorpotenzial nach Reizung durch Zugabe eines Duftstoffs

Abb. 1 A verändert nach: Park et al. (2002), Abb. 1 B, S. 249;
Abb. 1 B verändert nach: Sachse & Krieger (2011), Abb. 3 A, S. 54;
Abb. 1 C: eigene Darstellung

Material B: Reaktion von OSN auf den Duftstoff Limonen

D. melanogaster kann verschiedenste Düfte wahrnehmen, wie etwa den Duft von Orangen. Der Orangenduft ist eine Mischung aus unterschiedlichen Duftmolekülen, unter anderem enthält er das Molekül Limonen, das als Duftstoff in Zitrusfrüchten vorkommt. Die Sensillen von *D. melanogaster* enthalten unterschiedliche OSN. So enthält etwa die Sensille ai2 die OSN ai2A und ai2B. Zur Untersuchung der Wahrnehmung von Duftstoffen wurden Ableitungen an einzelnen OSN von allen verschiedenen Sensillen der Fühler aufgenommen. Dazu wurden jeweils die Aktionspotenziale als Spannungsänderungen nach Zugabe des Duftstoffs Limonen gemessen (Abbildung 2).

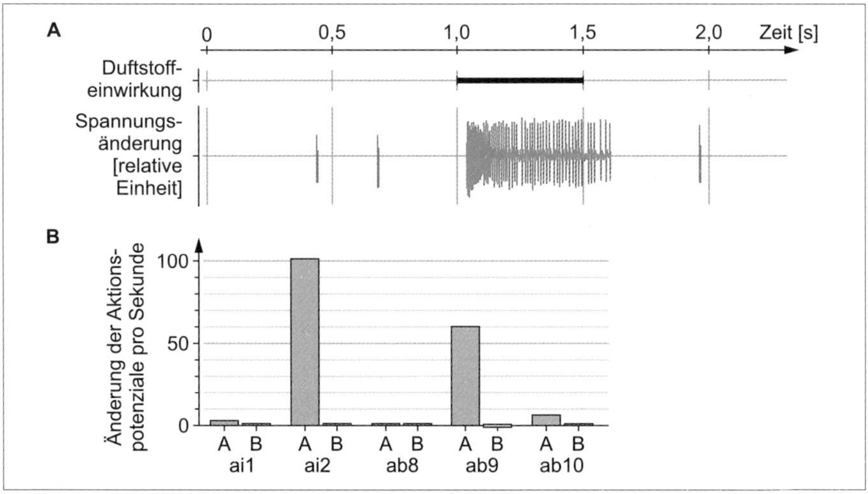

Abb. 2: Messung der Reaktion von OSN auf Limonen
A: Reaktion des ai2A-Neurons. Der schwarze Balken kennzeichnet die Dauer der Limonen-Zugabe. Die unterschiedlichen Höhen der dargestellten Spannungsänderungen sind messtechnisch bedingt.
B: Ergebnisse einer Auswahl von OSN auf Reizung mit Limonen im Vergleich zur Grundaktivität. Auf der x-Achse ist die Bezeichnung der verschiedenen OSN angegeben.
verändert nach: Dweck et al. (2013), Abb. 2 B und A, S. 2 475

Material C: Biologische Bedeutung der Limonen-Wahrnehmung

Die Taufliege *Drosophila melanogaster* legt ihre Eier auf unterschiedlichen Früchten ab, von denen sich ihre beinlosen Larven ernähren. Die Weibchen wählen die Eiablageplätze anhand verschiedener Kriterien aus, wie Farbe, Form, Oberflächenbeschaffenheit und Duft. Wenn die Weibchen zwischen verschiedenen Früchten wählen können, bevorzugen sie für die Eiablage grundsätzlich Orangen, die sie am Orangenduftstoff Limonen erkennen.
Die Schlupfwespe *Leptopilina boulardi* ist ein Parasitoid der Taufliege und legt ihre Eier in deren Larven. Die geschlüpfte Wespenlarve frisst die Fliegenlarve von innen

her und verlässt als adulte Wespe deren Hülle. Bis zu 80 % der Larven einer Taufliegen-Population können parasitiert sein. Daher sind parasitoide Wespen eine häufige Todesursache für *D. melanogaster*.
In einem Experiment wurde die Präferenz der Schlupfwespe *L. boulardi* für Limonen untersucht, das diese ebenfalls wahrnehmen kann. Dabei konnten in einem Y-Labyrinth zum einen 20 *L. boulardi*-Weibchen zwischen Orangen und Pflaumen und zum anderen 25 *L. boulardi*-Weibchen zwischen dem Limonen-ähnlichen Orangenduftstoff Valencen und einer duftstofffreien Kontrolle wählen (Abbildung 3 A). Es wurde gezählt, wie viele Schlupfwespen sich jeweils innerhalb von 10 Minuten im Labyrinth zu einer der beiden Proben bewegten (Abbildung 3 B). Zudem wurden jeweils 100 Taufliegen-Eier auf einen Nährboden mit Valencen oder auf einen Nährboden ohne Duftstoff gelegt und für 48 Stunden zehn weibliche Schlupfwespen dazugegeben. Anschließend wurde die Anzahl geschlüpfter Taufliegen gezählt und daraus die Parasitierungsrate berechnet (Abbildung 3 C).
Der Duftstoff Valencen kommt ebenfalls in Orangen vor und ergab im Experiment bei *D. melanogaster* ähnliche Ergebnisse wie Limonen.

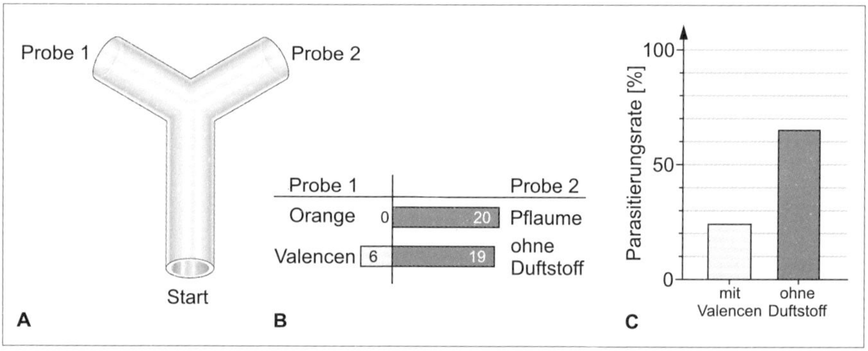

Abb. 3: Duftstoffpräferenzen von *L. boulardi*
A: Aufbau des Y-Labyrinthes; B: Anzahl der Schlupfwespen, die im Y-Labyrinth die jeweilige Duftprobe wählten; C: Parasitierungsrate auf Nährböden mit und ohne Valencen
verändert nach: Dweck et al. (2013), Abb. 5 B, C und E sowie F, S. 2 478

Material D: Evolution der Orangen-Wahrnehmung bei *Drosophila*

Orangen gehören zu den Zitrusfrüchten. Diese stammen ursprünglich aus Südostasien, *D. melanogaster* dagegen aus Afrika. Auch in Afrika sind einzelne Früchte zu finden, deren Duftstoffe ähnlich wie Orangenduft Reaktionen der OSN ai2A von *D. melanogaster* hervorrufen.
Die OSN ai2A von verschiedenen Arten der Gattung *Drosophila* wurden, wie in Material B beschrieben, mit Orangenduft gereizt und die elektrophysiologischen Reaktionen gemessen. Abbildung 4 fasst die phylogenetische Verwandtschaft, die geografische Herkunft, das Eiablagesubstrat und die Reaktion der OSN ai2A der untersuchten *Drosophila*-Arten zusammen.

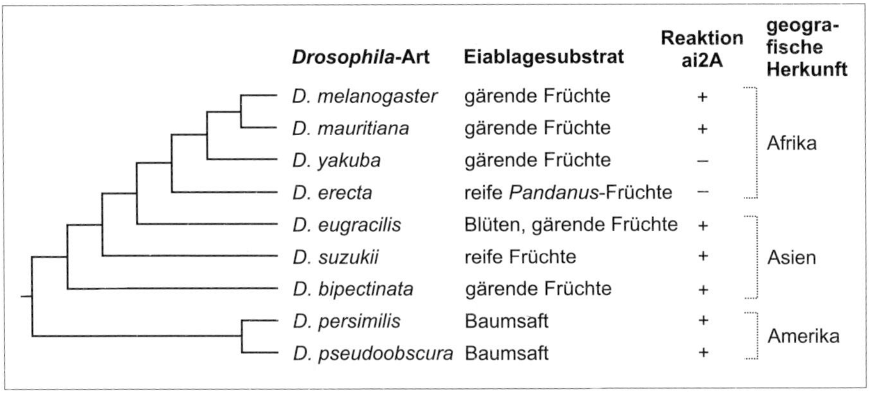

Abb. 4: Stammbaum ausgewählter *Drosophila*-Arten
Der Stammbaum basiert auf Sequenzvergleichen zahlreicher nukleärer und mitochondrialer Gene. Arten, deren ai2A-Neuronen auf Orangenduft ähnlich wie *D. melanogaster* reagieren, sind mit „+" gekennzeichnet, bei „–" zeigen sie keine ausgeprägte Reaktion.

verändert nach: Dweck et al. (2013), Abb. S3, Supplement S. 4; Linz et al. (2013)

Materialgrundlage:

Dweck, H. K. M., Ebrahim, S. A. M., Kromann, S., Bown, D., Hillbur, Y., … Stensmyr, M. C. (2013). Olfactory preference for egg laying on citrus substrates in Drosophila. Current Biology 23(24), S. 2 472 – 2 480
https://doi.org/10.1016/j.cub.2013.10.047

Linz, J., Baschwitz, A., Strutz, A., Dweck, H. K. M., Sachse, S., … Stensmyr, M. C. (2013). Host plant-driven sensory specialization in Drosophila erecta. Proceedings of the Royal Society B: Biological Sciences 280(1760)
https://doi.org/10.1098/rspb.2013.0626

Park, S.-K., Shanbhag, S. R., Dubin, A. E., Bruyne, M. de, Wang, Q., … Pikielny, C. W. (2002). Inactivation of olfactory sensilla of a single morphological type differentially affects the response of Drosophila to odors. Journal of Neurobiology 51(3), S. 248 – 260
https://doi.org/10.1002/neu.10057

Sachse, S. & Krieger, J. (2011). Olfaction in insects. e-Neuroforum 17(3)
https://doi.org/10.1007/s13295-011-0020-7

Lösungsvorschlag

In der Aufgabe thematisierte Unterrichtsinhalte sind:
Fließschema, Signaltransduktion, Rezeptorpotenzial, Ionenkanal, Ionenpumpe, Aktionspotenzial, Bau einer Nervenzelle, Selektionsvorteil, Fitness, Stammbaumanalyse

I.1 *Verwenden Sie im Fließschema möglichst prägnante Formulierungen. Achten Sie in Abbildung 1C besonders auf den Zeitraum der Dufteinwirkung und erklären Sie den verzögerten Beginn der Depolarisation.*

Mögliches Fließschema der Signaltransduktion an olfaktorischen Neuronen:

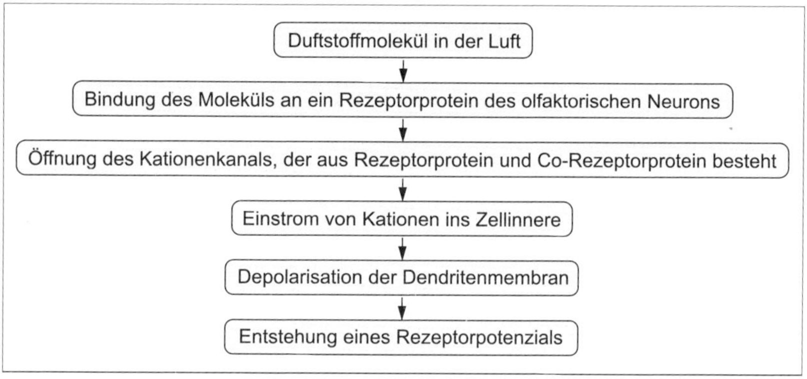

Der Verlauf des Rezeptorpotenzials kann auf neurophysiologischer Ebene folgendermaßen erklärt werden: Abbildung 1C verdeutlicht, dass die Depolarisation nicht sofort nach Beginn der Reizung, d. h. nach Beginn der Duftstoffeinwirkung, eintritt. Diese Zeitverzögerung ist damit zu erklären, dass die Duftstoffmoleküle zunächst die Poren der Sensillen passieren müssen, bevor sie sich an die spezifischen Rezeptorproteine anlagern können. Je mehr Duftstoffmoleküle dann an die Rezeptorproteine binden, desto mehr Kanäle öffnen sich und desto mehr Kationen gelangen in die Nervenzelle. Die Depolarisation des Membranpotenzials nimmt daher sehr schnell zu. Somit ist die Höhe der Depolarisation abhängig von der Konzentration des Duftstoffs. Nach kurzer Zeit steigt das Rezeptorpotenzial nur noch langsam an, eventuell, da immer weniger zusätzliche Kanäle geöffnet werden. Nach Ende der Duftstoffeinwirkung fällt das Rezeptorpotenzial allmählich ab, bis das Ruhepotenzial wieder erreicht ist. Da die Duftstoffe nur kurzzeitig an die Rezeptoren binden, werden die Bindestellen wieder frei. Sobald sich ein Duftmolekül vom Rezeptor gelöst hat, schließt sich auch der Ionenkanal, den die Rezeptorproteine bilden, wieder. Na^+-K^+-ATPasen sorgen schließlich als Ionenpumpen dafür, dass die ursprüngliche Ionenverteilung über der Membran, die beim Ruhepotenzial vorliegt, wiederhergestellt wird.

I.2 *Eine ausführliche Darstellung der Erregungsleitung im ersten Arbeitsauftrag gibt Ihnen die Möglichkeit, Zusatzpunkte zu erhalten. Die sich ändernden Ionenverteilungen an der Axonmembran brauchen Sie jedoch nicht zu schildern.*
Lesen Sie für den zweiten Arbeitsauftrag den beschreibenden Text der Abbildung genau. Wenn Sie auch auf die Ursachen der Spannungsänderungen eingehen, die außerhalb des Zeitraums der Dufteinwirkung auftreten, können Sie Zusatzpunkte erhalten.

Ein im olfaktorischen sensorischen Neuron entstehendes Rezeptorpotenzial, das durch die Bindung eines Duftstoffs in der Dendritenmembran ausgelöst wird, wird über die Dendriten und die Membran des Zellkörpers passiv zum Axonhügel weitergeleitet. Dies bedingt eine mit der Entfernung zunehmende Abschwächung der Erregung bzw. des Potenzials. Damit am Axonhügel Aktionspotenziale entstehen können, muss dort ein bestimmtes Schwellenpotenzial überschritten werden. Ist dies der Fall, werden die Aktionspotenziale entlang des Axons des OSN in Richtung Gehirn weitergeleitet und erreichen das Riechzentrum.
Für die Signalcodierung gilt dabei: Je stärker der Reiz ist, desto größer ist die Amplitude des im OSN entstehenden Rezeptorpotenzials (Amplitudenmodulation). Die Amplitude der am Axonhügel entstehenden Aktionspotenziale ist hingegen immer gleich groß (Alles-oder-nichts-Gesetz). Die Stärke des Reizes wird daher durch die Frequenz (d. h. die Häufigkeit) der aufeinanderfolgenden Aktionspotenziale codiert (Frequenzmodulation).

In Abbildung 2 A sind Spannungsänderungen dargestellt, die in einem ai2A-Neuron bei einer Reizung des OSN mit Limonen über einen Zeitraum von wenigen Sekunden gemessen wurden. Diese Spannungsänderungen stellen Aktionspotenziale dar. Kurz (ca. 50 ms) nach der Applikation von Limonen reagierte das Neuron mit der Ausbildung von Aktionspotenzialen in sehr hoher Frequenz. Dies bedeutet, dass die Reizung mit dem Geruchsstoff eine starke und andauernde Depolarisation zur Folge hatte, die zu der hohen Frequenz an Aktionspotenzialen führte. Dass die Entstehung der Aktionspotenziale erst mit leichter Verzögerung nach der Duftstoffgabe einsetzte, liegt daran, dass die Duftstoffmoleküle erst in die Sensillen eindringen müssen und dass das Rezeptorpotenzial zum Axonhügel weitergeleitet werden muss, was jeweils eine gewisse Zeit in Anspruch nimmt.
Die Frequenz der Aktionspotenziale verringerte sich nach dem Ende der Reizsetzung erst mit einer gewissen Verzögerung. Zu erklären ist dies damit, dass das Rezeptorpotenzial ab dem Reizende nicht sofort, sondern erst allmählich wieder absinkt. Die außerhalb des Zeitraums der Reizsetzung auftretenden Aktionspotenziale lassen sich auf die Grundaktivität des Neurons zurückführen. Die zu beobachtende geringfügige Minderung der Frequenz der Aktionspotenziale im Verlauf der Reizung könnte als Gewöhnung (Adaptation) an den dauerhaft einwirkenden Reiz gedeutet werden.

Abbildung 2 B stellt weitere Messergebnisse in Bezug auf die Wahrnehmung von Limonen dar. Die Duftstoffreaktionen zehn unterschiedlicher OSN aus allen fünf Sensillen wurden registriert. Lediglich zwei OSN, ai2A und ab9A, reagierten auf Limonen mit einer hohen Frequenz an Aktionspotenzialen (über 100 bzw. 60

Aktionspotenziale mehr pro Sekunde als bei Grundaktivität). Alle anderen untersuchten OSN zeigten bei einer Reizung mit dem Duftstoff keine bzw. nur eine sehr schwache (ai1A und ab10A) Reaktion. Damit kann als Versuchsergebnis festgehalten werden, dass lediglich zwei der untersuchten Neurone, ai2A (sehr starke Reaktion) und ab9A (starke Reaktion) in der Lage sind, den Duftstoff Limonen zu registrieren.

I.3 *Sollten Sie den Begriff „Parasitoid" aus dem Unterricht nicht kennen, lassen Sie sich dadurch nicht irritieren. Die vollständige Bearbeitung der Teilaufgabe ist auch ohne diese Kenntnis möglich.*

Abbildung 3 stellt Versuchsergebnisse zu Duftstoffpräferenzen bei Schlupfwespen dar. Von 20 Schlupfwespen der Art *Leptopilina boulardi*, die im Y-Labyrinth zwischen den Duftstoffen von Orange und Pflaume wählen konnten, präferierten 100 % der Tiere den Pflaumenduftstoff gegenüber dem Duftstoff von Orangen. In einem weiteren Präferenztest mit Valencen und einer duftstofffreien Probe favorisierten 19 von 25 Wespenweibchen (76 %) die Probe ohne Duftstoff. Nur sechs Tiere (24 %) wandten sich der Probe mit dem Orangenduftstoff Valencen zu.
Bei Untersuchungen zur Parasitierungsrate von *Drosophila melanogaster* (Abbildung 3 C) zeigte sich, dass der Anteil parasitierter Larven deutlich höher war, wenn die Fliegenlarven auf einen Nährboden ohne Duftstoff platziert worden waren (65 % der Tiere), als wenn sie auf einen Valencen-haltigen Nährboden gesetzt worden waren (ca. 25 % parasitierte Larven).

Im Hinblick auf den Bruterfolg von *D. melanogaster* und *L. boulardi* zeigen die Ergebnisse der Experimente zunächst, dass Wespenweibchen fernbleiben, wenn Orangen bzw. der Orangenduft Valencen angeboten werden. In Übereinstimmung damit wurden Taufliegenlarven auf Nährmedien mit dem Orangenduft Valencen von den Schlupfwespen seltener parasitiert als auf Nährmedien ohne Duftstoff. Der Bruterfolg der Taufliegen fällt also höher aus, wenn die Fliegenweibchen ihre Eier auf Orangen oder auf einem Medium, das Valencen enthält, ablegen. Demgegenüber war der Bruterfolg der Schlupfwespen bei Larven auf einem Nährmedium, das Valencen enthält, geringer, da dieser Duftstoff von den Wespen weitgehend gemieden wurde.

Die reproduktive Fitness ist ein relatives Maß für die Angepasstheit eines Organismus an die bestehenden Umweltbedingungen und damit für seinen Erfolg, überlebende Nachkommen zu zeugen (Selektionswert). Je höher die Fitness eines Organismus im Vergleich zu derjenigen anderer Individuen ist, desto höher ist der Anteil seiner Allele im Genpool der nachfolgenden Generation.

Die Bedeutung des OSN ai2A für die reproduktive Fitness von *D. melanogaster* kann wie folgt erläutert werden. Vor allem zwei Faktoren beeinflussen die Überlebensrate der Fliegenlarven positiv: eine ausreichende Versorgung mit Nahrung und die Abwesenheit von Schlupfwespen oder anderen Fressfeinden. Für den Bruterfolg weiblicher Taufliegen ist es daher günstig, wenn die Tiere ihre Eier dort ablegen, wo beides gewährleistet ist. Ein deutlicher Selektionsvorteil besteht für die Weibchen darin, Orangen als Substrat für ihr Gelege zu wählen, da dort neben der Nährstoffversorgung auch ein geringes Parasitierungsrisiko besteht. Orangen werden von Schlupfwespen gemieden. Die Fähigkeit zur differenzierten Wahrnehmung des betreffenden Duftstoffs ist daher für die Tiere von großer Bedeutung. Durch die gezielte Auswahl des Substrats, auf dem die Eier abgelegt werden, wird die Überlebensrate der Larven erhöht und damit die reproduktive Fitness von *D. melanogaster*. Dabei dient das OSN des Typs ai2A (genauer: das betreffende Rezeptorprotein) dazu, den Duftstoff Limonen zu identifizieren, und vermittelt *D. melanogaster* den entsprechenden Sinneseindruck. Indirekt wird dadurch die Eiablage induziert. Dies bedeutet, dass der Besitz des OSN ai2A die reproduktive Fitness der Taufliege erhöht.

I.4 *Versuchen Sie bei Ihrer Hypothesenbildung die in Abbildung 4 gegebenen artspezifischen Daten und die Abstammung der einzelnen Drosophila-Arten konkret zueinander in Beziehung zu setzen. Es geht hier darum, aus den Informationen die wahrscheinlichste stammesgeschichtliche Herkunft des betrachteten Merkmals abzuleiten. Wenn Sie bezüglich der abweichenden Reaktion bei den Arten D. yakuba und D. erecta die experimentell gewonnenen Daten aus Abb. 2B einbeziehen, haben Sie die Möglichkeit, Zusatzpunkte zu erhalten.*

Der Stammbaum in Abbildung 4 gibt über die Phylogenese und geografische Herkunft verschiedener *Drosophila*-Arten Aufschluss. Die untersuchten neun Taufliegenarten stammen von drei Kontinenten: Afrika (4 Arten), Asien (3) und Amerika (2). Alle gehen auf einen gemeinsamen Vorfahren zurück. Die Gruppe dieses letzten gemeinsamen Vorfahren der neun Taufliegenarten trennte sich in zwei Entwicklungslinien auf. Aus einer Linie entwickelten sich die in Amerika beheimateten *Drosophila*-Arten, aus der anderen Linie entstanden die Arten, die heute in Asien und in Afrika leben. Die Entwicklungslinien der afrikanischen Arten spalteten sich allerdings erst zu einem relativ späten Zeitpunkt von einer der (vermutlich) asiatischen Vorfahrengruppen ab. Die afrikanischen *Drosophila*-Arten sind also stammesgeschichtlich jünger als die asiatischen. Wie dem Stammbaum zu entnehmen ist, stellt *D. eugracilis* die den afrikanischen Taufliegen verwandtschaftlich am nächsten stehende asiatische Art dar.

Bei der Entwicklung einer Hypothese zur Evolution der artspezifischen Limonen-Wahrnehmung der afrikanischen *Drosophila*-Arten ist zunächst davon auszugehen, dass die Vorfahren der in Afrika beheimateten *Drosophila*-Arten aus Asien stammen. Auch die Zitrusfrucht Orange kommt ursprünglich aus Südostasien. Bei sieben der neun untersuchten Arten, darunter alle amerikanischen und asiatischen Arten, reagierte das OSN ai2A auf den Duft von Orangen, und zwar unabhängig von der Beschaffenheit des Eiablagesubstrats der betreffenden Art. Daraus lässt sich die Vermutung ableiten, dass es sich bei der Fähigkeit, den Orangenduft Limonen mittels ai2A wahrzunehmen, um ein **ursprüngliches** Merkmal handelt, das bei den aus Asien stammenden Vorfahren der afrikani-

schen Arten bereits vorhanden war. Als sich die Taufliegenarten auf dem afrikanischen Kontinent verbreiteten, wurde bei der Entwicklung der Arten *D. melanogaster* und *D. mauritiana* dieses Merkmal beibehalten. Das ließe sich dadurch erklären, dass die Limonen-Wahrnehmung diesen Arten einen Selektionsvorteil vermittelte, etwa da es in Afrika ebenfalls Früchte gab, die diesen Duft verströmten und als Substrat für die Eiablage geeignet waren. Auch könnte es sein, dass der Geruchsstoff Limonen kontinentübergreifend abschreckend auf Parasitoide wie z. B. Schlupfwespen wirkt. Für die Taufliegen könnte sich so ein weiterer Selektionsvorteil ergeben haben, da ihre Nachkommenschaft auf Limonen-haltigem Substrat weniger stark von Parasitoiden dezimiert wurde.
Abbildung 4 zeigt, dass zwar auch die beiden anderen afrikanischen Arten *D. yakuba* und *D. erecta* das OSN ai2A besitzen; bei ihnen spricht das Neuron aber nicht auf Orangenduft an. Dennoch nutzt *D. yakuba* genau wie *D. melanogaster* und *D. mauritiana* gärende Früchte als Substrat für die Eiablage. Wenn, wie angenommen, die Fähigkeit der Limonen-Detektion mittels ai2a bei den Vorfahren von *D. yakuba* (und *D. erecta*) bereits vorhanden war, handelt es sich bei dieser Funktionsänderung des OSN ai2A wahrscheinlich um ein **abgeleitetes** Merkmal, das evolutionär vermutlich erst nach der Besiedlung von Afrika entstanden ist.
Die Versuchsergebnisse in Abbildung 2B lassen darüber hinaus noch eine weitere Vermutung zur Limonen-Wahrnehmung bei *D. yakuba* und *D. erecta* zu: Da zumindest bei *D. melanogaster* noch ein weiteres OSN, ab9A, auf Limonen reagiert, könnte dieses OSN auch bei *D. yakuba* und *D. erecta* zur Limonen-Detektion dienen und den Tieren die spezifische Duftwahrnehmung ermöglichen.

Leistungskurs Biologie (NRW) – Abiturprüfung 2021
Aufgabe 2: Evolution / Genetik

Aufgabenstellung: Punkte

Thema: Das Schweigen der Grillen

II.1 Geben Sie eine Definition für den Begriff der reproduktiven Isolation an und ermitteln Sie einen möglichen Isolationsmechanismus zwischen den in Material A genannten Grillenarten (Material A). Erläutern Sie die Bedeutung von Lock- und Balzgesang der Grillenmännchen unter evolutiven Aspekten (Material A). 12

II.2 Fassen Sie die in den Abbildungen 2 und 3 dargestellten Ergebnisse zusammen (Material B) und leiten Sie Selektionsvorteile und Selektionsnachteile für *Teleogryllus oceanicus*-Männchen ab (Materialien A und B). Geben Sie die Unterschiede zwischen konvergenten und divergenten Entwicklungen an und analysieren Sie vor diesem Hintergrund umfassend Abbildung 4 (Materialien A bis C). 28

II.3 Erklären Sie die zu erwartenden Zahlenverhältnisse für die angegebenen Erbgänge (Tabelle 1) und werten Sie die tatsächlichen Kreuzungsergebnisse im Hinblick auf den Erbgang aus (Material D). 10

II.4 Erklären Sie die Entwicklung der stummen Grillen auf Kauai mithilfe der Synthetischen Evolutionstheorie (Materialien A und B). Erläutern Sie die Geschwindigkeit des evolutionären Wandels bei *Teleogryllus oceanicus* (Materialien A bis D). 16

Material A: Gesang der Feldgrillen

In Australien kommen zwei Arten von Feldgrillen vor, die morphologisch kaum zu unterscheiden sind. Beide Arten sind dunkelbraun bis schwarz und etwa drei Zentimeter groß. Die Verbreitungsgebiete von *Teleogryllus oceanicus* und *Teleogryllus commodus* überlappen sich im Osten von Australien. Wie viele andere Feldgrillen erzeugen die Männchen mithilfe ihrer Vorderflügel einen Gesang. Dazu bewegen sie die Schrillader, eine harte, gezähnte Struktur auf der Unterseite des rechten Vorderflügels, über die Hinterkante des linken Vorderflügels hin und her. Den Grillenweibchen fehlt die gezähnte Schrillader.
Die von den Männchen erzeugten Laute können als Gesangsmuster aufgezeichnet und verglichen werden (Abbildung 1). Der Lockgesang der Grillenmännchen lockt paarungsbereite Weibchen an, dann nehmen die Partner über die Fühler Kontakt auf. Während des weiteren Paarungsrituals spielen chemische Signale und ein Balzgesang des Männchens eine wichtige Rolle. Der Balzgesang ist energieaufwendiger als der Lock-

gesang und innerhalb der jeweiligen Grillenart variabel. Weibchen bevorzugen Männchen mit hochfrequenten, energieaufwendigen Balzgesängen. Der Lockgesang verschiedener Männchen innerhalb einer Art ist hingegen sehr ähnlich.

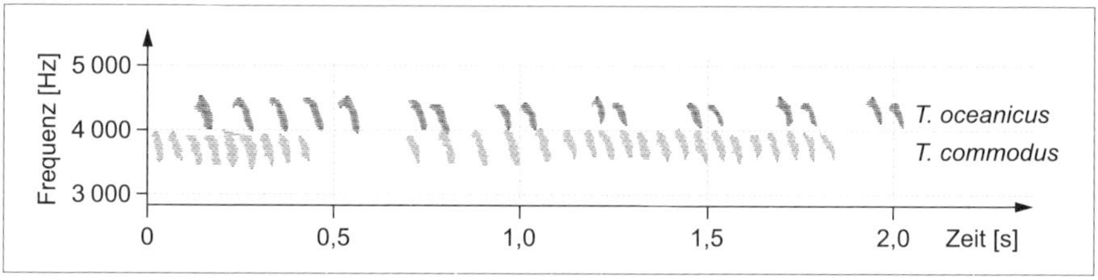

Abb. 1: Gesangsmuster des Lockgesangs der Feldgrillen
Die Frequenz in Hertz (Hz, Schwingungen pro Sekunde) ist ein Maß für die Tonhöhe.
verändert nach: Hill et al. (1972), Abb. 3, S. 157

Material B: *Teleogryllus oceanicus* auf der Hawaii-Inselgruppe

Während der Besiedlung der hawaiianischen Inseln durch den Menschen vor etwa tausend Jahren wurde *T. oceanicus* vermutlich von Australien zur Hawaii-Inselgruppe verschleppt und Populationen etablierten sich auf den verschiedenen Inseln wie Hawaii, Kauai und Oahu. Eine ursprünglich in Nordamerika heimische Fliege, *Ormia ochracea*, die etwa 1989 auf die Hawaii-Inselgruppe eingeschleppt worden ist, kann die Lockgesänge der Männchen von *T. oceanicus* hören. Die Weibchen von *O. ochracea* lokalisieren rufende Grillenmännchen und legen ihre Larven auf oder in direkter Nähe der Grillenmännchen ab. Die Fliegenlarven bohren sich in das Innere der Grillenmännchen, entwickeln sich dort weiter und fressen dabei die Grille auf. Nach etwa sieben Tagen ist die Entwicklung der Fliegen vollendet. Bei ihrer Freisetzung stirbt das Grillenmännchen.
Auf Kauai waren 1991 rund 30 Prozent der rufenden *T. oceanicus*-Männchen von den Fliegen befallen. 2001 konnten nur noch wenige Grillen dieser Art auf Kauai gefunden werden, darunter nur ein rufendes Männchen. Im Jahr 2003 wurde wieder eine größere Population von *T. oceanicus* entdeckt, deren Männchen eine deutlich veränderte Morphologie der Flügel zeigten. Unter anderem war bei ihnen die Schrillader stark verkürzt. Diese Männchen können weder Lockgesang noch Balzgesang produzieren. Die stummen *T. oceanicus*-Männchen von Kauai werden als K-flatwing-Männchen bezeichnet. Innerhalb von weniger als 20 Generationen hatte sich auf Kauai eine stabile K-flatwing-Population etabliert.
Zwei Jahre später wurden auf Oahu, einer Nachbarinsel von Kauai, ebenfalls stumme Männchen entdeckt, die als O-flatwing-Männchen bezeichnet werden. Innerhalb weniger Generationen etablierte sich eine stabile O-flatwing-Population auf Oahu (Abbildung 2).
Von vielen anderen Feldgrillenarten ist bekannt, dass Männchen, die gerade keinen Lockgesang produzieren, sich häufig in räumlicher Nähe zu rufenden Feldgrillenmännchen aufhalten. Bei Freilanduntersuchungen auf Hawaii, Oahu und Kauai wurde der Abstand von *T. oceanicus*-Männchen zu einem Lautsprecher gemessen, der den *T. oceanicus*-Lockgesang abspielte (Abbildung 3).

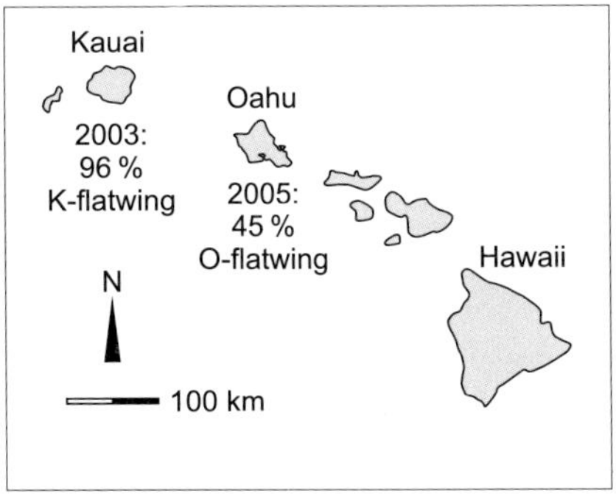

Abb. 2: Herkunft der untersuchten *T. oceanicus*-Populationen. Der jeweilige Anteil von flatwing-Männchen ist angegeben.

verändert nach: Pascoal et al. (2014), Abb. 1, S. 1 370

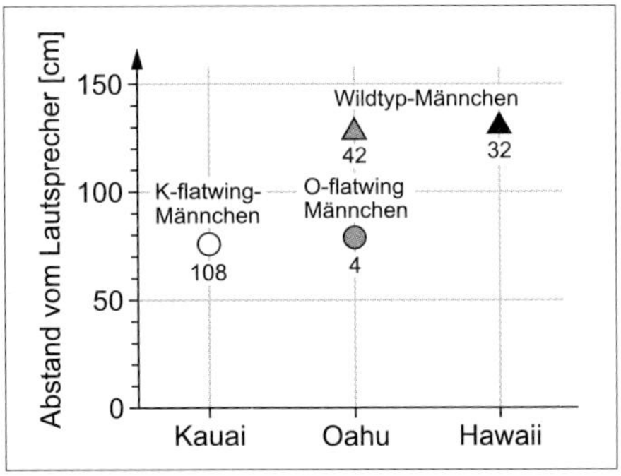

Abb. 3: Durchschnittlicher Abstand der *T. oceanicus*-Männchen vom Lautsprecher. Die Zahlen unter den Symbolen geben die Anzahl der getesteten Individuen an.

verändert nach: Zuk et al. (2006), Abb. 3, S. 523

Material C: Vergleichende Untersuchungen der Flügelmorphologie

Auf Oahu und Kauai wurde eine Vielzahl von *T. oceanicus*-Männchen gefangen, um ihre rechten Vorderflügel zu untersuchen. Aus den dabei gewonnenen Messwerten wurden für jedes Männchen zwei Form-Maßzahlen A und B gebildet, die charakteristische Merkmale der Flügelmorphologie zusammenfassen. Anhand der Maßzahlen-Paare kann die Morphologie von Flügeln verglichen werden. Je ähnlicher sich zwei Flügel sind, desto näher liegen ihre Diagrammpunkte beieinander. Je unterschiedlicher zwei verglichene Flügel sind, desto weiter auseinander liegen die Diagrammpunkte. Die Maßzahlen-Paare wurden für die Vorderflügel von Wildtyp-Männchen und flatwing-Männchen sowohl von Oahu als auch von Kauai ermittelt und als Diagrammpunkte in ein Koordinatensystem eingetragen (Abbildung 4).

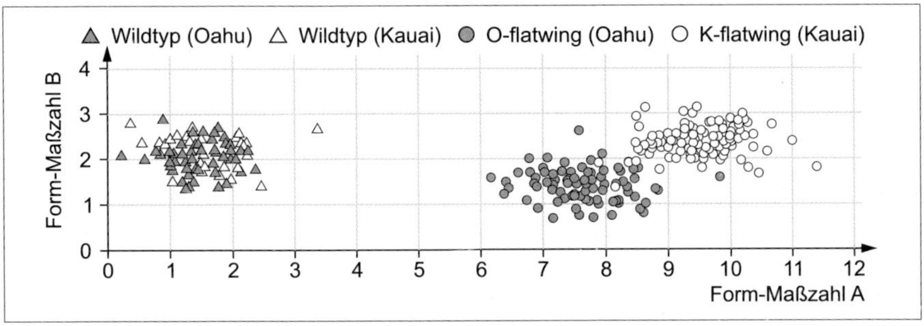

Abb. 4: Flügelmorphologie von *T. oceanicus*-Männchen. Jeder Diagrammpunkt entspricht dem Maßzahlen-Paar des Vorderflügels eines untersuchten Männchens.

verändert nach: Pascoal et al. (2014), Abb. 2 A, C und D, S. 1 371

Material D: Genetische Grundlagen der flatwing-Morphologie

Um die genetischen Grundlagen der flatwing-Morphologie bei *T. oceanicus* zu untersuchen, wurden Kreuzungsexperimente durchgeführt. Dazu wurden Weibchen von Kauai verwendet, die aus einer Wildtyp-Population entstammten und daher kein flatwing-Allel besaßen. Diese wurden mit Männchen aus einer stabilen flatwing-Population von Kauai gekreuzt. Die daraus entstandene erste Nachkommengeneration (N1) wurde dann untereinander gekreuzt, sodass man eine zweite Nachkommengeneration (N2) erhielt. Man bestimmte und zählte in N1 und N2 jeweils die Phänotypen der männlichen Nachkommen.
Bei *T. oceanicus* erfolgt die Geschlechtsbestimmung über Geschlechtschromosomen, Weibchen besitzen zwei X-Chromosomen (XX) und Männchen eins (X0). Ein Y-Chromosom gibt es nicht. Tabelle 1 zeigt die erwarteten und die tatsächlichen Ergebnisse der Kreuzungen.

		erwartetes Verhältnis der Phänotypen männlicher Nachkommen flatwing : Wildtyp unter verschiedenen Annahmen zum flatwing-Erbgang			*beobachtetes Verhältnis* der Phänotypen männlicher Nachkommen flatwing : Wildtyp
Kreuzung	Nachkommengeneration	autosomal-dominant	autosomal-rezessiv	X-chromosomal	
WT-W x FW-M	N1	1 : 0	0 : 1	0 : 1	1 : 670
N1-W x N1-M	N2	3 : 1	1 : 3	1 : 1	160 : 171

Tab. 1: Kreuzungsexperimente
Abkürzungen: WT: Wildtyp, FW: flatwing, M: Männchen, W: Weibchen, x: gekreuzt mit, N1: erste Nachkommengeneration, N2: zweite Nachkommengeneration
verändert nach: Tinghitella (2008), S. 264, Tab. 1, S. 263 und Tab. 2, S. 264

Materialgrundlage:

Hill, K. G., Loftus-Hills, J. J. & Gartside, D. F. (1972). Pre-mating isolation between the Australian field crickets Teleogryllus commodus and T. oceanicus (Orthoptera: Gryllidae). Australian Journal of Zoology 20(2), S. 153–163. https://doi.org/10.1071/zo9720153

Pascoal, S., Cezard, T., Eik-Nes, A., Gharbi, K., Majewska, J., ... Bailey, N. W. (2014). Rapid convergent evolution in wild crickets. Current Biology 24(12), S. 1 369–1 374 https://doi.org/10.1016/j.cub.2014.04.053

Tinghitella, R. M. (2008). Rapid evolutionary change in a sexual signal: genetic control of the mutation 'flatwing' that renders male field crickets (Teleogryllus oceanicus) mute. Heredity 100(3), S. 261–267. https://doi.org/10.1038/sj.hdy.6801069

Zuk, M., Rotenberry, J. T. & Tinghitella, R. M. (2006). Silent night: adaptive disappearance of a sexual signal in a parasitized population of field crickets. Biology Letters 2(4), S. 521–524 https://doi.org/10.1098/rsbl.2006.0539

Lösungsvorschlag

In der Aufgabe thematisierte Unterrichtsinhalte sind:
reproduktive Isolation, Isolationsmechanismen, Selektion, Selektionsdruck, Fitness, Population, Selektionsvorteil, Selektionsnachteil, konvergente Entwicklung, divergente Entwicklung, Homologie, Gründereffekt, Kreuzungsversuche, Gendrift, Flaschenhalseffekt, r-Strategie

II.1 *Achten Sie im ersten Arbeitsauftrag auf eine präzise Definition. Auf die verschiedenen Isolationsmechanismen, die eine reproduktive Isolation bedingen können, einzugehen, ist nicht verlangt, kann Ihnen aber zusätzliche Punkte einbringen.*

Mit dem Begriff der reproduktiven Isolation wird ein Zustand bezeichnet, bei dem eine genetische Durchmischung (Genfluss) zweier Populationen verhindert wird, sodass deren Genpools (dauerhaft) getrennt bleiben. Dabei können verschiedene Isolationsmechanismen wirksam sein, die Fortpflanzungsbarrieren darstellen und dafür sorgen, dass zwischen Vertretern der Populationen keine (fruchtbaren) Nachkommen entstehen können. Man unterscheidet (präzygotische) Mechanismen, die eine Paarung und damit die Bildung einer Zygote verhindern, von (postzygotischen) Mechanismen, die erst nach der Entstehung einer befruchteten Eizelle ansetzen. Erstere können u. a. eine räumliche, zeitliche, ethologische, mechanische oder biochemische Isolation bedingen. Zu den postzygotischen Mechanismen zählen u. a. die Hybridschwäche, die Hybridsterilität und der Hybridzusammenbruch.

Ein möglicher Isolationsmechanismus zwischen *Teleogryllus oceanicus* und *Teleogryllus commodus* kann auf der Unterschiedlichkeit der Lockgesänge der beiden Grillenarten beruhen. Wie Abbildung 1 verdeutlicht, unterscheiden sich die kurzen Lautäußerungen der Männchen beider Arten sowohl in der Tonhöhe (Frequenz) als auch in der Regelmäßigkeit, mit der sie erzeugt werden. Die Laute von *T. oceanicus* haben eine höhere Frequenz und ertönen meist in festgelegten Abständen. Aufgrund dieser spezifischen Gesangsmuster werden jeweils vermutlich nur artgleiche Weibchen zur Paarung angelockt. In diesem Fall läge ein ethologischer, präzygotischer Isolationsmechanismus vor.

Prinzipiell wäre es denkbar, dass (noch) andere Komponenten des Paarungsrituals als Isolationsmechanismen wirksam sind, z. B. das Aussenden und Empfangen chemischer Signale. Da der Lockgesang die Kontaktaufnahme der Tiere ermöglicht und artspezifisch ist, kommt er hier jedoch in erster Linie infrage.

Unter evolutiven Aspekten lässt sich die Bedeutung von Lock- und Balzgesang der Grillenmännchen wie folgt erläutern. Im Gegensatz zum relativ stereotypen Lockgesang, der dem innerartlichen Zueinanderfinden der Geschlechtspartner dient, ist der Balzgesang innerhalb beider Arten variabel. Es handelt sich also um ein Merkmal, das der **intersexuellen** Selektion durch die Partnerwahl der Weibchen unterliegt. Da Weibchen Männchen bevorzugen, die hochfrequente, energieaufwendige Balzgesänge produzieren, erhöht sich der Fortpflanzungserfolg dieser Männchen und damit ihre reproduktive Fitness. Weibchen erkennen am aufwendigen Gesang eines Männchens, dass dieses über eine vorteilhafte genetische Ausstattung („good genes") verfügt, da es in der Lage ist, viel Energie in die Balz zu investieren. Ein Weibchen, das sich mit einem solchen Männchen paart, erhöht damit auch seine eigene reproduktive Fitness, da das Männchen seine Gene an die Nachkommen des Weibchens weitergeben wird.

Den Fachbegriff „good genes" brauchen Sie zum Erhalt der vollen Punktzahl nicht zu erwähnen.

II.2 *Wenn Sie die Versuchsergebnisse ausführlich und differenziert zusammenfassen, besteht die Möglichkeit, Zusatzpunkte zu erhalten. Die Verwendung des Begriffs „Parasitoid" wird für den Erhalt der vollen Punktzahl nicht von Ihnen erwartet.*

Abbildung 2 gibt für die Inseln Kauai und Oahu der hawaiianischen Inselgruppe für verschiedene Jahre den prozentualen Anteil der *T. oceanicus*-Männchen an, die zum flatwing-Typ gehörten. Grillenmännchen dieses Typs besitzen stark verkürzte Schrilladern und sind daher stumm, können also weder Lockgesang noch Balzgesang produzieren. 2003 waren auf Kauai 96 % der männlichen Feldgrillen vom K-flatwing-Typ. 2005 wurden auf Oahu 45 % der Grillenmännchen als O-flatwing-Männchen identifiziert.
Abbildung 3 zeigt den durchschnittlichen Abstand, den Grillenmännchen zu einem Lautsprecher einnahmen, aus dem der arttypische Lockgesang von *T. oceanicus* ertönte. Der Abstand betrug bei 112 getesteten flatwing-Männchen auf den Inseln Kauai und Oahu ca. 75–80 cm, wobei fast ausschließlich K-flatwing-Männchen getestet wurden. Die 74 getesteten Wildtyp-Männchen auf Oahu und Hawaii hielten sich im Experiment mit ca. 130 cm im Durchschnitt weiter von der Schallquelle entfernt auf.

Nachdem innerhalb von weniger als 20 Generationen auf Kauai eine stabile K-flatwing-Population entstanden war, etablierte sich wenige Jahre später auch auf Oahu eine flatwing-Population. Es ist anzunehmen, dass die schnelle Entwicklung dieser Typen selektionsgesteuert erfolgte, wobei sich für die *T. oceanicus*-Männchen unterschiedlichen Typs jeweils Selektionsvorteile und -nachteile ergeben. Rufende Männchen haben insofern einen Selektionsvorteil, als sie durch ihren Lockgesang paarungsbereite Weibchen finden. Allerdings bedeutet ihr Gesang auch einen Selektionsnachteil, nämlich wenn die Tiere zusammen mit der parasitoiden Art *Ormia ochracea* vorkommen. Die Fliege lokalisiert die Männchen aufgrund ihrer Gesänge, parasitiert und tötet sie.
Auch für stumme Grillenmännchen ergibt sich ein „Dilemma": Da sie keinen Lockgesang aussenden können und so von den Weibchen der Fliegen nicht oder nur selten lokalisiert und parasitiert werden können, haben stumme Grillen zwar einen Selektionsvorteil. Die Wahrscheinlichkeit, auf ein paarungsbereites Weibchen zu treffen, ist für sie jedoch deutlich geringer, was einen Selektionsnachteil

darstellt. Diesen Nachteil können die stummen Tiere aber eventuell dadurch ausgleichen, dass sie sich näher bei rufenden Artgenossen aufhalten. Grundsätzlich erhöht sich so ihre Chance, auf Weibchen zu treffen und sich ggf. mit ihnen zu paaren, auch wenn sie keinen Balzgesang ausführen können.

Konvergente und divergente Entwicklungen unterscheiden sich in folgender Hinsicht: Von konvergenter Entwicklung spricht man, wenn sich bei Organismengruppen unterschiedlichen phylogenetischen Ursprungs aufgrund identischer oder ähnlicher Selektionsbedingungen (funktions)ähnliche, also analoge Merkmale entwickeln. Von divergenter Entwicklung ist die Rede, wenn sich bei Gruppen mit gemeinsamem stammesgeschichtlichen Ursprung aufgrund unterschiedlicher Selektionsbedingungen Merkmale derart entwickeln, dass sie sich phänotypisch und ggf. auch funktionell unterscheiden. Es handelt sich dabei um homologe Merkmale.

Bei der anschließenden Analyse von Abbildung 4 gibt es mehr als eine Möglichkeit, die Entstehung der flatwing-Fliegen zu erklären. Sie brauchen nur eine darzulegen, können aber Zusatzpunkte erwarten, wenn Sie mehrere ausführen. Das Wort „umfassend" signalisiert Ihnen die erwartete Tiefe bei der Ausarbeitung.

In Abbildung 4 wird die Flügelmorphologie unterschiedlicher *T. oceanicus*-Männchen verglichen. Die Einordnung der Tiere anhand der Form-Maßzahlen A und B bestätigt, dass sich die Flügelmorphologie der Wildtyp-Männchen beider Inselpopulationen von der Flügelmorphologie der flatwing-Populationen deutlich unterscheidet. Das zeigt sich daran, dass die Diagrammpunkte der Tiere beider Gruppen deutlich auseinanderliegen. Während sich die Wildtyp-Männchen auf beiden Inseln in ihrer Flügelmorphologie stark ähneln, unterscheiden sich O-flatwing- und K-flatwing-Männchen messbar in der Ausformung ihrer Flügel: Ihre Diagrammpunkte liegen zwar in zwei benachbarten, aber deutlich voneinander getrennten Bereichen.
Diese Unterschiede in den Form-Maßzahlen zwischen den O- und den K-flatwing-Männchen deuten darauf hin, dass die beiden flatwing-Typen unabhängig voneinander durch **konvergente** Entwicklung aufgrund ähnlicher Selektionsbedingungen entstanden sind. Der Selektionsdruck, der zur Entwicklung stummer Männchen führte, ging vermutlich auf beiden Inseln von den parasitoiden Fliegen aus. Dass die Übereinstimmungen im Flügelbau bei den Wildtyp-Männchen sehr groß sind, lässt den Schluss zu, dass die Selektionsbedingungen auf beiden Inseln jeweils ähnlich sind. Es ist daher zwar möglich, dass stumme Grillenmännchen passiv von Kauai nach Oahu verbracht worden sind, aber unwahrscheinlich, dass sich aus solchen Tieren die O-flatwing-Population auf Oahu entwickelt hat. In diesem Fall wäre zu erwarten gewesen, dass sich die Morphologie aller flatwing-Grillenflügel ähnelt, so wie sich die Flügelmorphologie der Wildtyp-Grillen beider Inseln gleicht.
Eine andere Herkunft der O-flatwing-Population, bei der ein **Gründereffekt** die entscheidende Rolle spielt, ist dennoch ebenfalls denkbar. Wie erwähnt könnten K-flatwing-Männchen von Kauai passiv nach Oahu gelangt sein. Auf Oahu

könnte sich dann ausgehend von einer kleinen Population mit geringeren Form-Maßzahlen eine divergente Entwicklung abgespielt haben. Dies wäre in Übereinstimmung damit, dass die Diagrammpunkte (Form-Maßzahlen) der Tiere beider flatwing-Typen relativ stark streuen und teilweise überlappen. Durch die Verringerung des Genpools in der Gründerpopulation könnte es so zu einer Morphologie der Flügel gekommen sein, die von derjenigen auf Kauai abweicht.

II.3 *Denken Sie bei Ihrer Bearbeitung daran, dass Sie bei den Kreuzungsexperimenten von reinerbigen Individuen ausgehen können. Darauf weist u. a. die Formulierung „stabile flatwing-Population“ in Material D hin. Die im Lösungstext eingefügten Kreuzungstabellen dienen der Veranschaulichung und werden von Ihnen bei der Bearbeitung nicht erwartet.*

Zur Erklärung der zu erwartenden Zahlenverhältnisse für die angegebenen Erbgänge ist vorauszusetzen, dass es sich bei den Tieren der Kreuzung WT-W x FW-M immer um reinerbige Individuen handelt.
Bei der Annahme eines **autosomal-dominanten** Erbgangs sind alle Tiere der ersten Nachkommengeneration (N1) vom flatwing-Typ:

WT-W x FW-M	aa x AA			
N1	Aa	Aa	Aa	Aa

A = flatwing-Allel

Werden die Tiere der N1 untereinander gekreuzt, so spalten sich die Nachkommen nach den mendelschen Regeln bzw. gemäß der Keimzellenbildung in der Meiose im Verhältnis 3 (flatwing) : 1 (Wildtyp) auf:

N1-W x N1-M	Aa x Aa			
N2	AA	Aa	Aa	aa

Bei einem **autosomal-rezessiven** Erbgang entsprechen alle Individuen der N1 phänotypisch dem Wildtyp:

WT-W x FW-M	AA x aa			
N1	Aa	Aa	Aa	Aa

a = flatwing-Allel

Die Kreuzung der N1-Tiere untereinander ergibt eine statistische Aufspaltung der Nachkommenschaft (N2) im Verhältnis 3 (Wildtyp) : 1 (flatwing):

N1-W x N1-M	Aa x Aa			
N2	AA	Aa	Aa	aa

Folgt die Vererbung einem **X-chromosomal-rezessiven** Erbgang, entstehen in der N1 nur Grillen, die den Phänotyp des Wildtyps zeigen. Dies ist damit zu begründen, dass alle Individuen von der mütterlichen Seite ein Wildtyp-X-Chromosom ohne das flatwing-Allel erhalten.

WT-W x FW-M	XX x **X**0			
N1	X**X**	X0	X**X**	X0

X = flatwing-Allel

Da die heterozygoten Weibchen mit 50%iger Wahrscheinlichkeit das flatwing-Allel an ihre Nachkommen weitergeben, wird in der N2 statistisch die Hälfte der männlichen Tiere das Wildtyp-Allel und die andere Hälfte das flatwing-Allel aufweisen. Wegen der Hemizygotie der Männchen bezüglich der Allele des X-Chromosoms ist ein Zahlenverhältnis von 1 : 1 zu erwarten:

N1-W x N1-M	X**X** x X0			
N2	XX	X0	X**X**	**X**0

Die tatsächlichen Kreuzungsergebnisse, die annähernd eine Aufspaltung im Verhältnis 0 : 1 (N1) und 1 : 1 (N2) zeigen, deuten darauf hin, dass es sich um einen **X-chromosomalen** Erbgang handelt. Dass ein Männchen der N1 einen flatwing-Phänotyp aufweist, was bei einem X-chromosomal-rezessiven Erbgang nicht zu erwarten wäre, könnte damit erklärt werden, dass sich bei der Keimzellenbildung auf dem entsprechenden X-Chromosom eine spontane Mutation ereignet hat.

II.4 *Achten Sie darauf, alle hier relevanten Punkte der Synthetischen Evolutionstheorie anzusprechen. Berücksichtigen Sie bei den möglichen Ursachen für die schnelle Ausbreitung der flatwing-Tiere nach 2001, auf welchem Chromosom die Mutation lokalisiert ist. Auf die Fortpflanzungsstrategie der Grillen einzugehen, wird nicht von Ihnen erwartet; es ist aber eine Möglichkeit, Zusatzpunkte zu erhalten.*

Um die Entwicklung der stummen Grillen auf Kauai mithilfe der Synthetischen Evolutionstheorie zu erklären, ist als Ausgangspunkt eine aufgrund von ungerichteten Mutations- und Rekombinationsereignissen phänotypisch variable Ursprungspopulation von Grillen anzunehmen. Bei einigen Tieren traten Mutationen in Genen auf, deren Expression sich auf die Flügelmorphologie auswirkt. Diese genetische Veränderung führte bei den betreffenden *T. oceanicus*-Männchen zur Ausbildung einer stark verkürzten Schrillader, sodass die Tiere keine Lock- und Balzgesänge mehr ausführen konnten. Dieser Phänotyp vermittelte ihnen einen **Selektionsvorteil**, da sie von *Ormia ochracea* seltener aufgespürt und parasitiert wurden als Wildtyp-Grillen. Die reproduktive Fitness der betreffenden Männchen stieg dadurch an: Sie konnten ihre veränderten Allele vermehrt in den Genpool der jeweils nachfolgenden Generation weitergeben, sodass sich die Frequenz der betreffenden Allele allmählich erhöhte.
Damit sich diese Männchen erfolgreich paaren konnten, müssen sich allerdings auch bei Grillenweibchen, die ihre Geschlechtspartner u. a. auf der Basis der Balzgesänge auswählen, Tiere mit verändertem Verhalten entwickelt haben. Einzelne *T. oceanicus*-Weibchen duldeten als Geschlechtspartner stumme Männchen ohne Balzgesang oder zeigten für sie sogar eine Präferenz. Es könnte sich bei der Akzeptanz des veränderten Paarungsrituals auch um eine Präadaptation bei Grillenweibchen gehandelt haben. Da die Anzahl der rufenden Grillenmännchen durch die parasitischen Fliegen stark verringert wurde, wurden bei der Geschlechtspartnersuche dann diejenigen Weibchen von der Selektion bevorzugt, deren Paarungsverhalten variabel war (Verzicht auf Balzgesang). Damit waren

auch ihre Allele in der nachfolgenden Generation vermehrt vertreten – und somit auch deren Empfänglichkeit für ein verändertes männliches Paarungsverhalten.

Die Art *T. oceanicus* hat sich auf der Insel Kauai innerhalb von weniger als 20 Generationen bzw. innerhalb zweier Jahre stark verändert. Für die hohe Geschwindigkeit dieses evolutiven Wandels waren – mit Blick auf alle Materialien – vermutlich mehrere Gründe verantwortlich. Eine entscheidende Rolle spielte der hohe Selektionsdruck, der von den parasitoiden Fliegen ausging. Flatwing-Männchen erlangten gegenüber ihren singenden Geschlechtsgenossen durch die Mutation einen Selektionsvorteil und damit eine höhere reproduktive Fitness. Dies begünstigte, dass sich eine Population stummer Feldgrillen ausbilden und ausbreiten konnte.

2001 wurde beobachtet, dass es nur noch wenige Wildtyp-Grillen der Art auf Kauai gab, darunter nur ein rufendes Männchen. Es ist daher wahrscheinlich, dass diese drastische Abnahme der Populationsgröße (aus nicht genannten Gründen) zu einer **Gendrift** führte. Durch den Flaschenhalseffekt wurde die Vielfalt der Allele im Genpool der Population stark verringert, sodass sich die flatwing-Allele vermutlich besonders schnell etablieren konnten. Zu einer raschen Ausbreitung der flatwing-Grillen innerhalb der Population könnte zusätzlich die Fortpflanzungsstrategie der Tiere beigetragen haben. Da für die Grillen eine schnelle Folge an Generationen (Material B) und vermutlich eine hohe Anzahl an Nachkommen kennzeichnend sind, kann vermutet werden, dass es sich bei der Art *T. oceanicus* um r-Strategen handelt. Dies trug vermutlich dazu bei, dass der evolutive Prozess schneller ablaufen konnte.

Aus Material D ist schließlich bekannt, dass die Männchen von *T. oceanicus* bezüglich der Allele, die auf dem X-Chromosom liegen, hemizygot sind, da Männchen nur ein Geschlechtschromosom besitzen. Das flatwing-Allel ist auf dem X-Chromosom lokalisiert. Dadurch sind alle Männchen mit diesem Allel auch phänotypisch Merkmalsträger. Das flatwing-Allel wird daher unmittelbar durch die Selektion begünstigt, was ebenfalls für eine schnelle Verbreitung des Allels innerhalb der Population gesorgt haben könnte.

Leistungskurs Biologie (NRW) – Abiturprüfung 2021
Aufgabe 3: Genetik / Neurobiologie

Aufgabenstellung: Punkte

Thema: Erbliche Netzhauterkrankung

III.1 Ermitteln Sie den Erbgang der Leberschen kongenitalen Amaurose (LCA), indem Sie andere Erbgänge begründend ausschließen, und leiten Sie für die Personen 2, 7, 12, 13 und 15 den jeweiligen Genotyp ab (Material A). 9

III.2 Fassen Sie den Retinal-Zyklus zusammen (Material B). Erläutern Sie mithilfe der Materialien A und B die Symptome der Leberschen kongenitalen Amaurose. 18

III.3 Beschreiben Sie die Funktion des Spleißens während der RNA-Prozessierung bei Eukaryoten. Geben Sie die Aminosäuresequenzen zu den in Tabelle 1 gezeigten DNA-Sequenzen an (Materialien C und E). Ermitteln Sie für die in Tabelle 1 angegebenen Sequenzen die Mutationstypen und erläutern Sie die möglichen Folgen der jeweiligen Mutation für das RPE65-Protein (Materialien C und E). 17

III.4 Beschreiben Sie anhand von Abbildung 4 den Ablauf einer RT-PCR (Material D) und werten Sie Abbildung 5 aus (Materialien C und D). Erläutern Sie, warum in Familie B nur das Mädchen, aber nicht die Eltern an LCA erkrankt waren (Materialien A bis D). 22

Material A: Vererbung der Leberschen kongenitalen Amaurose

Die Lebersche kongenitale Amaurose (LCA) ist eine vererbbare, schwere Form einer Netzhauterkrankung, bei der es zu einer fortschreitenden Zerstörung von Zellen der Netzhaut kommt.
Dies ist mit einer starken Verminderung der Sehschärfe und einer Einschränkung des Gesichtsfeldes verbunden. Die Erkrankung schreitet chronisch fort und führt letztlich zur vollständigen Erblindung. Betroffene werden häufig bereits mit schweren Sehbehinderungen oder sogar blind geboren. In anderen Fällen treten die Symptome der Krankheit in den ersten Lebensjahren auf.

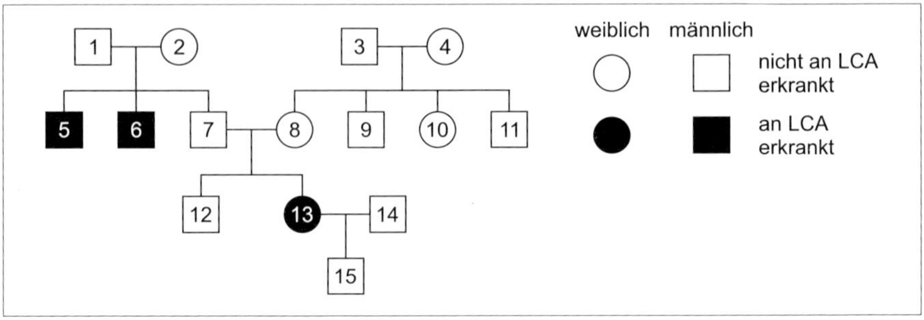

Abb. 1: Stammbaum einer von LCA betroffenen Familie (Familie A)
verändert nach: Zhong et al. (2019), Abb. 2 (Family 20388), S. 208

Material B: Aufgaben der Pigmentschicht

Die Pigmentschicht ist eine dunkel gefärbte Zellschicht im Auge. Sie liegt innen auf der Aderhaut und steht mit den Außensegmenten der Lichtsinneszellen in direkter Verbindung. Die Pigmentschicht absorbiert Streulicht im Auge und transportiert die beim Aufnehmen des Lichtes anfallende Wärme ab. Sie versorgt die Lichtsinneszellen mit Wasser, Ionen und Nährstoffen, baut abgestorbene Lichtsinneszellen ab und ist am Retinal-Zyklus beteiligt (Abbildung 2). Das bei der Fototransduktion gebildete trans-Retinal ist ein Zellgift und kann Schäden an den Proteinen der Außensegmente der Lichtsinneszellen verursachen. Störungen im Stoffwechsel der Pigmentschicht führen zur fortschreitenden Zerstörung ihrer Zellen. Mutationen im *RPE65*-Gen können sich auf den Stoffwechsel der Zellen in der Pigmentschicht auswirken und letztlich LCA verursachen.

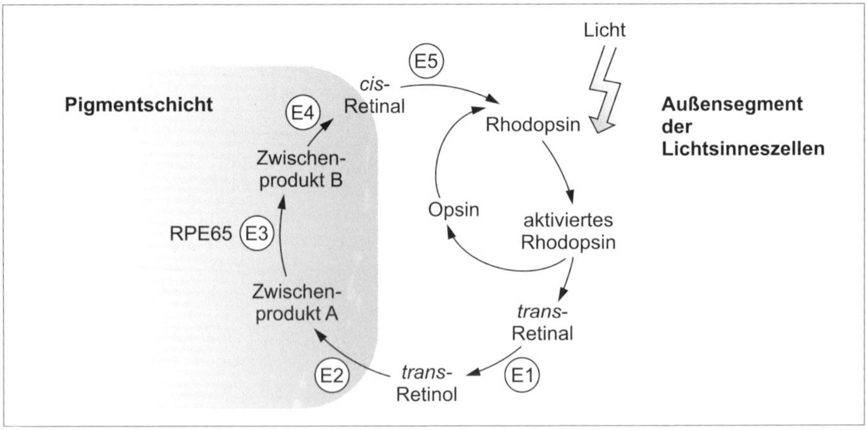

Abb. 2: Der Retinal-Zyklus
E1 bis E5 kennzeichnen die beteiligten Enzyme.
verändert nach: Bavik et al. (2015), Abb. 1, S. 2

Material C: Molekulare Ursachen der LCA

Bisher sind mehr als 17 verschiedene Gene bekannt, deren Mutationen LCA auslösen können. Mutationen im *RPE65*-Gen sind besonders häufig die Ursache der Krankheit. Es wurden in diesem Gen mehr als 65 verschiedene Mutationen nachgewiesen, die zu LCA führen können. Das *RPE65*-Gen besteht aus 14 Exons und 13 Introns und codiert für das 533 Aminosäuren umfassende RPE65-Protein (Abbildung 3).

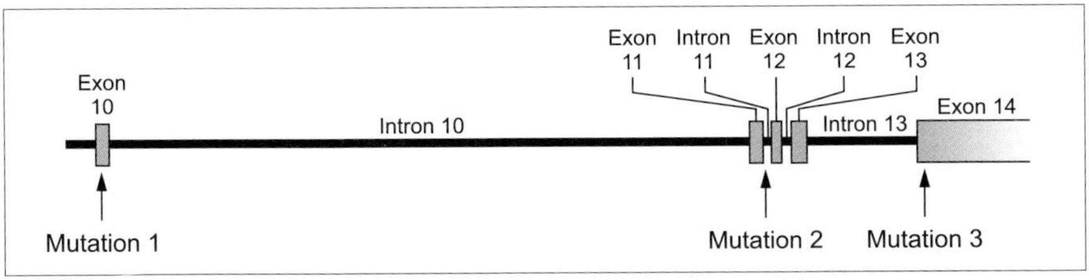

Abb. 3: Schematische Darstellung eines Ausschnitts des *RPE65*-Gens
Die Pfeile kennzeichnen die Positionen der in Tabelle 1 dargestellten Mutationen.

verändert nach: Mo et al. (2014), Abb. 1, S. 2; Nicoletti et al. (1995), Tab. 1, S. 644, und Abb. 2, S. 643

In einer Studie wurde eine weitere von LCA betroffene Familie, Familie B, untersucht. Die Eltern waren phänotypisch gesund. Die Tochter war an LCA erkrankt und litt unter zunehmend starken Sehbeeinträchtigungen. Im Rahmen der Studie wurden die *RPE65*-Allele der Eltern und ihrer Tochter sequenziert und mit der Nukleotidsequenz des Normal-Allels verglichen (Tabelle 1).

Abschnitt des *RPE65*-Gens		3' → **Sequenzausschnitt aus dem codogenen Strang** → 5'	**gefunden bei**
Exon 10	Normal-Allel	··· ACCCTTCTCCACTTT ···	Vater, Mutter, Tochter
	Mutation 1	··· ACCCTTCTTCACTTT ···	Tochter
Intron 11	Normal-Allel	··· CACTCTACTAGATCTCTT ···	Vater, Mutter, Tochter
	Mutation 2	··· CTCTCTACTAGATCTCTT ···	Mutter, Tochter
Exon 14	Normal-Allel	··· GTACCTGACAAGTTT ···	Vater, Mutter, Tochter
	Mutation 3	··· GTACCTGACAATTTT ···	Tochter

Tab. 1: In Familie B beobachtete Mutationen im *RPE65*-Gen im Vergleich zu den jeweils nicht mutierten Sequenzabschnitten (Normal-Allel)
Das erste dargestellte Nukleotid entspricht jeweils der ersten Base eines Tripletts im Sequenzabschnitt. Alle Mutationen lagen heterozygot vor.

verändert nach: Mo et al. (2014), Tab. 2, S. 6; National Library of Medicine (US) & National Center for Biotechnology Information, 2020a, 2020b, 2020c; Nicoletti et al. (1995), Abb. 2, S. 643

Material D: Analyse von Mutation 2 mittels RT-PCR

Die Reverse-Transkriptase-Polymerase-Kettenreaktion (RT-PCR) ist eine molekularbiologische Methode zur Untersuchung von RNA (Abbildung 4). Die Reverse Transkriptase ist ein Enzym, das zu einer RNA den komplementären DNA-Strang, die cDNA, herstellt.

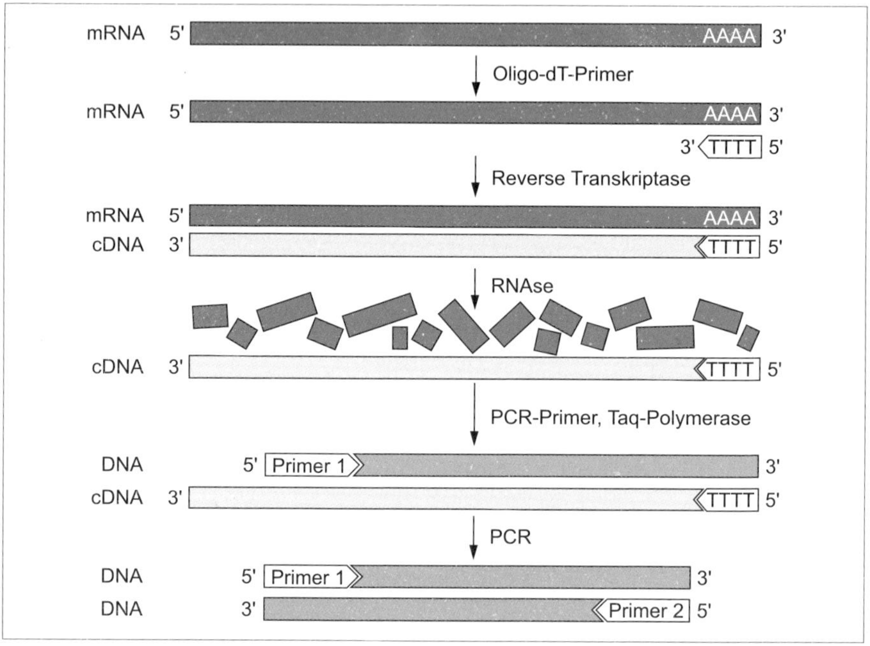

Abb. 4: Ablauf einer RT-PCR
Waagerechte Pfeile kennzeichnen Primer.
Oligo-dT-Primer: DNA-Primer, der nur aus Thymin-Nukleotiden besteht; RNAse: RNA-abbauendes Enzym
eigene Darstellung nach: „Reverse transcription polymerase chain reaction" (2020)

Die Auswirkung der in Tabelle 1 gezeigten Mutation 2 auf die Expression des *RPE65*-Gens wurde mithilfe einer RT-PCR untersucht (Abbildung 5 A). Dazu wurde sowohl die RNA aus Zellen mit dem Normal-Allel als auch die RNA aus Zellen mit dem Allel mit Mutation 2 isoliert und mithilfe der RT-PCR analysiert. Die erhaltenen RT-PCR-Produkte wurden mittels Gelelektrophorese aufgetrennt und sichtbar gemacht (Abbildung 5 B).

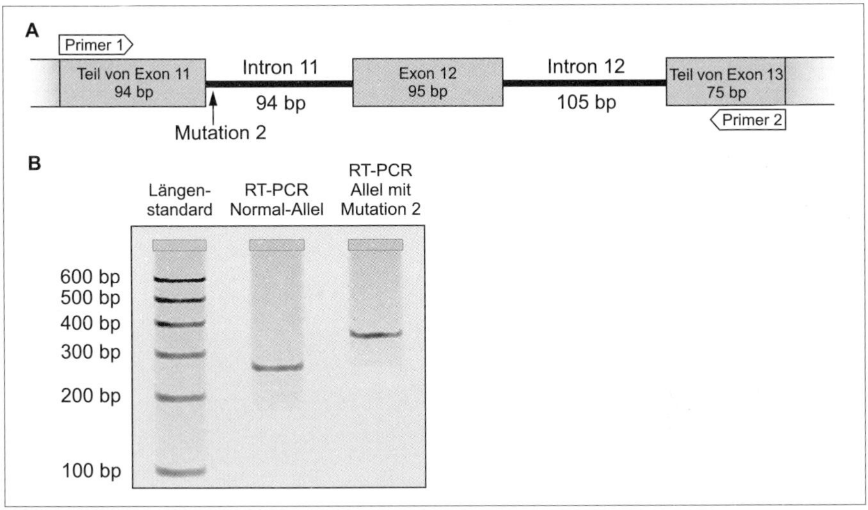

Abb. 5: RT-PCR-Analyse der Expression des *RPE65*-Gens
A: Schema des untersuchten Genausschnitts. Die Pfeile geben die Position der für die RT-PCR verwendeten Primer an. Die Größen der Intron- und Exonbereiche sind angegeben (bp: Basenpaare);
B: Ergebnis der RT-PCR nach Gelelektrophorese

verändert nach: Mo et al. (2014), Abb. 6, S. 9

Material E: Codesonne und Tabelle zum genetischen Code

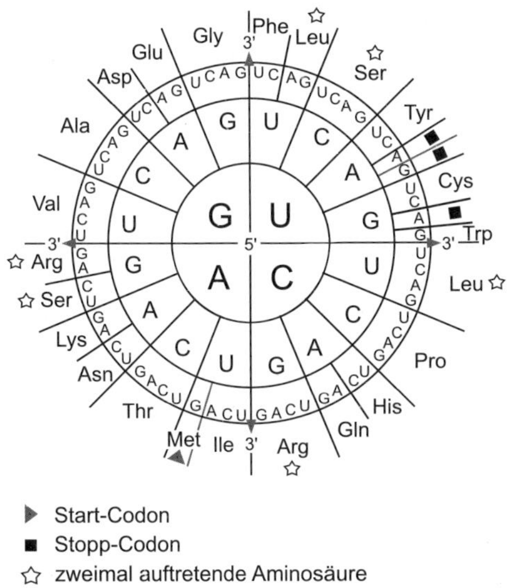

Ala	Alanin
Arg	Arginin
Asn	Asparagin
Asp	Asparaginsäure
Cys	Cystein
Gln	Glutamin
Glu	Glutaminsäure
Gly	Glycin
His	Histidin
Ile	Isoleucin
Leu	Leucin
Lys	Lysin
Met	Methionin
Phe	Phenylalanin
Pro	Prolin
Ser	Serin
Thr	Threonin
Trp	Tryptophan
Tyr	Tyrosin
Val	Valin

Erste Base	Zweite Base				Dritte Base
5'	**U**	**C**	**A**	**G**	3'
U	Phe Phe Leu Leu	Ser Ser Ser Ser	Tyr Tyr ■ ■	Cys Cys ■ Trp	**U** **C** **A** **G**
C	Leu Leu Leu Leu	Pro Pro Pro Pro	His His Gln Gln	Arg Arg Arg Arg	**U** **C** **A** **G**
A	Ile Ile Ile ▶ Met	Thr Thr Thr Thr	Asn Asn Lys Lys	Ser Ser Arg Arg	**U** **C** **A** **G**
G	Val Val Val Val	Ala Ala Ala Ala	Asp Asp Glu Glu	Gly Gly Gly Gly	**U** **C** **A** **G**

Materialgrundlage:

Bavik, C., Henry, S. H., Zhang, Y., Mitts, K., McGinn, T., … Kubota, R. (2015). Visual cycle modulation as an approach toward preservation of retinal integrity. PLoS ONE 10(5), e0124940 https://doi.org/10.1371/journal.pone.0124940

Mo, G., Ding, Q., Chen, Z., Li, Y., Yan, M., … Yin, G. (2014). A novel mutation in the RPE65 gene causing leber congenital amaurosis and its transcriptional expression in vitro. PLoS ONE 9(11), e112400. https://doi.org/10.1371/journal.pone.0112400

National Library of Medicine (US) & National Center for Biotechnology Information. (2020a, 21. April). rs12145904 RefSNP Report - dbSNP - NCBI. Abgerufen von https://www.ncbi.nlm.nih.gov/snp/rs12145904

National Library of Medicine (US) & National Center for Biotechnology Information. (2020b, 21. April). rs779361282 RefSNP Report - dbSNP - NCBI. Abgerufen von https://www.ncbi.nlm.nih.gov/snp/rs779361282

National Library of Medicine (US) & National Center for Biotechnology Information. (2020c, 30. August). Homo sapiens retinoid isomerohydrolase RPE65 (RPE65), mRNA (Version 3). Abgerufen von http://www.ncbi.nlm.nih.gov/nuccore/NM_000329.3

Nicoletti, A., Wong, D. J., Kawase, K., Gibson, L. H., Yang-Feng, T. L., … Thompson, D. A. (1995). Molecular characterization of the human gene encoding an abundant 61 kDa protein specific to the retinal pigment epithelium. Human Molecular Genetics 4(4), S. 641–649 https://doi.org/10.1093/hmg/4.4.641

Reverse transcription polymerase chain reaction. (2020). In Wikipedia. Abgerufen von https://en.wikipedia.org/w/index.php?title=Reverse_transcription_polymerase_chain_rea ction&oldid=977076319

Strauß, O. (2009). Das Retinale Pigmentepithel. Der Ophthalmologe 106(4), S. 297–298 https://doi.org/10.1007/s00347-008-1868-y

Verma, A., Perumalsamy, V., Shetty, S., Kulm, M. & Sundaresan, P. (2013). Mutational screening of LCA genes emphasizing RPE65 in South Indian cohort of patients. PLoS ONE 8(9), e73172 https://doi.org/10.1371/journal.pone.0073172

Zhong, Z., Rong, F., Dai, Y., Yibulayin, A., Zeng, L., … Chen, J. (2019). Seven novel variants expand the spectrum of RPE65-related Leber congenital amaurosis in the Chinese population. Molecular Vision 11

Lösungsvorschlag

In der Aufgabe thematisierte Unterrichtsinhalte sind:
Erbgänge, rezessiv, dominant, Allel, Stammbaumanalyse, Überträger, Konduktor, Fototransduktion, Rhodopsin, RNA-Prozessierung, Spleißen, mRNA, Punktmutation, Basensubstitution, Missense-Mutation, Polymerase-Kettenreaktion

III.1 *Sie können auch bei diesem Stammbaum davon ausgehen, dass nur leibliche Nachkommen angegeben sind. Gehen Sie bei der Bearbeitung alle prinzipiell möglichen Erbgänge durch und machen Sie sich deren Kennzeichen bewusst. Sobald bei Ihrer Zuordnung entsprechender Genotypen zu den Phänotypen ein Widerspruch auftritt, können Sie den betreffenden Erbgang ausschließen.*

Beim Erbgang der Leberschen kongenitalen Amaurose (LCA) handelt es sich um eine **autosomal-rezessive** Vererbung. Alle anderen Erbgänge können ausgeschlossen werden: Ein Erbgang, bei dem das LCA-verursachende Allel auf dem Y-Chromosom lokalisiert ist, ist nicht möglich, da eine Frau (13) erkrankt ist. Auch eine X-chromosomal-rezessive Vererbung kann ausgeschlossen werden, da die männliche Person 7 gesund ist und daher ihrer betroffenen Tochter (13) kein von der Genveränderung betroffenes X-Chromosom vererbt haben kann. Der X-chromosomal-dominante Erbgang kommt ebenfalls nicht infrage, da die weibliche Person 2 merkmalsfrei ist, während ihre Söhne von der Krankheit betroffen sind. Ebenso kann ein autosomal-dominanter Erbgang ausgeschlossen werden, weil die nicht betroffenen Eltern 7 und 8 eine erkrankte Tochter haben.

Im Folgenden wird das Normal-Allel mit „A“ bezeichnet, das mutierte, rezessive Allel mit „a“. Die Personen 2 und 7 haben Kinder, die von der Krankheit betroffen sind. Daraus ist zu schließen, dass 2 und 7 Überträgerin und Überträger (Konduktorin bzw. Konduktor) sind. Person 12 kann genotypisch nicht eindeutig zugeordnet werden. Sowohl AA als auch Aa sind denkbar, je nachdem, ob Person 12 von Person 7 ein rezessives Allel geerbt hat oder nicht. (Auch 8 könnte theoretisch Konduktorin sein, dies ist aber unwahrscheinlich.) Person 13 ist von der Netzhauterkrankung betroffen, ihr Genotyp ist daher aa. Da Person 15 gesund ist, obwohl ihre Mutter an LCA leidet, muss sie den Genotyp Aa aufweisen.

III.2 Denken Sie daran, dass es sich beim Retinal-Zyklus (Name!) um einen Kreisprozess handelt und dass Sie bei Ihrer Zusammenfassung wieder am Ausgangspunkt Ihrer Ausführungen ankommen müssen. Für eine korrekte Zusammenfassung des Zyklus ist es wichtig, dass Sie auch auf Ihre Kenntnisse zum Fototransduktionsprozess zurückgreifen.

Der Retinal-Zyklus lässt sich wie folgt zusammenfassen: An Opsin gebundenes *cis*-Retinal wird im Außensegment der Lichtsinneszellen durch die Absorption einfallenden Lichts in seiner Raumstruktur zu *trans*-Retinal verändert. Das dadurch aktivierte Rhodopsin (setzt eine Signaltransduktion in Gang und) trennt sich in Opsin und *trans*-Retinal. Im weiteren Verlauf des Retinal-Zyklus wird *trans*-Retinal wieder zu *cis*-Retinal umgewandelt, sodass Rhodopsin regeneriert werden kann. *Trans*-Retinal wird dazu zunächst mithilfe des Enzyms 1 zu *trans*-Retinol umgewandelt. *Trans*-Retinol gelangt in die Pigmentschicht und wird dort in drei weiteren enzymatisch katalysierten Reaktionen (Enzyme 2 bis 4) über die Zwischenprodukte A und B zu *cis*-Retinal umgesetzt. Der Reaktionsschritt von Zwischenprodukt A zu B wird dabei durch RPE65 (Enzym 3) katalysiert. Das recycelte *cis*-Retinal gelangt wieder in das Außensegment der Lichtsinneszelle, wo es mit Opsin enzymatisch zu Rhodopsin zusammengesetzt wird. Das regenerierte Rhodopsin kann dann wieder für den Prozess der Fototransduktion genutzt werden.

Behalten Sie bei der Erläuterung der LCA-Symptome auch die Wechselwirkungen zwischen den Lichtsinneszellen und der Pigmentschicht im Blick.

Auf der Grundlage der verfügbaren Informationen lassen sich die Symptome der Leberschen kongenitalen Amaurose erläutern. LCA ist eine degenerative Netzhauterkrankung, die letztlich durch Mutationen im *RPE65*-Gen verursacht wird, da diese den Stoffwechsel der Zellen in der Pigmentschicht stören. Mit Blick auf den Retinal-Zyklus wird deutlich, dass das Enzym RPE65 für den Sehprozess zwingend erforderlich ist. Es sorgt mit anderen Enzymen in der Pigmentschicht dafür, dass *trans*-Retinal wieder zu *cis*-Retinal umgewandelt wird. Ist das RPE65-Enzym in seiner Funktion eingeschränkt oder funktionslos, läuft der Retinal-Zyklus nur noch unzureichend oder gar nicht mehr ab. Das Ergebnis ist ein Mangel an *cis*-Retinal und folglich ein Mangel an Rhodopsin in den Lichtsinneszellen. Damit ist die Fototransduktion nur eingeschränkt möglich, was bei den Betroffenen u. a. zu einer Abnahme der Sehschärfe führen kann. Hinzu kommt, dass *trans*-Retinal ein Zellgift ist. Wenn *trans*-Retinal nicht weiter verstoffwechselt werden kann, kommt es ggf. zu einer Anhäufung der toxischen Substanz im Inneren der Lichtsinneszellen, was deren Zelltod verursachen kann. Das Sehvermögen wird dadurch weiter beeinträchtigt.
Die Pigmentschicht, die in enger Verbindung zu den Außensegmenten der Lichtsinneszellen steht, ist essenziell für die Funktionsfähigkeit der Lichtsinneszellen. Wenn die Zellen der Pigmentschicht durch die beschriebenen Störungen im Stoffwechsel zunehmend zerstört werden, wird u. a. die Wärmeregulation im Auge beeinträchtigt, da die beim Aufnehmen des Lichtes anfallende Wärme von

der Pigmentschicht nicht mehr abtransportiert werden kann. Eine starke Erwärmung kann die Sehzellen schädigen. Auch Streulicht wird weniger gut absorbiert, was die Sehschärfe mindern kann. Außerdem ist die Pigmentschicht für die Nährstoff- und Wasserversorgung der Sinneszellen sowie für deren Abbau verantwortlich. Werden diese Funktionen nicht mehr erfüllt, ist anzunehmen, dass immer mehr Sehsinneszellen absterben und die Netzhaut daher immer mehr Regionen ohne funktionsfähige Sinneszellen aufweist. Dadurch werden die Abnahme der Sehschärfe und eine Einengung des Gesichtsfeldes als Symptome der LCA erklärbar. Da die Zerstörungsprozesse fortschreiten, kommt es letztlich zur vollständigen Erblindung.

III.3 *Die Aufgabenstellung verlangt nur eine Beschreibung der grundlegenden Funktion des Spleißens. Wenn Sie darüber hinaus auch auf die Möglichkeit des alternativen Spleißens eingehen, sind Zusatzpunkte möglich.*

Da eukaryotische DNA codierende Sequenzen (Exons) und nicht codierende Sequenzen (Introns) enthält, ist bei eukaryotischen Organismen während der RNA-Prozessierung das Spleißen erforderlich. Durch diesen Prozess werden aus dem Primärtranskript (prä-mRNA) die Introns entfernt. Die reife mRNA besteht nur noch aus Exons, die zu einem Strang mit durchgehendem Leseraster für die Translation verknüpft wurden.
Nach dem Spleißen sind aber nicht immer alle Exons eines Gens Teil der reifen mRNA (oder alle Introns entfernt worden). Dieses Phänomen, das alternative Spleißen, trägt zur genetischen Vielfalt bei, da Genbausteine unterschiedlich kombiniert werden können und es so möglich wird, eine große Zahl verschiedener Genprodukte zu erzeugen.

Die Darstellung der in der nachfolgenden Tabelle aufgeführten DNA-Sequenzen und mRNA-Sequenzen ist nicht erforderlich. Beachten Sie, dass Mutation 2 in einem Intron lokalisiert ist.

Die Aminosäuresequenzen zu den DNA-Sequenzen in Tabelle 1 lauten:

Abschnitt des *RPE65*-Gens			Sequenzausschnitte
Exon 10	Normal-Allel	codogene DNA	3' ACC CTT CTC CAC TTT 5'
		mRNA	5' UGG GAA GAG GUG AAA 3'
		Aminosäure	Trp Glu Glu Val Lys
	Mutation 1	codogene DNA	3' ACC CTT CTT CAC TTT 5'
		mRNA	5' UGG GAA GAA GUG AAA 3'
		Aminosäure	Trp Glu Glu Val Lys

Intron 11 wird nicht translatiert, da es keinen Teil der reifen mRNA darstellt. Aus diesem Grund kann keine Aminosäuresequenz angegeben werden.

Abschnitt des *RPE65*-Gens			Sequenzausschnitte
Exon 14	Normal-Allel	codogene DNA	3' GTA CCT GAC AAG TTT 5'
		mRNA	5' CAU GGA CUG UUC AAA 3'
		Aminosäure	His Gly Leu Phe Lys
	Mutation 3	codogene DNA	3' GTA CCT GAC AAT TTT 5'
		mRNA	5' CAU GGA CUG UUA AAA 3'
		Aminosäure	His Gly Leu Leu Lys

Die Mutationen 1 bis 3 sind Punktmutationen. In allen drei Fällen ist eine Base durch eine andere ersetzt worden, es liegt also jeweils eine Basensubstitution vor. Die Punktmutationen gehören jedoch unterschiedlichen Typen an:

- Mutation 1 in Exon 10: Die Mutation im dritten dargestellten Triplett des codogenen Stranges besteht in einem Austausch der Base Cytosin gegen die Base Thymin. Dadurch wird die gleiche Aminosäure (Glu) codiert wie beim Normal-Allel. Es handelt sich also um eine **stumme** Mutation. Da die Aminosäuresequenz bei der Translation der *RPE65*-mRNA nicht verändert wird, bleibt diese Mutation für das RPE65-Protein vermutlich ohne Folgen.

  Es ist nicht erforderlich, auf Auswirkungen einzugehen, die durch Mutation 2 verursacht sein könnten; wenn Sie jedoch diesbezüglich den Spleißvorgang erwähnen, besteht die Möglichkeit, Zusatzpunkte zu erhalten.

- Mutation 2 im Intron 11: Bei der Mutation im ersten dargestellten Triplett des codogenen Stranges ist die Base Adenin durch die Base Thymin ersetzt. Diese Punktmutation ist insofern irrelevant, als das Intron beim Spleißen aus der prä-mRNA entfernt wird. Die Mutation bleibt demzufolge mit großer Wahrscheinlichkeit ohne Folgen für die Funktionsfähigkeit des gebildeten Proteins. Dennoch wäre es auch denkbar, dass durch die Mutation der Spleißvorgang beim Herausschneiden des Introns beeinträchtigt wird. Dies könnte dann zu einem veränderten Enzym führen, das seine Funktion weniger gut oder gar nicht mehr erfüllen kann (siehe auch III.4).
- Mutation 3 im Exon 14: Bei der Mutation im vierten dargestellten Triplett des codogenen Stranges handelt es sich um einen Austausch der Base Guanin gegen die Base Thymin. Diese Punktmutation stellt eine **Missense**-Mutation dar, da bei der Translation anstelle der Aminosäure Phenylalanin die Aminosäure Leucin eingebaut wird. Durch diesen Austausch können sich schwerwiegende Veränderungen im RPE65-Protein ergeben. Wenn dessen Raumstruktur oder das aktive Zentrum des Enzyms dadurch verändert wird, kann dies zu einer Funktionsbeeinträchtigung oder sogar zum Funktionsverlust des Enzyms führen.

III.4 *Wenn Sie bei der Analyse des RT-PCR-Produkts des Allels mit Mutation 2 mehr als eine Entstehungsmöglichkeit in Erwägung ziehen (im Rahmen des Spleißprozesses), sind Zusatzpunkte möglich.*

Ausgangsmaterial der in Material D dargestellten RT-PCR ist ein reifer mRNA-Einzelstrang. Er besitzt bei Eukaryoten an seinem 3'-Ende einen PolyA-Schwanz, einen Bereich, der ausschließlich die Base Adenin enthält. An dieses Ende bindet ein Oligo-dT-Primer, der nur aus Thymin-Nukleotiden besteht. Ausgehend von diesem Primer synthetisiert die Reverse Transkriptase komplementär zur mRNA-Vorlage einen cDNA-Strang, sodass ein mRNA-DNA-Hybridstrang entsteht. Im nächsten Schritt entfernt das Enzym RNAse die RNA aus dem Doppelstrang und baut sie ab. Zur verbleibenden einzelsträngigen cDNA werden PCR-Primer und eine Taq-Polymerase gegeben. Der erste Primer bindet an einer bestimmten Stelle an die cDNA. Ausgehend von diesem Primer synthetisiert die Polymerase einen zum cDNA-Einzelstrang komplementären DNA-Strang. Das Ergebnis ist ein DNA-Doppelstrang, der als Vorlage (Matrizen-DNA) für die anschließende Polymerase-Kettenreaktion dient, bei der auch der zweite Primer benötigt wird. Der gewünschte DNA-Abschnitt kann so vielfach reproduziert werden.

Mithilfe der RT-PCR wurde ein Ausschnitt der *RPE65*-mRNA aus Zellen mit *RPE65*-Normal-Allelen und mutierten Allelen vervielfältigt und anschließend gelelektrophoretisch untersucht. Dabei wurden Längenunterschiede in der mRNA ermittelt. Für die mRNA des untersuchten Ausschnitts des Normal-Allels ergab sich gemäß dem Gelbild (Abb. 5B) eine Größe von ca. 260 bp. Dies entspricht rechnerisch der Größe des reifen *RPE65*-mRNA-Abschnitts, aus dem die Introns nach dem Spleißen entfernt worden sind. Die untersuchten (Teile der) Exons 11, 12 und 13 sind 95, 94 und 75 bp lang und ergeben ein Fragment der Größe 264 bp.
Für die mRNA des Allels mit der Mutation 2 ergab die Gelelektrophorese nach Durchführung der RT-PCR eine Größe von ca. 360 bp. Ein Fragment dieser Größe könnte aus den (Teilen der) Exons 11, 12 und 13 zuzüglich des Introns 11 (94 bp) bestehen, es wäre 358 bp lang. Dies würde bedeuten, dass sich die Mutation 2 so auswirkt, dass das Intron 11 während des Spleißvorgangs nicht aus der prä-mRNA entfernt wird und in der reifen mRNA, die dann translatiert wird, verbleibt. Das gebildete Enzym RPE65 wäre dadurch vermutlich wesentlich verändert. Theoretisch ist es auch denkbar, dass Intron 12 (aufgrund seiner ähnlichen bp-Anzahl) anstelle des Introns 11 Teil des ca. 360 bp großen RT-PCR-Produktes war. Dies ist allerdings unwahrscheinlicher, da in Intron 12 keine Mutation vorliegt und es aus diesem Grund sehr wahrscheinlich korrekt aus der prä-mRNA entfernt worden ist.

Warum in Familie B (Material C) nur das Mädchen, aber nicht die Eltern an LCA erkrankt waren, lässt sich anhand der Daten erläutern. Der Vater der Familie wies keine Mutation im *RPE65*-Gen auf und war daher gesund. Die Mutter war ebenfalls phänotypisch gesund, ihr Genom wies aber ein (rezessives) Allel mit der

Mutation 2 auf. Da LCA eine autosomal-rezessive Krankheit ist, kam das (dominante) Normal-Allel des *RPE65*-Gens zur Ausprägung. Wie Tabelle 1 zeigt, lagen im Genom der Tochter im *RPE65*-Gen drei unterschiedliche Mutationen vor. Die Tochter war von LCA betroffen, was bedeutet, dass bei ihr beide *RPE65*-Allele Mutationen trugen. Vermutlich war ein Allel von Mutation 2 und das andere von Mutation 3 betroffen. Auf welchem *RPE65*-Allel die stumme Mutation 1 lokalisiert war, lässt sich nicht angeben, da diese Mutation phänotypisch keine Auswirkungen hat.

Es ist sehr wahrscheinlich, dass die Tochter das Allel mit Mutation 2 von ihrer Mutter geerbt hat, da auch sie diese *RPE65*-Genmutation trug. Mutation 1 und Mutation 3 tauchten jedoch nur im Genom der Tochter auf. Daraus lässt sich schließen, dass die Tochter die Allele mit diesen Mutationen weder vom Vater noch von der Mutter geerbt hat. Es müssen demnach innerhalb der *RPE65*-Allele der Tochter Spontanmutationen erfolgt sein.

Theoretisch ist es auch denkbar, dass alle drei Mutationen dasselbe Allel des *RPE65*-Gens betrafen. In diesem Fall müsste die Krankheit durch eine Mutation in einem anderen Gen ausgelöst worden sein.

Leistungskurs Biologie (NRW) – Abiturprüfung 2022

Um Ihnen die Prüfung 2022 schnellstmöglich zur Verfügung stellen zu können, bringen wir sie in digitaler Form heraus.

Sobald die Original-Prüfungsaufgaben 2022 freigegeben sind, können sie als PDF auf der Plattform **MyStark** heruntergeladen werden (Zugangscode vgl. Farbseiten vorne im Buch).

Prüfung 2022

www.stark-verlag.de/mystark

PRÜFUNGS-
ANGST

STOPP DIE PANIK

Mit der Fußsohlen-Methode

Prüfungen können Angst- und Fluchtsituationen sein. Dein Körper schüttet Adrenalin aus und dämpft das Gefühl in den Füßen. Z. B. beim Weglaufen ist es gut, wenn man die Füße nicht spürt. Eine Prüfung ist aber **keine Gefahrensituation**. Signalisiere deinem Körper, dass du nicht weglaufen musst, und bring das Gefühl in deine Füße zurück:

Dein Körper **fühlt** die Füße wieder und denkt, er sei in keiner Panik-Situation, sondern in **Sicherheit**.